工信精品**网络技术**
系列教材

U0734393

Network Technology

微课版

智慧城域网
技术与实战

陈培培 叶剑锋 ◉ 主编
何国荣 杨文霞 马芳芸 ◉ 副主编

人民邮电出版社
北 京

图书在版编目（CIP）数据

智慧城域网技术与实战：微课版 / 陈培培，叶剑锋
主编. -- 北京：人民邮电出版社，2025. --（工信精品
网络技术系列教材）. -- ISBN 978-7-115-66508-9

Ⅰ. TP393.1

中国国家版本馆 CIP 数据核字第 202596LN25 号

内 容 提 要

本书共 6 个项目，主要包括智慧城域网概述、PON 原理及应用、AAA 原理及应用、VoIP 原理及应用、IPTV 原理及应用、WLAN 原理及应用等。本书旨在培养智慧家庭接入网开发者的职业能力和职业素养，培养智慧城域网领域的应用型、技能型专业人才，内容上进行分层教学设计，为从事智慧家庭接入网开发、有线传输设计、业务开发等工作的人员提供核心支撑。本书每一个项目以项目概述中的引导案例开头并分析相关要点，配以实训及配置讲解，在帮助读者了解原理的同时，通过实践强化理论和实操能力。

本书可作为职业院校电子信息类专业的教材，也可以供从事网络工程相关工作的人员作为自学教材使用。

- ◆ 主　　编　陈培培　叶剑锋
　　副 主 编　何国荣　杨文霞　马芳芸
　　责任编辑　刘　尉
　　责任印制　王　郁　焦志炜
- ◆ 人民邮电出版社出版发行　　北京市丰台区成寿寺路 11 号
　　邮编　100164　电子邮件　315@ptpress.com.cn
　　网址　https://www.ptpress.com.cn
　　三河市君旺印务有限公司印刷
- ◆ 开本：787×1092　1/16
　　印张：15.5　　　　　　　　　　　2025 年 5 月第 1 版
　　字数：347 千字　　　　　　　　　2025 年 5 月河北第 1 次印刷

定价：59.80 元

读者服务热线：(010)81055256　印装质量热线：(010)81055316
反盗版热线：(010)81055315

前　　言

2019 年西班牙巴塞罗那举行的世界移动通信大会（MWC2019）将 5G 的关注度推向了高点，也使中国 5G 力量成为关注焦点。我们寄望 5G 商用不断提速，推动产业爆发，为城市注入新智慧，带给人们崭新的信息生活。5G 不仅带来了高网速，还保障了海量物联网设备间稳定的低延迟通信。伴随 5G 业务的渐进式部署，数据、传输、接入侧的发展也在快速跟进，今天的城域网已经完全将三网（电信网、广播电视网、互联网）融为一体，并向超高带宽、低时延、大容量、切片化、软件自定义方面发展，目前已经具备部分智能化、半自动化的特性，并且在不断地完善和加强。智慧城域网已经不再是口号和概念，而是实实在在地摆在了我们眼前。

为了培养智慧城域网领域的应用型、技能型专业人才，编者结合职业院校教学要求和定位，进行分层教学内容设计，并根据宽带城域网的发展现状与趋势、主流技术与应用方案等编著了本书。

本书共 6 个项目，主要包括智慧城域网概述、PON 原理及应用、AAA 原理及应用、VoIP 原理及应用、IPTV 原理及应用、WLAN 原理及应用等，各个项目主要内容说明如下。

项目 1 主要介绍城域网、智慧城域网，以及智慧城域网的关键技术。

项目 2 主要介绍 PON 的网络结构、工作原理、组网规划、工程实施等内容，重点介绍 GPON 的工作流程和组网方式。

项目 3 主要介绍 BRAS 原理、Radius 协议等内容，详细说明网络中认证、授权、计费的实现过程和质量控制原理，重点介绍流量监管和拥塞避免相关知识。

项目 4 主要介绍 VoIP 基本原理、H.248 协议、SIP 等内容，重点阐述 VoIP 的几种通信流程。

项目 5 主要介绍组播、IGMP、组播路由、IPTV、EPG、CDN 及机顶盒等内容，重点介绍组播接收端从组播源获取节目的流程。

项目 6 主要介绍 WLAN 技术基础、WLAN 无线频谱资源、WLAN 组网及应用等内容，并结合现网实际情况对多种场景的 WLAN 部署进行说明。

本书为深圳信息职业技术学院和深圳市艾优威科技有限公司校企联合开发，由陈培培、叶剑锋任主编，何国荣、杨文霞、马芳芸任副主编。

由于通信技术在不断发展，限于编者水平有限，书中难免有欠妥之处，恳请读者批评指正。

编者

2024 年 10 月

目　　录

项目 5

IPTV 原理及应用 ………… 142

项目 6

WLAN 原理及应用 ……… 197

项目1
智慧城域网概述

01

【知识目标】

1. 了解城域网的定义及层次划分。
2. 熟悉城域网的特点。
3. 熟悉智慧城域网的关键技术。

【技能目标】

1. 具备城域网组网规划的能力。
2. 具备城域网中设备部署和线缆连接的能力。

【项目概述】

某运营商的业务刚刚覆盖一新兴城市，现需要部署光宽带接入工程，并通过无源光网络（Passive Optical Network，PON）的接入方式实现上网业务。

1. 任务分析

设计合理的网络拓扑是提高固定网络、移动网络、专线网络可靠性的重要手段之一。通过直观明了的图形表示方法，我们可以更好地理解和分析网络的连接方式和可靠性要求，从而为网络的优化和管理提供有力的支持。网络设备所处的物理位置决定了其所采用的拓扑结构，而拓扑结构设计的好坏对网络的性能和经济性有重大的影响。

2. 业务规划方案

某运营商在中心机房、汇聚机房、接入机房等环境部署网络设备并进行网络连接，满足机房之间业务设备对接及路由器的连接需求，保证整个链路的可靠性。某地级市利用网络拓扑设计并构建了一个可靠的网络，其拓扑结构如图1-1所示。

3. 思考

不同的网络拓扑结构所应用的场景分别是什么？要回答这个问题，需要了解智慧城域网涉及的业务有哪些，有什么工作机制等。

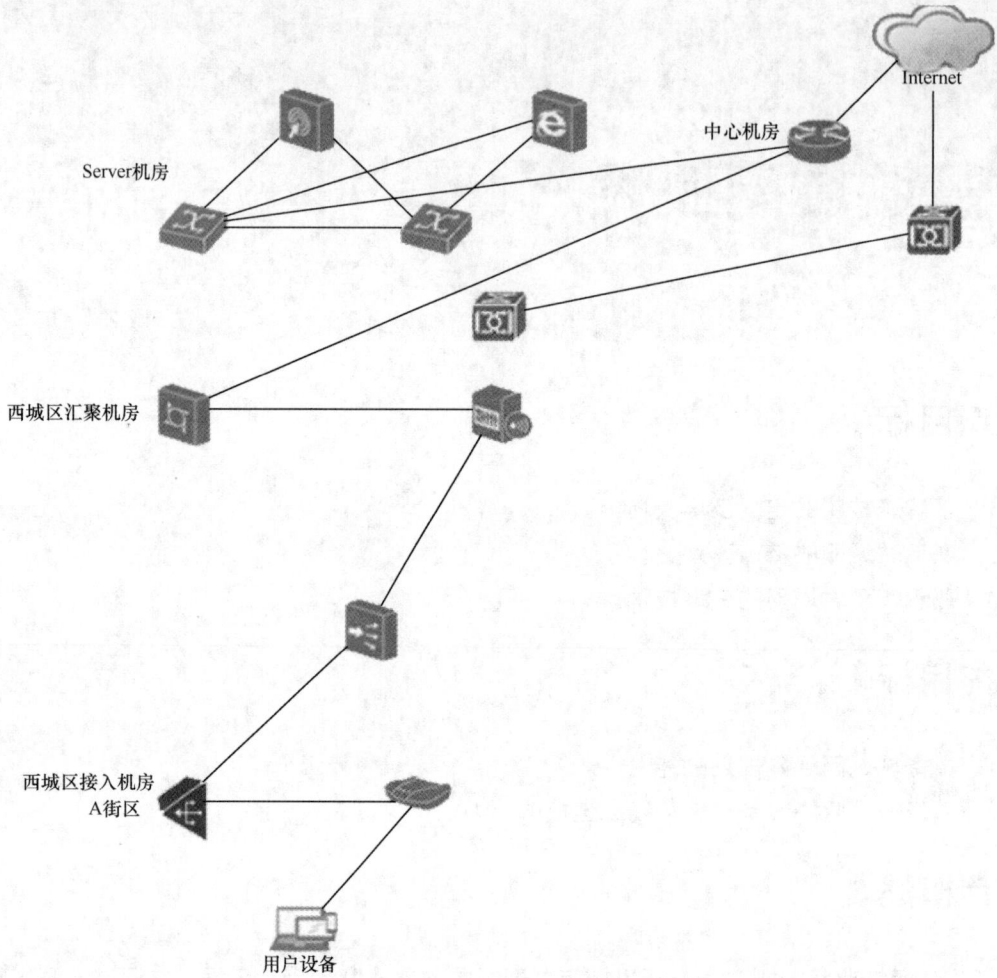

图 1-1　某地级市网络拓扑结构

【思维导图】

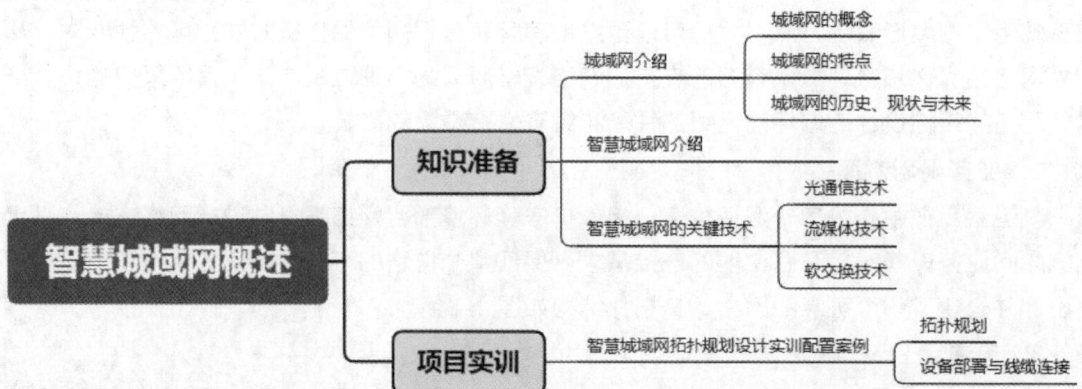

【知识准备】

1.1　城域网介绍

城域网的概念是由计算机网络化而来的，指介于局域网和广域网之间，在城市及郊区范围内实现信息传输与交换的一种网络。城域网在通信发展过程中扮演着重要的角色，它是为满足网络接入层带宽大幅度增长的需求而建立的综合业务网。

1.1.1　城域网的概念

局域网（Local Area Network，LAN）是指连接住宅、学校、实验室或办公大楼等有限区域内计算机的网络。

城域网（Metropolitan Area Network，MAN）是指在一个城市范围内所建立的计算机通信网。虽然城域网需要的成本较高，但它可以提供更快的传输速率。

城域网与三网融合

广域网（Wide Area Network，WAN），又称为外网或公网，是连接不同地区局域网或城域网的远程网。它通常跨接很大的物理范围，所覆盖的范围从几十千米到几千千米，它能连接多个地区、城市和国家，或横跨几个洲并能提供远距离通信，形成国际性的远程网。广域网并不等同于互联网。

互联网（Internet）兴起于 20 世纪末期，是指多个计算机网络之间互联所连接成的庞大网络，网络之间以一些标准的网络协议相连。它由从地方到全球范围内几百万个私人、学术界、企业和政府的网络所构成。

从上面的定义中可以看出，城域网是比较大型的、介于局域网和广域网之间能传输文本、音频、视频等资料的公用网络。

通常所说的城域网是指在城市范围内，以互联网协议（Internet Protocol，IP）和异步传输方式（Asynchronous Transfer Mode，ATM）等电信技术为基础，一般以光纤作为传输介质，集文本、音频、视频服务于一体的高带宽、多功能、多业务接入的多媒体通信网络。城域网改进了局域网中的传输介质，扩大了局域网的范围。

城域网能满足政府、学校、企业等单位对高速率、高质量数据通信业务日益旺盛的需求，特别是能满足快速发展起来的互联网用户群宽带高速上网的需求。

城域网分为 3 个层次：核心层、汇聚层和接入层。

核心层主要提供高带宽的业务承载和传输，完成和已有网络，如 ATM 网、帧中继、数字数据网（Digital Data Network，DDN）、IP 网络等的互联互通，其特征为宽带传输和高速调度。

汇聚层的主要功能是给业务接入节点提供用户业务数据的汇聚和分发处理，同时实现业务的服务等级分类。

接入层利用多种接入技术进行带宽和业务分配，以实现用户的接入，接入节点设备完成

多业务的复用和传输。

1.1.2 城域网的特点

城域网融合了电信网、广播电视网（简称广电网）、互联网三大网络，通过结合"身份认证、授权和记账协议"（Authentication Authorization and Accounting，AAA）、IP 电话（Voice over Internet Protocol，VoIP）、互联网电视（Internet Protocol Television，IPTV）、组播、服务质量（Quality of Service，QoS）等技术实现三大网络的相互兼容、相互融合，提供语音、文本、图像等综合多媒体通信业务，俗称三网融合。下面分别介绍三大网络的特点及融合特性。

电信网、广电网和互联网的特点如表 1-1 所示。

表 1-1　电信网、广电网和互联网的特点

网络	运营实体	业务	市场状况	监管机构
电信网	以中国移动、中国联通、中国电信三大运营商为代表的电信运营商	基础及增值电信业务	以国资为主，外资和民资可参与增值电信服务	工业和信息化部、国务院国有资产监督管理委员会
广电网	以中央广播电视总台为代表的广播电视传媒载体及各有线电视运营商	广播电视节目传播	准入门槛高	国家广播电视总局
互联网	内容提供商和服务提供商（如阿里巴巴、腾讯、百度等）	业务内容广泛	开放市场、"百花齐放"	根据业务不同分属不同部门监管

1. 电信网

电信网是构建远距离数据传输的通信系统，它主要利用光缆、电缆、无线等方式传送和接收文字、图片、音频、视频或其他信息。

传统电信网由多个封闭式网络组成，移动网、固网等多种网络分离式部署，各自提供不同的业务。随着三网融合的推进与发展，现在的电信网主要以分层结构部署为主，其中包括接入层、承载层、核心层、业务层及支撑层等多个层级，如图 1-2 所示。

将传统分离式网络升级为分层式网络，简化了网络规划设计，减少了接入网的重复建设工作。同时，通过分层式部署满足了同一网络对多业务的承载需求，为三网融合的发展奠定了坚实基础。

2. 广电网

广电网主要由 3 个系统构成，分别为有线电视系统、地面电视系统、卫星电视系统。其中，三网融合的参与主体为有线电视系统。

传统广电网多为同轴电缆系统或者微波电缆系统，其功能是传输电视节目。传统广电网存在传输内容单一、传输容量难以扩展、双向传输难以实现等弊端。现在的广电网正朝着下一代广播电视网（Next Generation Broadcasting Network，NGB）演进，其接入层系统主要以混合光纤同轴电缆（Hybrid Fiber/Coax，HFC）网络为主，可有效地弥补传统广电网的诸多缺陷，具有容量大、成本低、双向性、抗干扰等优势。广电网从层级上分为业务层、核心层、承载层、接入层、数字家庭等，如图 1-3 所示。

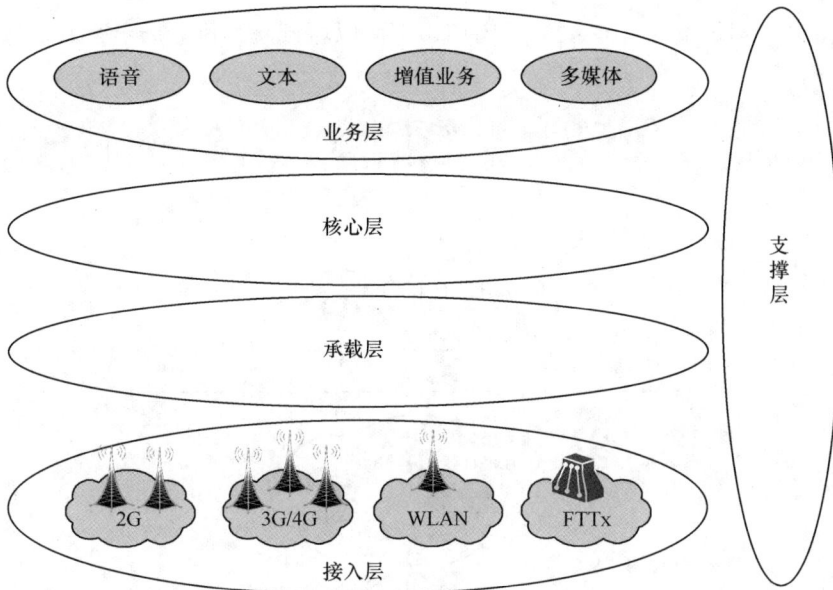

图 1-2　电信网层级架构

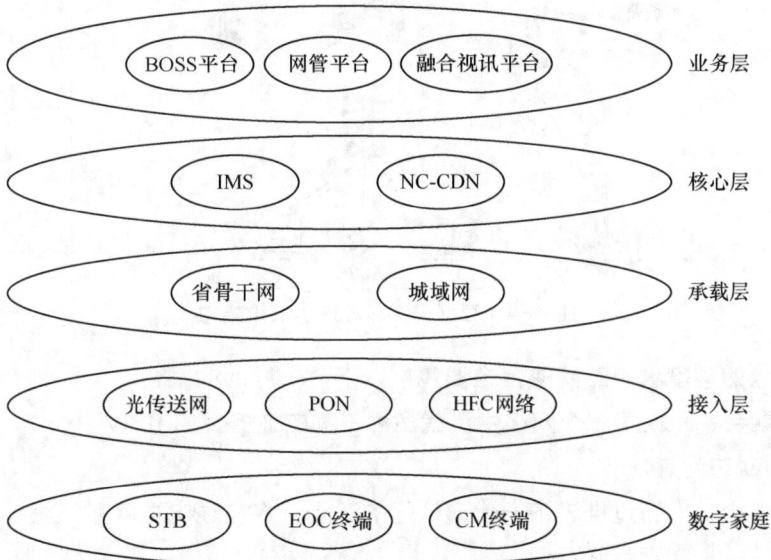

图 1-3　广电网层级架构

3．互联网

互联网主要基于宽带城域网及广电网，是多个网络连成的庞大网络。互联网系统的核心是传输控制协议/互联网协议（Transmission Control Protocol/Internet Protocol，TCP/IP）体系结构。TCP/IP 是一个协议集，其中包括 IP、VoIP、AAA 等。TCP/IP 参考模型有 4 层，分别是应用层、传输层、网络层和网络接口层。随着互联网内容的不断增加，新业务、新应用层出不穷，部分国家也早在 20 世纪 90 年代就开始了对下一代互联网的关键技术如 IPv6、QoS、VoIP、流媒体等的研究和工程试验。与当前互联网相比，下一代互联网具有更快、更安全、支持多业务平台、满足不同 QoS 要求等特点。下面以城域网为例，展示互联网的层级架构，如图 1-4 所示。

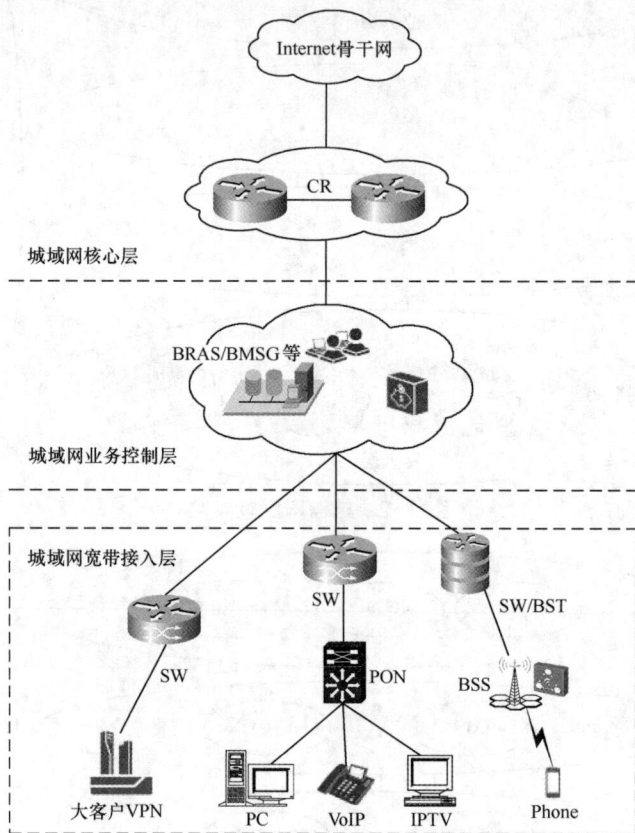

图 1-4　互联网（城域网）层级架构

从融合对象的角度看，三网融合主要包括以下 4 个层面的融合。

（1）业务融合，即在同一个网络中承载多种不同的业务，如 IPTV、VoIP、网络视频、手机电视、Internet 访问等。

（2）网络融合，即通过推进下一代通信网的建立，将有线电视网和三大运营商独立部署的电信网逐渐统一，实现互联互通。

（3）监管融合，主要指国家广播电视总局和工信部通过职能优化，逐步实现监管融合。

（4）终端融合，主要指具有联网功能的个人计算机（Personal Computer，PC）、手机、电视等产品从功能上进行升级融合，弱化产品边界，丰富终端的内容与服务属性。

1.1.3　城域网的历史、现状与未来

城域网的发展经历了一个漫长的时期，从传统的语音业务到图像和视频业务，从基础的视听业务到各种各样的增值业务，从带宽为 64kbit/s 的基础业务到带宽为 2.5Gbit/s、10Gbit/s、40Gbit/s 、100Gbit/s 等的租线业务，随着技术的发展和需求的不断增加，业务的种类也在不

断发展和变化。

逐步完善的城域网已经给人们的生活带来了许多便利，如视频点播、视频通话、网络电视、远程教育、远程会议等这些人们正在使用的互联网应用，背后正是城域网在发挥着巨大的作用。

城域网经过多年的发展，其架构一直在调整，调整方向主要有两个：一是网络扁平化，减少网络层次，降低时延，提升汇聚比；二是边缘设备，如全业务路由器（Service Router，SR）、宽带远程接入服务器（Broadband Remote Access Server，BRAS）由多边缘向单边缘演进，提升设备集成度，减少网元数量，降低维护复杂度。城域网边缘设备负责业务接入和管理用户，其重要性不言而喻。

以边缘设备的演进可以将我国的城域网发展分成 3 个阶段。

第一阶段：此阶段城域网为多边缘架构，SR 与 BRAS 分工明确，SR 负责专线业务接入，例如多协议标签交换的第二层服务（Multi-Protocol Label Switching Layer 2，MPLS L2）、三层虚拟专用网（Layer 3 Virtual Private Network，L3 VPN）等企业专线；BRAS 负责家庭宽带拨号业务接入。

第二阶段：此阶段城域网为单边缘架构，SR 和 BRAS 演变为二合一设备，业内一般称为多业务边缘（Multi Service Edge，MSE），负责第一阶段的所有业务的接入。

此时的接入侧设备也更加智能化，城域网技术应用日趋广泛，智慧家庭、智慧街区等概念和应用应运而生，并很快进入应用，遍及智能交通、环境保护、政府工作、公共安全、平安家居、智能消防、工业监测、老人护理、个人健康等多个领域。人们可以通过计算机收看各大电视台的直播节目，通过电视与家人进行视频聊天，通过电视远程访问计算机进行远程办公，通过手机远程监控家里情况，如开启家中电视、空调和窗帘等。

第三阶段：此阶段城域网由传统的以网络为核心的网络架构开始向以数据中心为核心的网络架构演进。

三网融合的未来

在网络的深度融合和各种新型业务的大规模应用背景下，传统软硬件一体化的网络设备给网络运营带来了一系列的挑战，比如利用率低、成本居高不下、业务开通周期很长、不够开放、缺乏全局的协同与自动化等，这些弊端严重制约了网络服务能力。

随着软件定义网络（Software Defined Network，SDN）和网络功能虚拟化（Network Functions Virtualization，NFV）技术的发展，新的网络架构对城域网边缘设备提出了新的能力要求，以数据中心（Data Center，DC）为中心的网络架构业务部署在多级数据中心，数据中心成为流量的集散地。为顺应这一发展，目前国内外各大运营商已经把建设云网一体化承载网络，实现对固定移动融合业务及 DC 业务的承载作为构建新型城域网架构的基本思想，并积极推动支撑 SDN/NFV 应用的灵活以太网（Flex Ethernet，FlexE）、虚拟扩展局域网（Virtual eXtensible Local Area Network，VXLAN）、分段路由（Segment Routing）等新技术的测试和应用。运营商们分别提出了自己的新型城域网架构，如 AT&T Domain 2.0、中国电信 CTNet2025、中国移动 NovoNet、中国联通 CUBE-Net 2.0，目标都是进行网络转型。可以预

见，构建新的云网融合的城域网架构，实现对基础网络的重构与优化，将成为下一代城域网演进的方向。

本书主要介绍城域网发展的第二阶段，并对第三阶段的相关新业务及技术进行简单介绍。

1.2 智慧城域网介绍

现有城域网架构在承载 5G 大带宽、云化、云网融合、SDN 业务时面临不少挑战。现有城域网由固网承载网、移动网承载网、DC 承载网 3 个独立网络承载 3 种业务，在云网一体、固移融合、云专融合的发展趋势下，现有城域网架构面临着"烟囱式"承载效率低、业务承载模式复杂及一致性差、融合业务开通困难、网络能力及业务创新受限、网络智能化不足等挑战，城域层面的融合化发展需求迫切。

智慧城域网采用云网一体的新型架构，标准化的模型设计，便于维护和扩展；智慧城域网实现了家宽、政企、大客户、通信云、移网等业务的综合承载，打破了传统烟囱式的网络架构及多业务多网络承载模式；智慧城域网具备基于 SDN 的自动化和可编程能力，可实现快速的业务开通和差异化的服务保障；智慧城域网将网络和业务分离，网络主要负责连接和承载，业务基于 SDN 和云化网元实现，可灵活、快速地提供各种创新业务；通过采用全新架构、综合承载和新技术，智慧城域网实现了成本的大幅下降，其中网络层级减少了 45%，建设投资成本下降了 60%。

新型智慧城域网架构的设计思路，是在城域层面构建一张"网络协议简化、网络设备简化、网络结构简化、网络控制和网络管理智能化"的面向 5G 业务的融合承载的城域网。具体特点如下。

（1）简化的网络协议：采用 SR/EVPN（Ethernet Virtual Private Network，下一代虚拟专用网络）协议，简化设备技术要求。

（2）简化的网络设备：引入通用芯片的 SR 转发设备，大幅降低建设成本，提供网络流量疏通能力，同时减少对局端资源的需求。

（3）简化的网络结构：采用类似 Spine-Leaf（叶脊）网络的架构，降低网络复杂度，如图 1-5 所示。

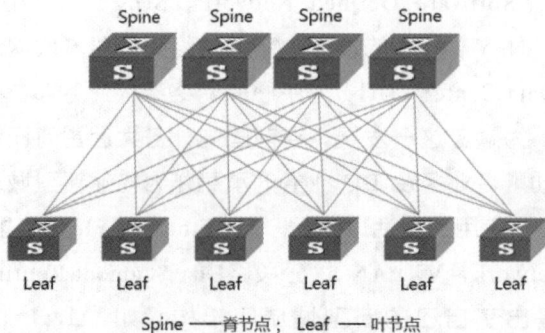

Spine ——脊节点；Leaf ——叶节点

图 1-5 叶脊网络架构

（4）智能化的网络管控：构建智能化、自动化、开放化的网络管控系统，实现端到端的业务自动开通，支撑智能化运维和互联网化运营，提升用户体验。

1.3 智慧城域网的关键技术

智慧城域网是基于接入层、网络通信协议等技术的升级而逐步演化而来的，在智慧城域网中用到了许多关键技术，主要关键技术有以下 3 种。

1.3.1 光通信技术

光通信技术是一种以光波的传输媒质的通信方式。

光传送网（Optical Transport Network，OTN），是在同步数字体系（Synchronous Digital Hierarchy，SDH）和波分复用（Wavelength Division Multiplexing，WDM）技术的基础上发展起来的下一代骨干传送网，它解决了传统 WDM 网络业务调度能力弱、组网能力弱、保护能力弱等问题。

OTN 以多波长传送、大颗粒调度为基础，综合了 SDH 及 WDM 的优点，可在光层及电路层实现波长及子波长业务的交叉调度，并实现业务的接入、复用、保护、管理及维护等功能，形成一个以大颗粒宽带业务传送为特征的大容量传送网络。

现在运营商的 OTN 与传统 SDH、分组传送网（Packet Transport Network，PTN）、多生成树协议（Multiple Spanning Tree Protocol，MSTP）网络共存。运营商光网络如图 1-6 所示。

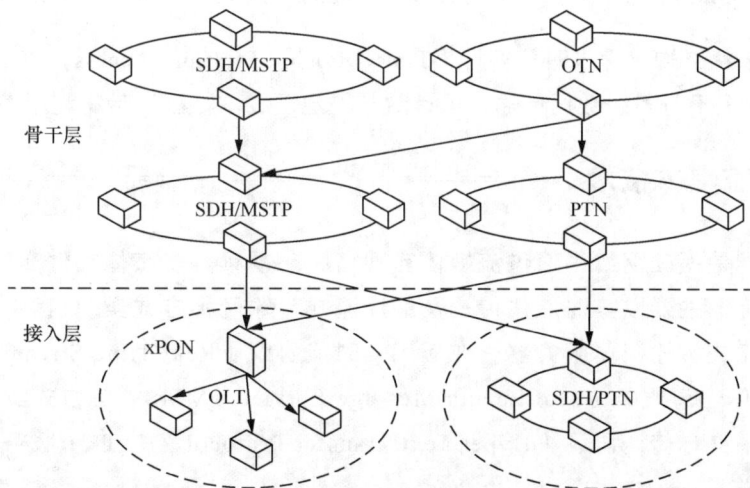

图 1-6 运营商光网络

PON 的技术优势在于具有网络容量大、传输距离长、成本低等特点，逐渐成为光纤到 x（Fiber to the x，FTTx）运营商到用户"最后一公里"的常用解决方案。PON 的主要组成构件为光线路终端（Optical Line Terminal，OLT）、光分配网（Optical Distribution Network，ODN）、

光网络单元（Optical Network Unit，ONU）、光网络终端（Optical Network Terminal，ONT），如图 1-7 所示。

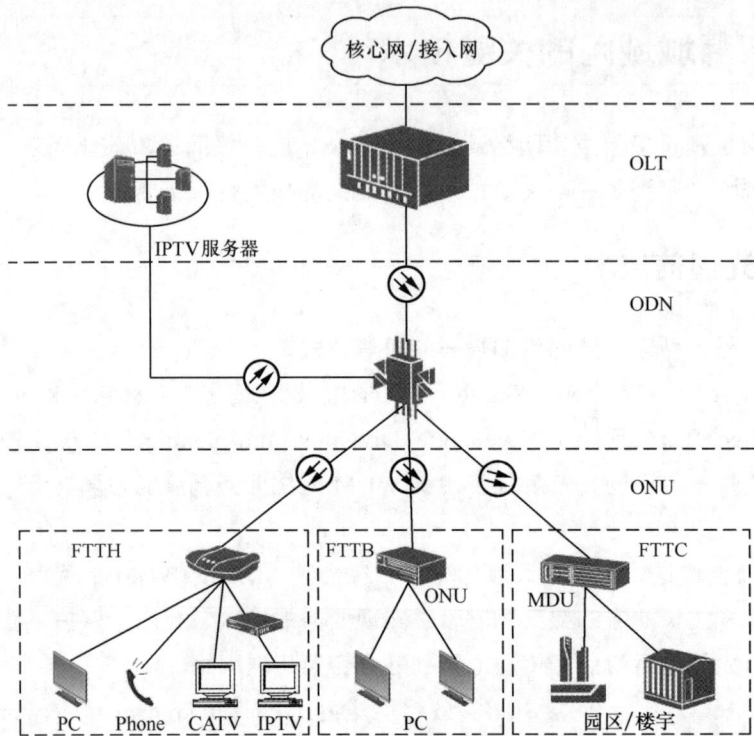

图 1-7　PON 的主要组成构件

注：光纤到户（Fiber to the Home，FTTH）；光纤到楼（Fiber to the Building，FTTB）；光纤到路边（Fiber to the Curb，FTTC）；多用户居住单元（Multiple Dwelling Unit，MDU）。

　　PON 属于树状结构，通过时分多址（Time Division Multiple Access，TDMA）技术可实现同一根光纤内上下行多组数据传输，可有效节约建设成本，提高带宽利用率。

1.3.2　流媒体技术

　　流媒体技术是指在网络中通过流媒体实现音频、视频等多媒体文件实时传输的技术。目前的流媒体传输主要以实时流式传输及顺序流式传输两种方式实现。其中实时流式传输主要通过使用流式传输媒体服务器，或应用实时流协议（Real Time Streaming Protocol，RTSP）或多媒体信息服务（Multimedia Message Service，MMS）等方式实现。顺序流式传输主要通过超文本传送协议（Hyper Text Transfer Protocol，HTTP）服务器实现，文件通过顺序流发送。

　　与单纯下载模式相比，流式传输具有以下特点。

　　（1）缩短启动延迟。通过使用资源预留协议（Resource ReSerVation Protocol，RSVP）在业务流传送前先预约一定的网络资源，建立传输逻辑通道，从而保证每一个业务流都有足够的"独享"带宽，缩短启动延迟。

（2）保障传输质量。在使用实时传输协议（Real-time Transport Protocol，RTP）用于数据传输时，通过实时传输控制协议（Real-time Transport Control Protocol，RTCP）为应用程序提供媒体质量信息，并根据 RTCP 控制包对 RTP 进行 QoS 管理与控制、流媒体同步，保障传输质量。

（3）使用 RTP 实现流式传输。现在主流的流媒体格式为 RealPlayer 的电影文件（文件格式为 RM）、QuickTime 的电影文件（文件格式为 MOV）、Microsoft Media Server 的电影文件（文件格式为 ASF），所使用的传输协议分别为 RTSP、RTSP、MMS，每一种流媒体格式使用特定的 RTP。

1.3.3　软交换技术

软交换技术是在 IP 电话的基础上发展起来的，其主要是将 IP 电话网关分解为媒体网关、信令网关和媒体控制服务器等，通过网关实现传统电路交换网络和 IP 网的互联互通，主要内容如下。

（1）媒体网关（Media Gateway，MG）的功能是将一种网络中的媒体转换成另一种网络所需要的格式，它主要使用媒体网关控制协议。

（2）信令网关（Signaling Gateway，SG）的功能是对信令消息进行翻译或终结处理，如将会话起始协议（Session Initiation Protocol，SIP）翻译成 SS7/PRA 等信令，它主要使用呼叫控制协议。

（3）媒体控制服务器主要完成媒体资源功能和媒体控制功能。

软交换技术使得电话用户可以通过传统电话机、支持 SIP 和 H.248 等协议的软件或通过专门的 VoIP，接入统一通信网络，不仅提供了语音业务，还能够支持视频、图像业务等。

软交换网络体系结构将核心网络设备分为 4 层结构，分别是业务/应用层、网络控制层、核心交换层、边缘接入层。软交换网络体系结构如图 1-8 所示。

VoIP 指的是通过 SIP、H.248 等协议在网络上进行语音传输。传统的电话网以公用电话交换网（Public Switched Telephone Network，PSTN）/综合业务数字网（Integrated Service Digital Network，ISDN）为主，单通道需预留 64kbit/s 的带宽。而 VoIP 通过对模拟语音信号进行压缩、分组等方式处理，使之可以通过用户数据报协议（User Datagram Protocol，UDP）进行传输，无须预留单通道独立带宽。语音通话的关键在于 QoS，UDP 传输存在分组丢失、失序到达和时延抖动的情况，VoIP 通过以下几种关键技术有效解决了 UDP 传输的不足。

（1）信令技术。信令技术主要作用是保证电话顺利呼叫，保障呼叫质量。其主要通过 H.32x 协议及 SIP 实现。

（2）语音编码技术。语音编码技术是将传统语音通过 G.729、G.723 等协议进行压缩，提高带宽利用率。

（3）实时传输技术。实时传输技术主要采用 RTP，实现接收端重组发送端的数据，提供接收端到多点发送端的 QoS 反馈。

（4）QoS 保障技术。VoIP 通过采用 RSVP 以及进行 QoS 监控的 RTCP 来避免网络拥塞，保障通话质量。此外，VoIP 还通过静音检测和回音消除、加权公平排队、分布式网络呼叫等技术保障通话质量。

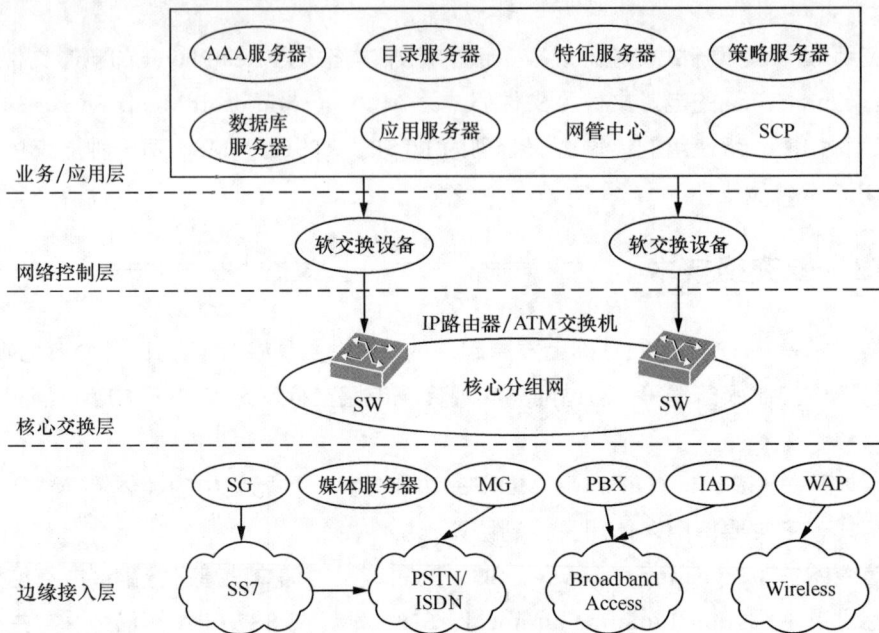

图 1-8　软交换网络体系结构

注：业务控制点（Service Control Point，SCP）；综合接入设备（Integrated Access Device，IAD）；无线接入点（Wireless Access Point，WAP）；专用小交换机（Private Branch Exchange，PBE）。

【项目实训】

1.4　智慧城域网拓扑规划设计实训配置案例

实训目的：掌握智慧城域网中设备部署方式、线缆连接方式。

实训设备：AAA 设备、RT（Router，路由器）、OLT、OTN 等。

实训内容：协助某地级市运营商利用 Server 机房的设备提升带宽，以达到拨号上网的要求，执行规划和配置工作。需要在 Server 机房、中心机房、西城区汇聚机房和西城区接入机房部署设备。具体分为拓扑规划、设备部署与线缆连接等几个步骤。

1.4.1　拓扑规划

某地级市智慧城域网拓扑规划设计如图 1-9 所示。

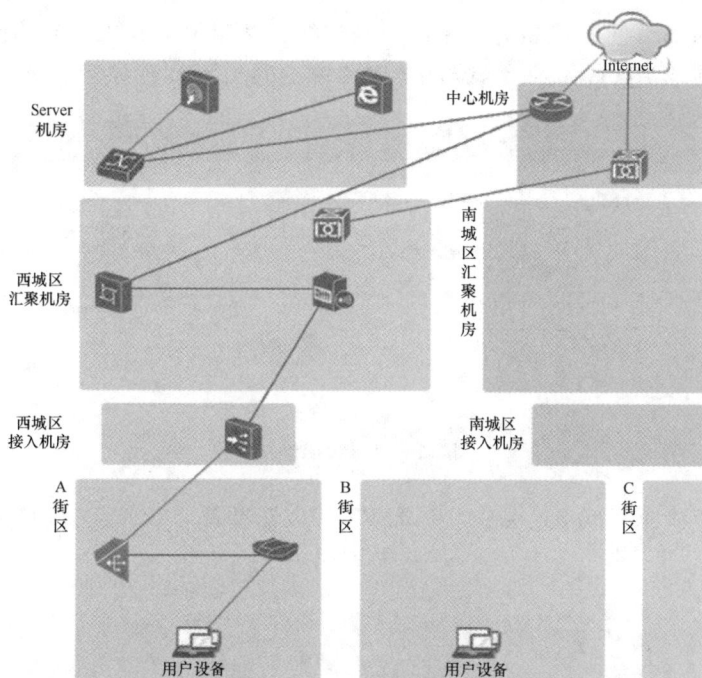

图 1-9　某地级市智慧城域网拓扑规划设计

1.4.2　设备部署与线缆连接

IUV-TPS 是三网融合仿真实训软件，该软件完全参照电信运营商长期演进技术（Long Term Evolution，LTE）网络部署搭建过程与运维实际场景进行仿真业务设计，涵盖无线局域网（Wireless Local Area Network，WLAN）产品、吉比特无源光网络（Gigabit Passive Optical Network，GPON）产品、AAA 产品、数据通信产品，以及 VoIP 和 IPTV 产品，结合工程项目规划部署、开通调试的流程，包括网络拓扑结构规划、容量规划、设备配置和数据配置及业务调试等内容进行模拟实现。

打开 IUV-TPS 三网融合仿真实训软件，单击图 1-10 中矩形框中的"网络拓扑结构"，从右边的"资源池"中通过单击将 AAA Server、Portal Server 和 SW（Switch，交换机）建设在 Server 机房位置，通过 SW 连接到核心层的中心机房，如图 1-10 所示。

图 1-10　Server 机房设备部署

单击 AAA Server，鼠标指针处将引出一条线缆，然后单击 SW，完成两个设备间的线缆连接。同理，完成 Portal Server 与 SW 的线缆连接，如图 1-11 所示。

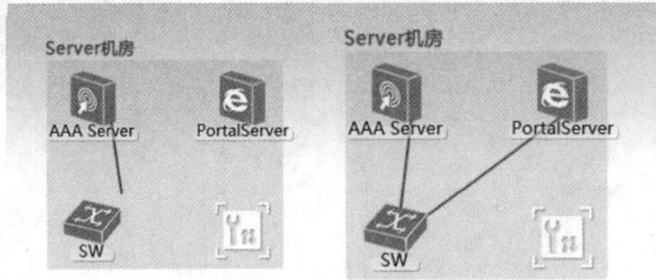

图 1-11　线缆连接

按同样的操作步骤完成 SW 与中心机房 RT 的设备部署与线缆连接，如图 1-12 所示。

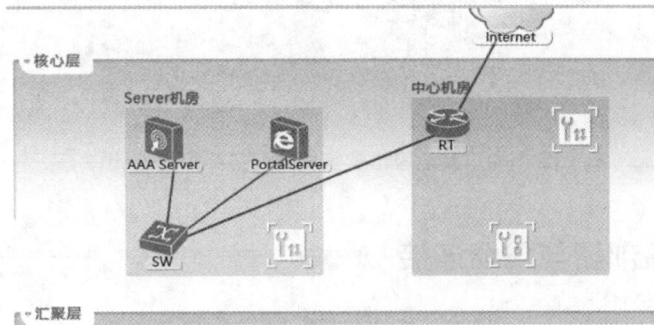

图 1-12　SW 与中心机房 RT 的设备部署与线缆连接

在拓扑设计时中心机房与西城区汇聚机房之间通过 OTN 设备相连，将中心机房的 RT 设备连接西城区汇聚机房的 BRAS 设备，中心机房的 OTN 设备连接西城区汇聚机房的 OTN 设备（见图 1-13），设备部署和线缆连接操作可参考图 1-11 过程。

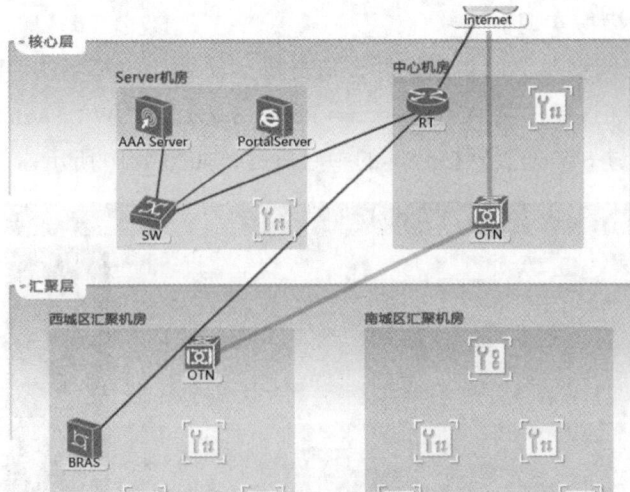

图 1-13　中心机房与西城区汇聚机房连接

西城区汇聚机房到西城区接入机房的连接：通过 BRAS 设备连接 AC 设备，AC 设备连接西城区接入机房的 OLT 设备，如图 1-14 所示。

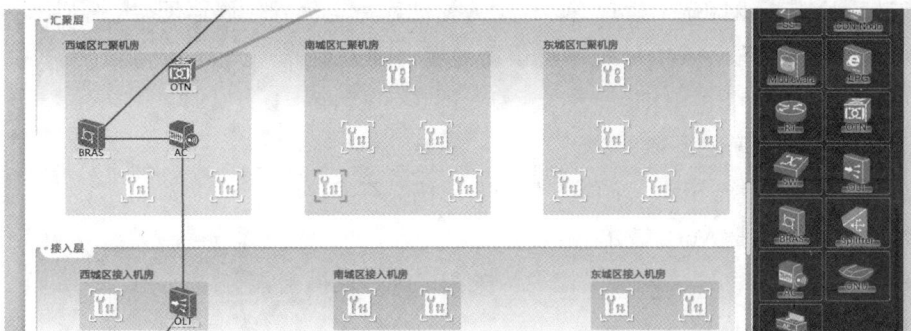

图 1-14　西城区汇聚机房到西城区接入机房的连接

西城区接入机房连接 A 街区站点：将 OLT 设备连接 Splitter（分光器）设备，Splitter 设备连接 ONU 设备，ONU 设备连接用户设备，如图 1-15 所示。

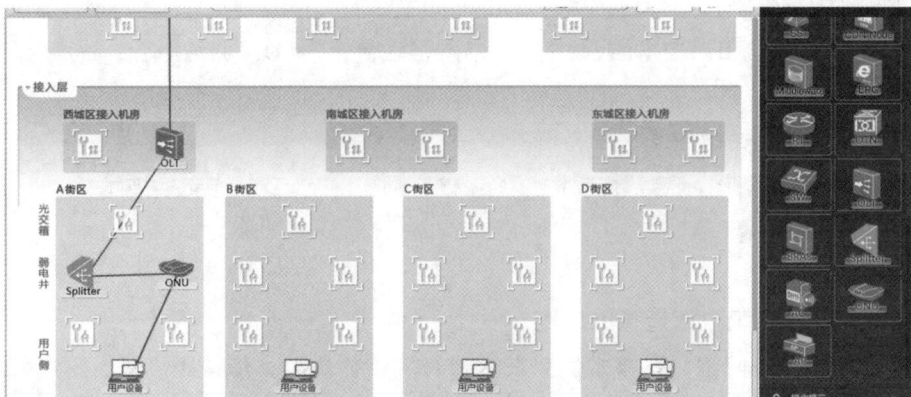

图 1-15　西城区接入机房连接 A 街区站点

【项目小结】

本项目以某地级市采用智慧城域网规划拓扑设计为模型，从城域网的简介及相关概念入手，介绍了城域网中三大网络的特点及融合特性，并对城域网的历史、现状与未来进行了阐述，最后对智慧城域网中的主要关键技术进行了详细介绍。

【知识巩固】

一、单项选择题

1. 城域网分为哪 3 个层次？（　　　）

A. 骨干层、汇聚层和接入层　　　　B. 核心层、骨干层和汇聚层

C. 核心层、汇聚层和接入层　　　　D. 核心层、骨干层和接入层

2. 城域网融合了哪三大网络？（　　　　）

A. 核心网、承载网和接入网　　　　　B. 电信网、互联网和广电网

C. 电信网、电话网和广电网　　　　　D. 移动网、电信网和联通网

3. 光通信技术中采用 WDM 技术的设备是哪一种？（　　　　）

A. OTN　　　　B. SDH　　　　C. PTN　　　　D. MSTP

4. 下列哪一项的陈述是错误的？（　　　　）

A. OTN 可以与传统 SDH、PTN、MSTP 网络共存

B. 流媒体技术是指 VoIP 技术

C. IP 电话网关分为媒体网关、信令网关和媒体控制服务器等

D. PON 是无源光网络

5. 城域网的英文缩写是什么？（　　　　）

A. WAN　　　　B. LAN　　　　C. MAN　　　　D. WLAN

二、多项选择题

1. 城域网中三网融合主要包括哪 4 个层面的融合？（　　　　）

A. 业务融合　　　B. 技术融合　　　C. 网络融合　　　D. 监管融合

E. 终端融合

2. 智慧城域网的关键技术主要有哪些？（　　　　）

A. 光传送网　　　B. 流媒体技术　　　C. 核心网　　　　D. 软交换技术

E. 光通信技术

三、判断题

1. 电信网是指中国电信运营的网络。（　　　　）

2. PON 即有源光网络，其技术优势在于具有网络容量大、传输距离长、成本低等特点，逐渐成为 FTTx 运营商到用户"最后一公里"的常用解决方案。（　　　　）

3. 广电网主要由 3 个系统构成，分别为有线电视系统、地面电视系统、卫星电视系统。其中，三网融合的参与主体为地面电视系统。（　　　　）

4. 流媒体技术是指在网络中通过流媒体实现音频、视频等多媒体文件实时传输。（　　　　）

5. VoIP 指的是通过 SIP、H.248 等协议在网络上进行语音传输。（　　　　）

四、填空题

1. PON 的主要组成构件为_____、ODN、ONU、ONT。

2. TCP/IP 参考模型有 4 层，分别是应用层、传输层、_____和网络接口层。

【拓展知识】

表 1-2　项目 1 关键术语

缩略语	英文全称	中文全称
AAA	Authentication Authorization and Accounting	身份认证、授权和记账协议

缩略语	英文全称	中文全称
ATM	Asynchronous Transfer Mode	异步传输方式
BRAS	Broadband Remote Access Server	宽带远程接入服务器
DDN	Digital Data Network	数字数据网
FlexE	Flex Ethernet	灵活以太网
FR	Frame Relay	帧中继
FTTx	Fiber to the x	光纤到 x
GPON	Gigabit Passive Optical Network	吉比特无源光网络
HFC	Hybrid Fiber/Coax	混合光纤同轴电缆
HTTP	Hyper Text Transfer Protocol	超文本传送协议
IP	Internet Protocol	互联网协议
IPTV	Internet Protocol Television	互联网电视
ISDN	Integrated Service Digital Network	综合业务数字网
LAN	Local Area Network	局域网
LTE	Long Term Evolution	长期演进技术
L3 VPN	Layer 3 Virtual Private Network	三层虚拟专用网
MAN	Metropolitan Area Network	城域网
MG	Media Gateway	媒体网关
MMS	Multimedia Messaging Service	多媒体消息业务
MPLS L2	Multi-Protocol Label Switching Layer 2	多协议标签交换的第二层服务
MSE	Multi Service Edge	多业务边缘
MSTP	Multiple Spanning Tree Protocol	多生成树协议
NFV	Network Function Virtualization	网络功能虚拟化
NGB	Next Generation Broadcasting Network	下一代广播电视网
ODN	Optical Distribution Network	光分配网
OLT	Optical Line Terminal	光线路终端
ONT	Optical Network Terminal	光网络终端
ONU	Optical Network Unit	光网络单元
OTN	Optical Transport Network	光传送网
PC	Personal Computer	个人计算机
PON	Passive Optical Network	无源光网络
PSTN	Public Switched Telephone Network	公用电话交换网
PTN	Packet Transport Network	分组传送网
QoS	Quality of Service	服务质量
RSVP	Resource ReSerVation Protocol	资源预留协议
RTCP	Real-time Transport Control Protocol	实时传输控制协议
RTP	Real-time Transport Protocol	实时传输协议

续表

缩略语	英文全称	中文全称
RTSP	Real Time Streaming Protocol	实时流协议
SDH	Synchronous Digital Hierarchy	同步数字体系
SDN	Software Defined Network	软件定义网络
SG	Signaling Gateway	信令网关
SIP	Session Initiation Protocol	会话起始协议
SR	Service Router	全业务路由器
TCP/IP	Transmission Control Protocol/Internet Protocol	传输控制协议/互联网协议
TDMA	Time Division Multiple Access	时分多址
UDP	User Datagram Protocol	用户数据报协议
VoIP	Voice over Internet Protocol	IP 电话
VXLAN	Virtual eXtensible Local Area Network	虚拟扩展局域网
WAN	Wide Area Network	广域网
WLAN	Wireless Local Area Network	无线局域网
WDM	Wavelength Division Multiplexing	波分复用

项目2
PON原理及应用

02

【知识目标】

1. 了解 PON 技术相关原理。
2. 熟悉 PON 组网规划。
3. 熟悉 PON 设备。

【技能目标】

1. 具备 PON 组网规划的能力。
2. 具备 GPON 设备部署和业务配置的能力。

【项目概述】

　　某新建小区有 1200 户业主，其中较多用户有开通宽带上网业务的需求。现计划采用 GPON 接入，需要工程师小 A 做出规划并进行设备部署和数据配置，在确保满足有宽带需求的用户的同时，能为后续新增用户的接入预留端口和带宽。某新建小区宽带接入工程设计如图 2-1 所示。

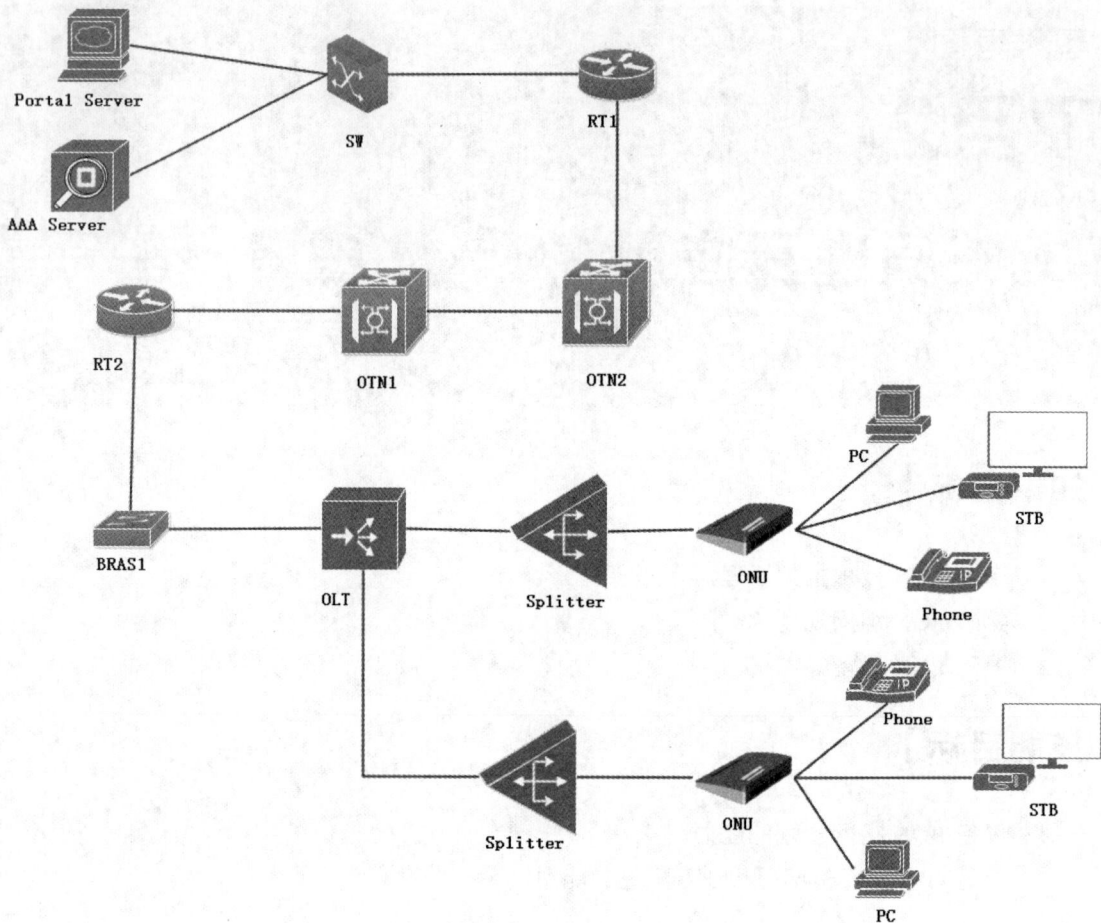

图 2-1 某新建小区宽带接入工程设计

1．任务分析

工程师小 A 根据现场情况设计的组网图如图 2-1 所示。由需求可知此小区比较适合采用光纤到户接入，即 FTTH。小 A 采用的设计是从 Server 机房经过 SW、RT、OTN 和 BRAS，最后到达接入侧的 OLT，由 OLT 经由 Splitter 连接到小区用户处的 ONU，用户终端通过连接 ONU 来完成 GPON 业务的接入从而实现上网等业务，此设计符合需求。

2．业务规划方案

设计出网络架构仅仅是第一步，后续小 A 还需要根据组网图、接入用户数量等计算出总接入容量，并完成设备选型、设备部署、业务配置及开通测试等工作。

3．思考

（1）平常所说的 GPON 接入是指哪些部分？

（2）接入侧的 OLT 如何与 Splitter、ONU 等一起实现 GPON 业务接入？

（3）接入容量如何计算？

（4）如何进行 GPON 设备的部署和业务配置？

【思维导图】

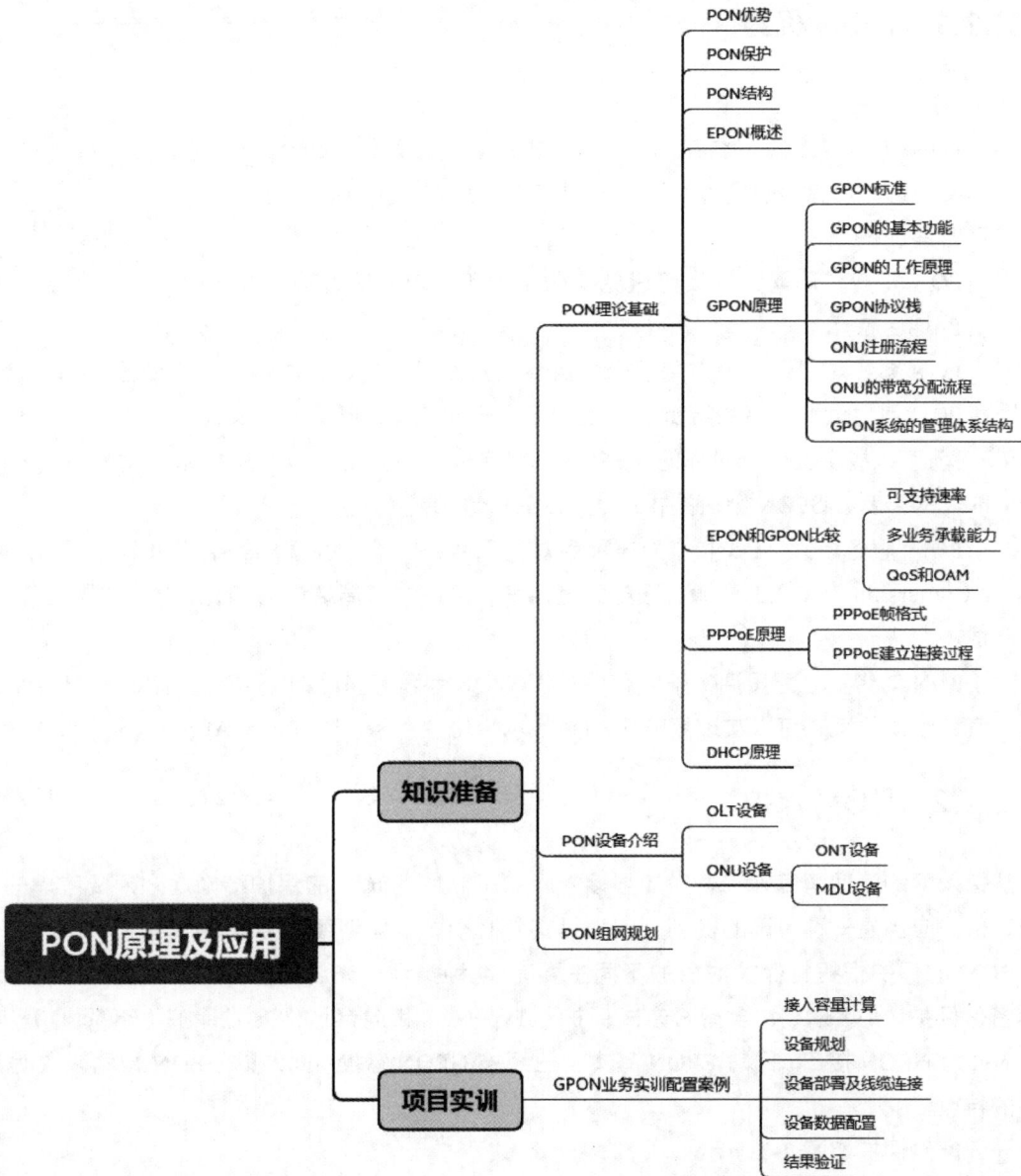

【知识准备】

2.1 PON 理论基础

PON 是一种典型的无源光网络，是指 ODN 中不包含任何电子器件及电子电源，ODN 全部由 Splitter 等无源器件组成，不需要贵重的有源电子设备。一个 PON 包括一个安装于中心控制站的 OLT，以及一批配套的安装于用户场所的 ONU。

2.1.1　PON 优势

PON 的优势主要体现在如下几点。

（1）PON 相对成本低、维护简单、容易扩展、易于升级。PON 在传输途中不需要电源，没有电子器件，因此容易铺设，基本不用维护，可节省运营成本和管理成本。

（2）PON 是纯介质网络，其可避免电磁干扰和雷电影响，适合在自然条件恶劣的地区使用。

PON 特点及优势

（3）PON 系统对局端资源占用很少，且系统初期投入少、扩展容易、投资回报率高。

（4）PON 可提供非常高的带宽。以太网无源光网络（Ethernet Passive Optical Network，EPON）目前可以提供上下行对称的 1.25Gbit/s 的带宽，并且随着以太网技术的发展可以升级到 10Gbit/s 的带宽。GPON 则可提供高达 2.5Gbit/s 的带宽。

（5）PON 服务量大。PON 作为一种点对多点网络，以一种扇形的结构来节省拥有成本（Cost of Ownership，CO）的资源，服务大量用户。用户共享局端设备和光纤的方式更是节省了用户成本。

（6）PON 对带宽分配灵活，服务有保证。GPON 系统和 EPON 系统对带宽的分配和保证都有一套完整的体系，可以实现用户级的服务水平协议（Service Level Agreement，SLA）。

2.1.2　PON 保护

从接入网的管理角度来看，为加强接入网的可靠性，PON 的保护结构是必须要考虑的。然而，保护应当是一种可选的机制，因为其实施必须要考虑到经济因素。

PON 的保护根据其保护对象的不同主要有 4 种类型：光纤备份保护（Type A）、OLT 端口备份保护（Type B）、全备份方式保护（Type C）和混合备份方式保护（Type D）。其中 IFpon 为 GPON 接口，目前 EPON 基本上已经被 GPON 替换，此处以 GPON 为例来说明各保护的特点。

光纤备份保护如图 2-2 所示。

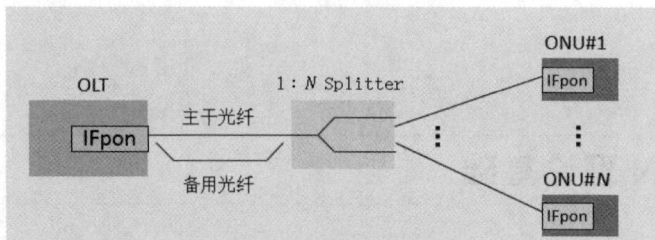

图 2-2　光纤备份保护

光纤备份保护的特点如下。

（1）设备没有任何备份措施。

（2）主干光纤故障后，需手动切换至备用光纤。

（3）主干光纤故障后业务必然中断，中断时间取决于线路恢复时间。

（4）如果分光器到用户的线路故障，业务就会中断，无法备份。

OLT 端口备份保护如图 2-3 所示。

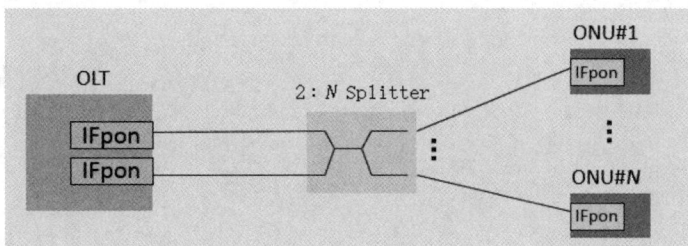

图 2-3　OLT 端口备份保护

OLT 端口备份保护的特点如下。

（1）OLT 上有两个 GPON 接口。

（2）此保护方式仅限于主干光纤出现故障时，系统会自动切换到备用系统，实现了对主干光纤的保护。

（3）保护对象仅限于 OLT 与 ODN 之间的光纤故障和 OLT 单板硬件故障，对于其他类型的故障没有涉及，故可能存在严重安全隐患，无法满足客户需求。

（4）无法定位故障。

全备份方式保护如图 2-4 所示。

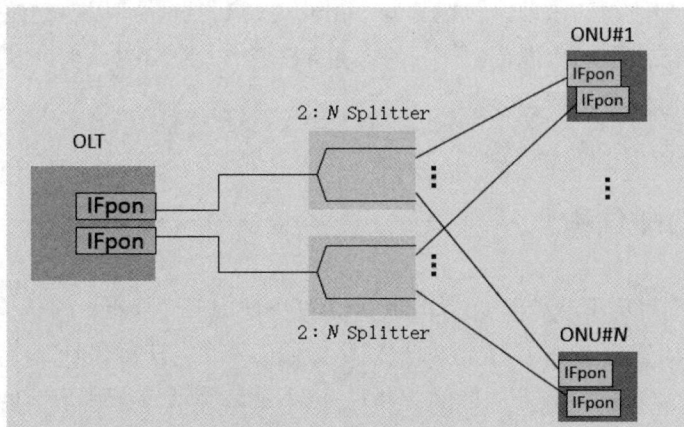

图 2-4　全备份方式保护

全备份方式保护的特点如下。

（1）OLT 和 ONU 上均有两个 GPON 接口，OLT 的 GPON 接口要工作在 1：1 模式下（OLT 的一个 GPON 接口与 ONU 的一个 GPON 接口连接）。

（2）此保护方式是一种全保护光纤倒换方式，OLT 与 ONU 之间有完全不同的两条通路，可以保证各种故障都能得到恢复。

（3）当 ONU 的主用 PON 口或用户线路故障时，ONU 会自动将业务倒换到备用 PON 口上，业务通过备用线路和 OLT 的备份端口上行，业务基本上不会中断。

（4）实现难度较大，成本较高。

（5）其中一个端口始终处于空闲状态，造成系统带宽利用率低。

混合备份方式保护如图 2-5 所示。

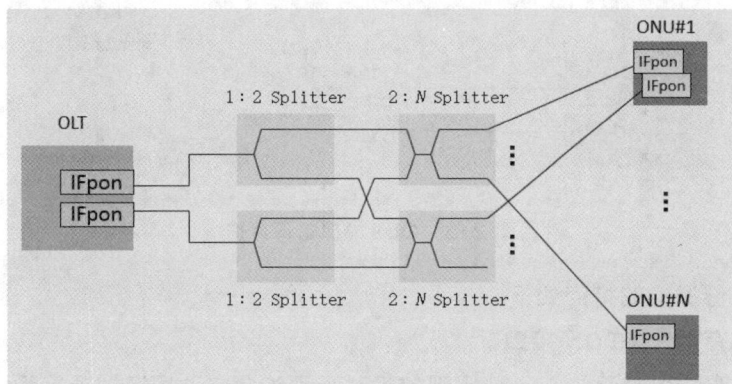

图 2-5　混合备份方式保护

混合备份方式保护的特点如下。

（1）OLT 上有两个 GPON 接口，OLT 的 GPON 接口要工作在 1＋1 模式下（OLT 上的两个 GPON 接口中的主用接口和备用接口同时工作）。

（2）此保护方式是一种全保护光纤倒换方式，OLT 与 ONU 之间有完全不同的两条通路，可以保证各种故障都能得到恢复，包括无源 Splitter 故障，链路可以自动恢复。

（3）PON 网络支持 ONU 混合方式，可以是带一个 PON 口的，也可以是带两个 PON 口的，根据用户的实际需求选择。

（4）实现难度较大，成本较高。

2.1.3　PON 结构

如图 2-6 所示，PON 由 OLT、无源 Splitter 和 ONU 组成，其采用树状拓扑结构。OLT 放置在中心局端，负责分配和控制信道的连接，并有实时监控、管理及维护的功能。ONU 放置在用户侧。OLT 与 ONU 之间通过无源 Splitter 连接。

PON 结构

所谓无源，是指在 OLT 和 ONU 之间的 ODN 没有任何有源电子设备。

PON 使用 WDM 技术，同时处理双向信号传输，上、下行信号分别用不同的波长，但在同一根光纤中传输。OLT 到 ONU/ONT 的方向为下行方向，反之为上行方向。下行方向的波长为 1490nm，上行方向的波长为 1310nm。PON 单纤双向传输原理如图 2-7 所示。

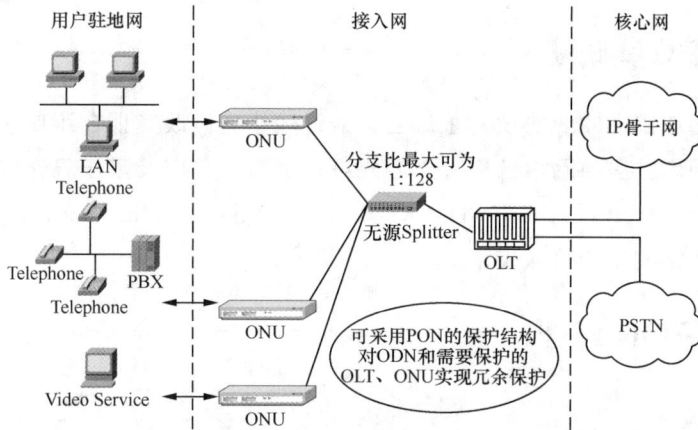

图 2-6　PON 结构

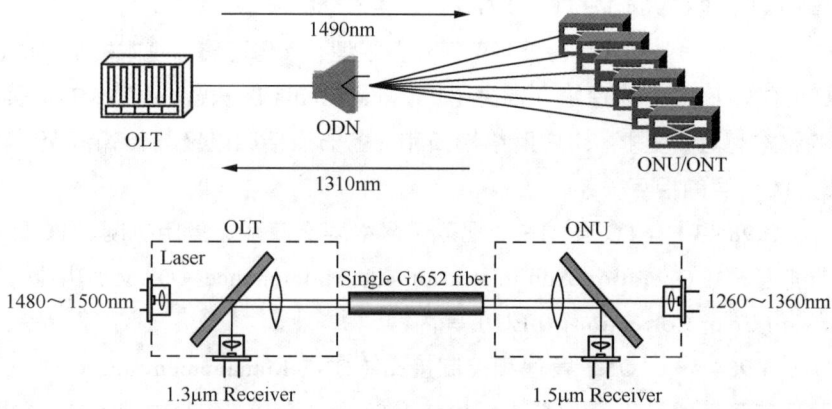

图 2-7　PON 单纤双向传输原理

PON 系统的组网方式如图 2-8 所示。其中常见的是图 2-8（a）所示的干线无保护的树状拓扑。

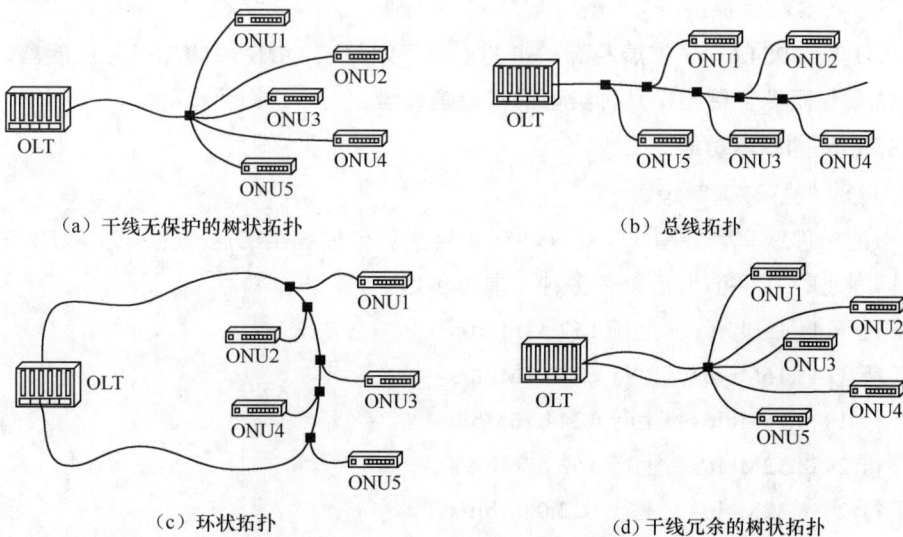

（a）干线无保护的树状拓扑

（b）总线拓扑

（c）环状拓扑

（d）干线冗余的树状拓扑

图 2-8　PON 系统的组网方式

2.1.4 EPON 概述

EPON 在现有 IEEE 802.3 协议的基础上，通过较小的修改实现在用户接入网中传输以太网帧，是一种采用点对多点网络结构、无源光纤传输方式，以及基于高速以太网平台和时分复用（Time Division Multiplexing，TDM）、媒体访问控制（Media Access Control，MAC）方式提供多种综合业务的宽带接入技术。

2.1.5 GPON 原理

1. GPON 标准

GPON 是 PON 家族中一个重要的技术分支。GPON 标准由 ITU-T G.984.x 系列标准规范，目前已经发展到 ITU-T G.984.1 ~ ITU-T G.984.6 共 6 个标准。

（1）ITU-T G.984.1——概述，主要规范了业务模型、参考配置、基本技术要求、保护方式。

（2）ITU-T G.984.2——物理媒介相关（Physical Media Dependent，PMD）层，主要规范了光接入网的结构、基本要求、用户网络接口和业务节点接口以及与传输汇聚（Transmission Convergence，TC）层的相互关系。

（3）ITU-T G.984.3——TC 层，主要规范了网络层次模型、复用机制、TC 帧结构、激活方式、操作维护管理（Operation Administration and Maintenance，OAM）功能、安全性、前向纠错（Forward Error Correction，FEC）等内容。

（4）ITU-T G.984.4——ONT 管理和控制接口（ONT Management and Control Interface，OMCI），主要规范了管理信息库（Management Information Base，MIB）、ONT 管理控制通道、ONT 管理控制协议等。

（5）ITU-T G.984.5——增强带宽，主要规范了缩窄下行波长的范围，ONU 新增波长过滤模块，为下一代共存演进进行了预留。

（6）ITU-T G.984.6——扩展距离，主要规范了如何在 ODN 中增加有源扩展盒以有效扩展 GPON 的最长距离，给出了几种类型的扩展盒模型。

2. GPON 的基本功能

（1）GPON 的标称速率等级

GPON 的标称速率等级由 ITU-T G.984.2 定义，传输线路的速率定义为 8kHz 的倍数，GPON 的标称速率（下行/上行）有多种，具体包括：

① 下行 1244.16Mbit/s，上行 152.52Mbit/s；
② 下行 1244.16Mbit/s，上行 622.08Mbit/s；
③ 下行 1244.16Mbit/s，上行 1244.16Mbit/s；
④ 下行 2488.32Mbit/s，上行 152.52Mbit/s；
⑤ 下行 2488.32Mbit/s，上行 622.08Mbit/s；
⑥ 下行 2488.32Mbit/s，上行 1244.16Mbit/s；

⑦ 下行 2488.32Mbit/s，上行 2488.32Mbit/s。

虽然 GPON 的标称速率等级定义了多个，但是实际目前主流芯片厂商和设备厂商的 GPON 产品均只支持下行 2488.32Mbit/s、上行 1244.16Mbit/s 的标称速率，线路编码下行和上行均采用不归零（Non-Return-to-Zero，NRZ）码。因此下行 2488.32Mbit/s、上行 1244.16Mbit/s 的标称速率实际成为 GPON 唯一的标称速率。大家谈到 GPON 的速率时指的是下行 2488.32Mbit/s、上行 1244.16Mbit/s。

（2）GPON 光功率预算

GPON 光功率预算决定了 GPON 系统的最大传输距离和最大分路比。ITU-T G.984.2 根据允许衰减范围的不同分为了 A、B、C 三大类，后续结合实际应用需求和光收发模块的实际能力增补了 B+类和 C+类，目前 B+类是主流，C+类有少量应用。B+类和 C+类 GPON 在最长 20km 的传输距离下支持 1∶64 的分路比。GPON 系统的最大差分距离为 20km。GPON 还可以通过上下行 FEC 功能增加部分增益。

表 2-1 列出了不同类型 ODN 的衰减范围。

表 2-1　不同类型 ODN 的衰减范围

ODN 类型	衰减范围/dB
A 类	5~20
B 类	10~25
B+类	13~28
C 类	15~30
C+类	17~32

（3）GPON 同步方式

GPON 同步方式为：以 OLT 为基准，ONU 向 OLT 同步的方式。同步的主要原理是利用 GPON 8K 帧的机制，即 OLT 每 125μs 会下行发送一帧，因此在下行帧的起始位置定义了一个物理同步域——Psync 域，其长度固定为 32B。Psync 域的编码为 0xB6AB31E0。ONU 利用 Psync 域来确定帧的起始位置。注意 Psync 域不进行扰码处理。

ONU 实现的同步状态机制如图 2-9 所示。在搜索状态，ONU 逐字节比较 Psync 域，一旦找到 1 个正确的 Psync 域,ONU 就进入预同步状态并设置计数器值为 1。接着 ONU 每隔 125μs 搜索下一个 Psync 域。每找到 1 个正确的 Psync 域，计数器值加 1。在预同步状态下，如果计数器值达到 M1，则认为 ONU 进入同步状态。一旦进入同步状态，ONU 就可以正确地识别下行帧结构。如果检测到 M2 个连续错误的 Psync 域，则 ONU 声明丢失了下行帧定界，返

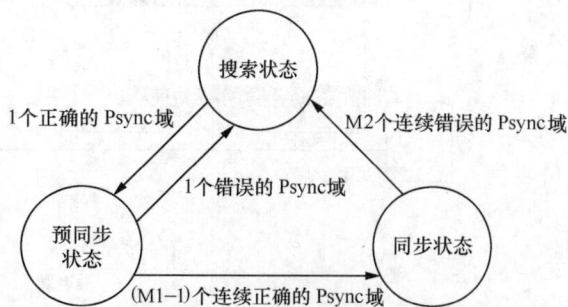

图 2-9　ONU 实现的同步状态机制

回到搜索状态。M1 的建议值为 2，M2 的建议值为 5。

（4）GPON 的加密方式

在 GPON 系统中，由于下行数据采用广播方式，因此所有 ONU 都能够接收到数据。如果存在恶意用户，那么他可以监听到所有用户的所有下行数据。因此 GPON 系统的下行数据必须要支持加密。目前 GPON 系统支持高级加密标准（Advanced Encryption Standard，AES）加密方式，支持 128bit 的严格的加密机制，提供更加严格的安全和保护机制，确保运营商网络和业务的安全、可靠运行。但是下行加密仅仅对通过单播 GEM Port 通道传送的业务进行加密，对于组播 GEM Port 通道传送的业务由于其需要有若干个 ONU 接收，因此密钥的协商交换机制比较复杂，目前不支持加密。

3．GPON 的工作原理

GPON 下行的复用关系如图 2-10 所示。可以看出一个 OLT PON 口由若干个逻辑 Port 组成，称之为 GEM Port，ONU 同样具有若干个 GEM Port，OLT 的 GEM Port 与 ONU 的 GEM Port 通过某种方式对应。

OLT 下行业务采用广播方式，OLT 将业务封装到 GEM（GPON Encapsulation Mode，GPON 封装模式）帧中，然后若干个 GEM 帧组成 GTC（GPON Transmission Convergence，GPON 传输汇聚）帧，下行传送。在 ONU 中根据 GEM 帧中封装的 GEM Port ID 进行过滤。OLT 下行具有两种类型的通道，即单播 GEM Port 通道和组播 GEM Port 通道。

单播 GEM Port 通道，表示 OLT 发送的数据只是传送给某个特定的 ONU，只有一个配置了这个单播 GEM Port 的 ONU 会接收这个数据，如图 2-11 所示。

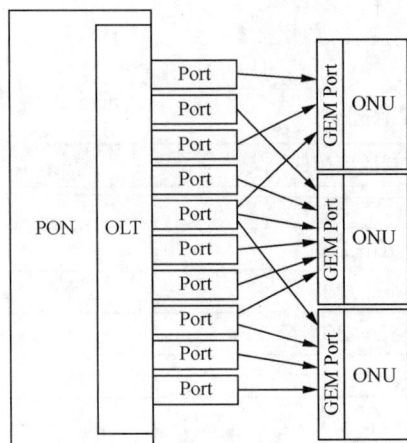

图 2-10　GPON 下行的复用关系

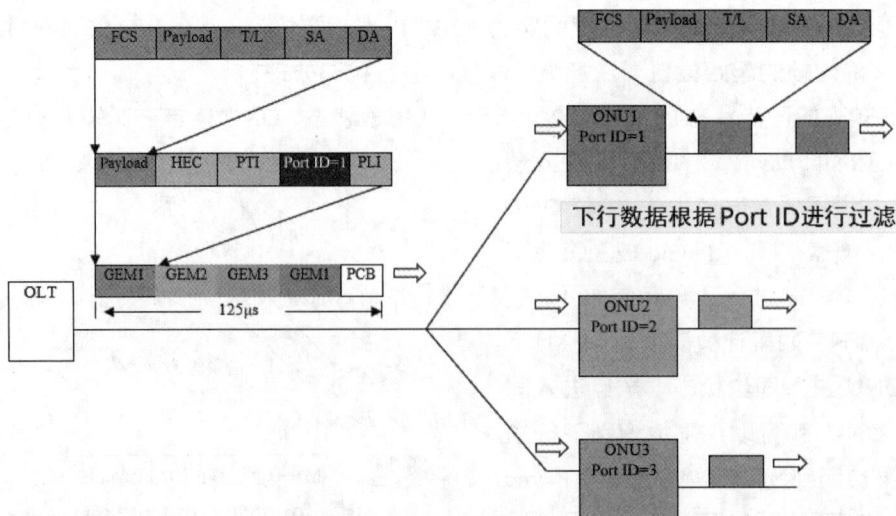

图 2-11　单播 GEM Port 通道

组播 GEM Port 通道，表示 OLT 发送的数据是传送给一组 ONU，存在若干个 ONU 配置了这个组播 GEM Port，这些 ONU 都会接收这个数据，由于 ONU 往往具有若干个用户网络接口（User Network Interface，UNI），一般对于组播 GEM Port 通道我们会结合组播 GEM Port ID 与组播地址一起进行过滤操作，如图 2-12 所示。

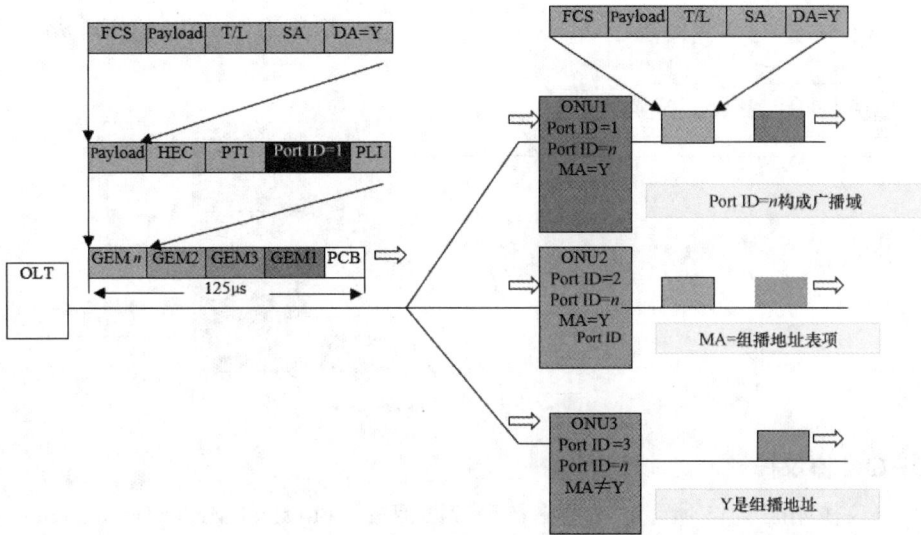

图 2-12　组播 GEM Port 通道

OLT 上行业务采用 TDMA 方式，ONU 将业务封装到 GEM 帧中，然后若干个 GEM 帧组成一个 T-CONT（Traffic Container，业务容器），在分配的时间片内传送。

GPON 上行的复用关系如图 2-13 所示。

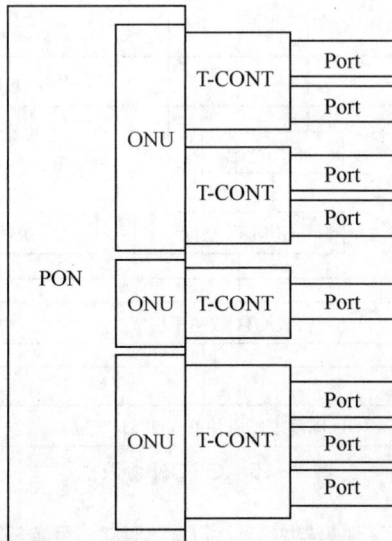

图 2-13　GPON 上行的复用关系

OLT 上行只有一种类型的通道，如图 2-14 所示。

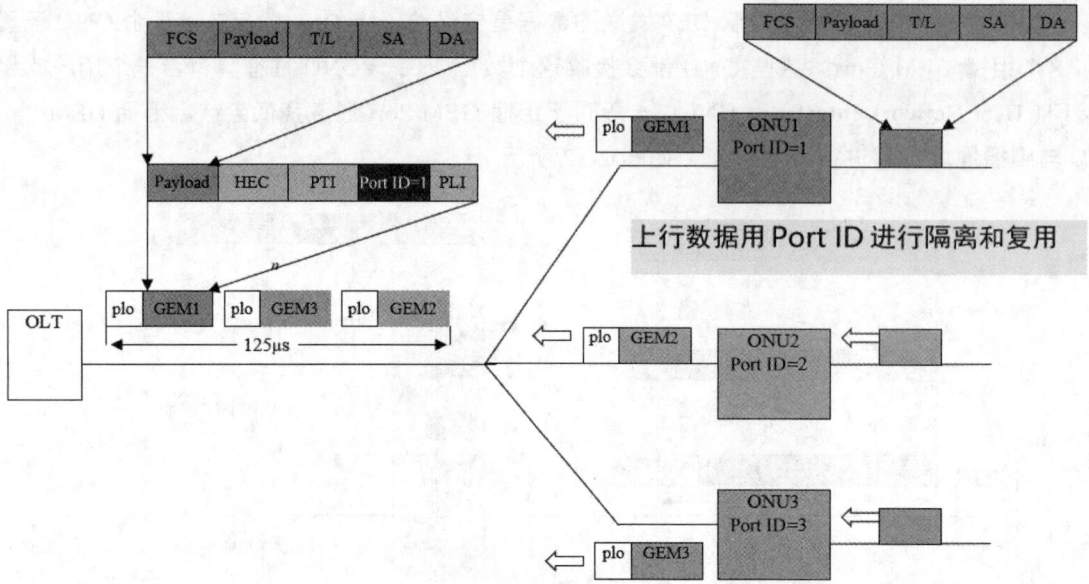

图 2-14　上行通道

4．GPON 协议栈

GPON 协议栈如图 2-15 所示，主要由物理媒质相关（Physical Media Dependent，PMD）层和 GTC 层组成。其中 GTC 层又包括两个子层：GTC 成帧子层和 TC 适配子层。GTC 层主要实现 GEM 客户接口、OMCI 的适配和封装。

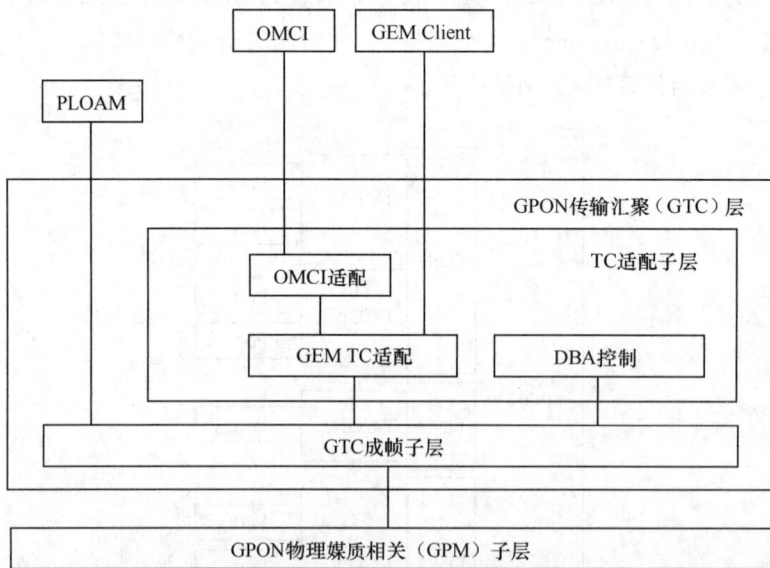

图 2-15　GPON 协议栈

GPON 的 TC 帧结构分为下行帧结构和上行帧结构，两者不对称，如图 2-16 所示。其中，下行帧结构采用 125μs 长度的帧结构，而上行帧结构是按照 125μs 划分的虚拟帧结构。

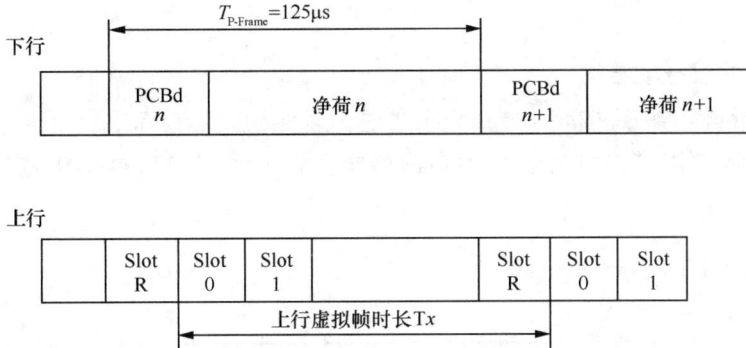

图 2-16　GPON 的 TC 帧结构

（1）GPON 的下行帧结构

GPON 的下行帧格式由 PCBd（Physical Control Block downstream，下行物理层控制块）和净荷两个部分组成。PCBd 主要提供帧同步、定时及动态带宽分配等 OAM 功能；净荷部分透明封装 GEM 帧。ONU 依据 PCBd 获取同步等信息，依据 GEM 帧头的 Port ID 过滤 GEM 帧。

PCBd 的组成如图 2-17 所示。

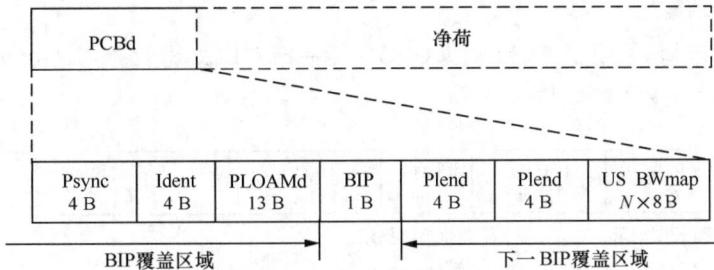

图 2-17　PCBd 的组成

PCBd 中的 US BWmap 用于指示 OLT 分配给 ONU 的时间片，GTC 带宽映射分配结构如图 2-18 所示。

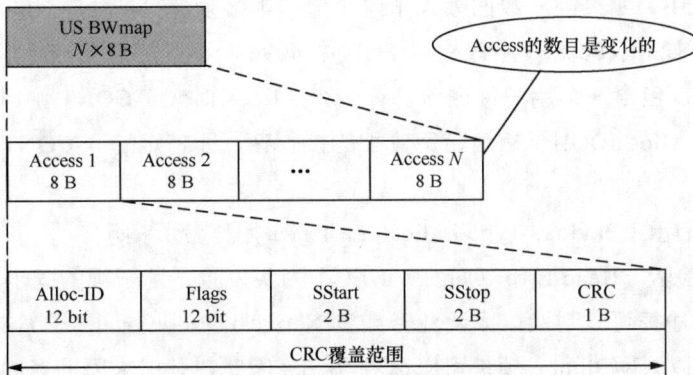

图 2-18　GTC 带宽映射分配结构

SStart 用于指示分配时隙的开始时间。该时间以 B 为单位，在上行帧中从 0 开始，并且限制上行帧的大小不超过 65536B，可满足 2.488Gbit/s 的上行速率要求。SStop 用于指示分配时隙的结束时间。

（2）GPON 的上行帧结构

GPON 的上行帧结构是按照 125μs 划分的虚拟帧结构，其实际是由若干个突发时间片构成的，时间片的长度由下行帧中 US BWmap 确定。图 2-19 所示为 GPON 的上行帧结构中某个突发时间片构成。

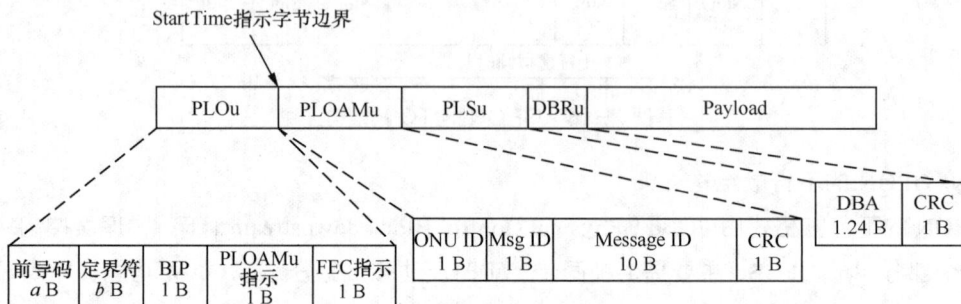

图 2-19 GPON 的上行帧结构中某个突发时间片构成

（3）GEM 帧结构

GPON 的业务封装采用了 GEM 帧，GPON 能完成对以太网业务、Native TDM 业务的适配。图 2-20 所示为 GEM 帧结构。

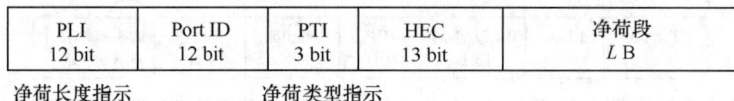

图 2-20 GEM 帧结构

① 净荷长度指示（Payload Length Indicator，PLI）用于下一个帧头定界，以及确定当前 GEM 帧的净荷长度。PLI 以 B 为单位指示帧头后面的净荷段长度。由于 PLI 只有 12bit，所以最多可指示 4095B。如果用户数据帧大于这个值，则必须要分成小于 4095B 的碎片。

② Port ID 为 12bit，Port ID 用来提供 PON 中 4096 个不同的业务流标识，以实现业务流复用。每个 Port ID 包含一个用户传送流。在一个 Alloc-ID 或 T-CONT 中可以有一个或多个 Port ID 传输其中 Alloc-ID 用于指定带宽分配的接收者，即特定的 T-CONT 或 ONU 的上行 OMC 通道。

③ 净荷类型指示（Payload Type Indicator，PTI）用作分段指示。

④ 帧头错误检验（Head Error Check，HEC）为头校验，用于帧的同步与帧头保护。

⑤ GEM 帧的净荷可以封装以太网业务或者 Native TDM 业务，由于 GEM 帧的净荷最长只能是 4095B，而以太网 Jumbo 帧长可以达到 9KB，因此封装以太网业务时可能会对以太网帧进行分片处理。

5. ONU 注册流程

ONU 能正常工作之前必须完成注册流程。ONU 注册由自动发现流程完成，有两种方式：

一种是"预配置 SN（Serial-Number，序列号）"方式，即通过网管系统事先在 OLT 上预配置相关待注册 ONU 序列号，当 ONU 上电后，OLT 会发现该 ONU 并与预配置的待注册 ONU 序列号进行比较，如果一致，则允许该 ONU 注册，直接激活 ONU；另一种是"自动发现 SN"方式，即在 OLT 上没有事先进行预配置，在 ONU 上电后，OLT 主动去发现 ONU 序列号，当 OLT 发现新的 ONU 后，采用人工干预方式或者直接允许该 ONU 注册。

为完成整个 ONU 注册流程，ITU-T G.984.3 定义了 ONU 具有如下 7 种状态。

① 初始状态（01）。该状态的 ONU 刚上电，一旦接收到下行数据，ONU 就转移到待机状态（02）。

② 待机状态（02）。该状态的 ONU 已经接收到下行数据。当 ONU 接收到上游开销消息（Upstream_Overhead）后转移到序列号状态（03）。

③ 序列号状态（03）。OLT 给所有处于该状态的 ONU 发送序列号需求消息（Serial-Number Request，也称 SN Request）以发现新序列号的 ONU。然后 OLT 通过分配 ONU-ID 消息（Assign_ONU-ID）来指配 ONU-ID。ONU 获得 ONU-ID 后就转移到测距状态（04）。

④ 测距状态（04）。由于不同的 ONU 离开 OLT 的距离有一定的差异，因此存在一定的时延差，为了使 ONU 发送给 OLT 的数据到达 OLT 时能够完全满足 OLT 分配的时间片的时间要求，为此，每个 ONU 需要一个均衡时延，测距就是为了获得该参数。ONU 接收到测距时间消息（Ranging_Time）后转移到运行状态（05）。

⑤ 运行状态（05）。处于该状态的 ONU 可以在 OLT 的控制下正常进行上下行数据及 PLOAM（Physical Layer OAM，物理层 OAM）消息的收发。

⑥ POPUP 状态（06）。当处于运行状态（05）的 ONU 检测到告警信号（Loss of Signal，LOS）或帧丢失（Loss of Frame，LOF）时就进入该状态。在该状态中 ONU 立即停止发送信号，OLT 将检测到该 ONU 的 LOS 告警。

⑦ 紧急停止状态（07）。当 ONU 接收到带有"Disable"的停止获取序列号消息（Disable_Serial-Number）时，ONU 就进入紧急停止状态（07）并关闭激光器。在该状态下，ONU 被禁止发送信号。ONU 接收到带有"Enable"的 Disable_Serial-Number 后进入待机状态（02）。

根据上述的 ONU 的 7 个活动可以看出，ONU 的注册过程主要包括 OLT 主动发起发现 ONU 的活动、OLT 和 ONU 之间进行协商工作参数、测量 OLT 和 ONU 之间的逻辑距离、建立上下行 Gemport 通道等步骤。整个注册过程通过 OLT 与 ONU 之间的 PLOAM 消息交互实现，其中最关键的步骤是发现 ONU 的活动和 ONU 的测距活动。

发现 ONU 的活动过程为：首先 OLT 暂停对上行带宽的授权，从而产生一个安静期。等待一段测距时延之后，OLT 发送 Serial-Number Request。处于序列号状态（03）的 ONU 接收到 Serial-Number Request 后等待一段 Serial-Numbet Response 时间再发送响应消息。OLT 收到响应消息后发送 Assign_ONU-ID，ONU 进入测距状态（04）。

安静期：在正常运行时，OLT 可能使 ONU 暂停发送信号以获得其他 ONU 的序列号或对其他 ONU 进行测距。OLT 持续一段时间停止对所有上行带宽的授权，ONU 由于没有接收到授权就不会上行发送信号，从而产生一个安静时段，称为安静期。

发现 ONU 的过程如图 2-21 所示。

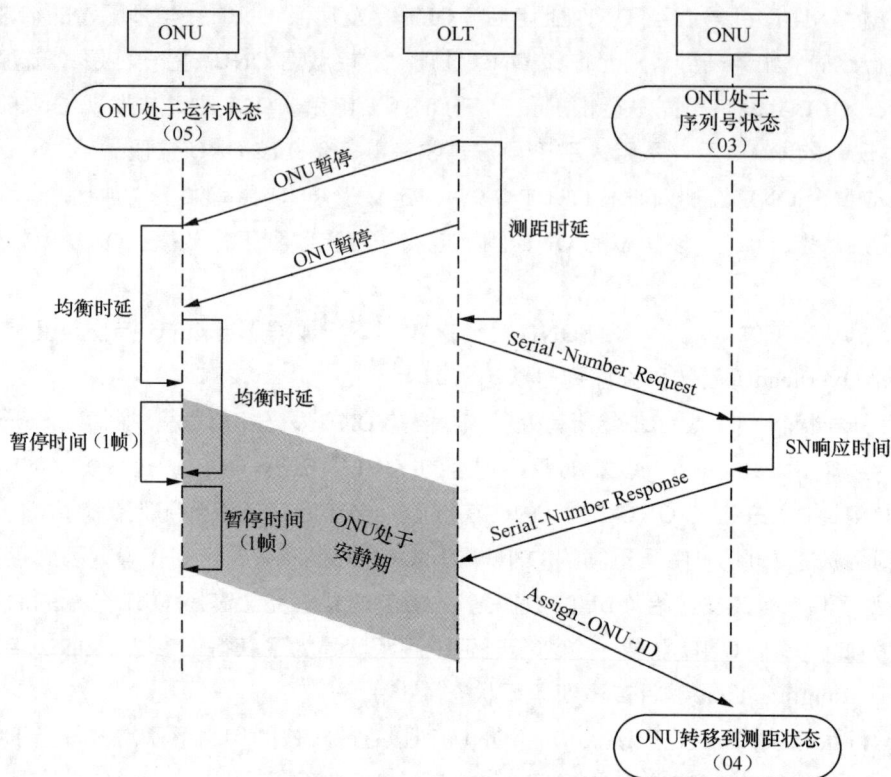

图 2-21　发现 ONU 的过程

ONU 的测距活动过程为：首先 OLT 产生一个安静期，之后 OLT 给所有 ONU 发送测距请求消息（Ranging Request）。ONU 接收到 Ranging Request 后等待 Ranging-Response-Time（测距响应时间），再发送 Serial-Number Response。OLT 接收到 Serial-Number Response 后发送分配测距时间消息（Assign Ranging Time），ONU 接收到 Assign Ranging Time 后进入运行状态（05）。

ONU 的测距过程如图 2-22 所示。

6. ONU 的带宽分配流程

由于 GPON 上行采用 TDMA 方式，因此需要给每个 ONU 分配相应的时间片。分配给 ONU 的时间片实际也代表分配给 ONU 的带宽。OLT 通过静态带宽分配方式或者动态带宽分配（Dynamically Bandwidth Assignment，DBA）方式向 ONU 分配上行带宽。在静态带宽分配方式中，OLT 根据配置信息为业务流预留固定带宽。在动态带宽分配方式中，OLT 通过检查来自 ONU 的 DBA 报告/或通过输入业务流的自监测来了解拥塞情况，然后分配足够的带宽。GPON DBA 功能的分配单位是 T-CONT，GTC 层规定了 5 种类型的 T-CONT（Type1、Type2、Type3、Type4、Type5），这 5 种类型的 T-CONT 代表不同类型的 QoS 保证能力。其中 Type5 是一个综合的 T-CONT 类型，包含 Type1～Type4 这 4 种类型。T-CONT 分类如表 2-2 所示。

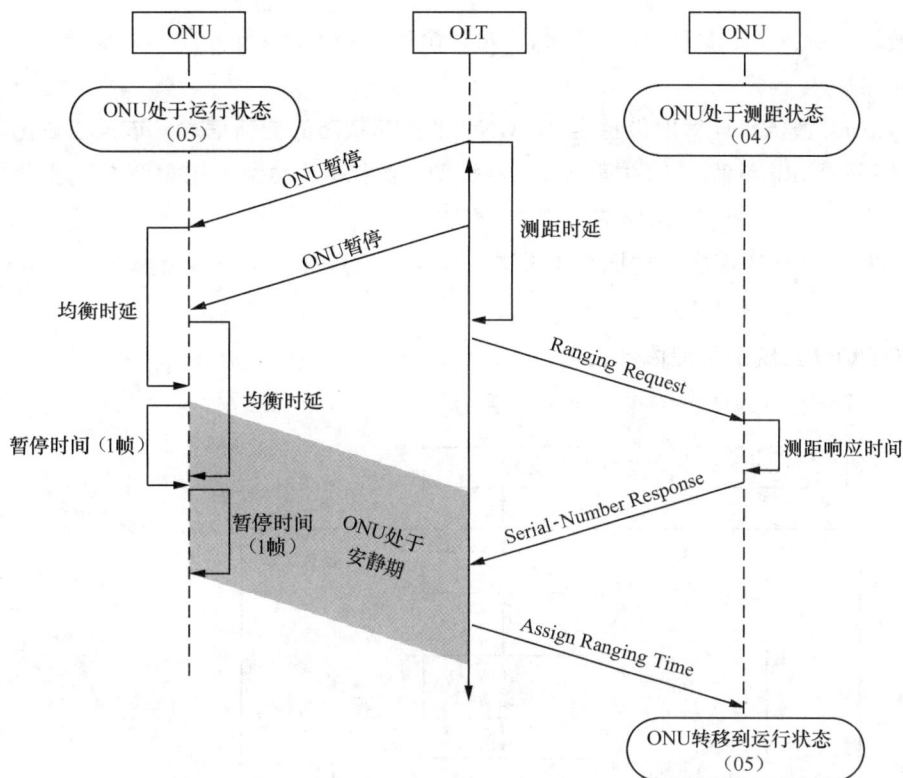

图 2-22　ONU 的测距过程

表 2-2　T-CONT 分类

T-CONT 类型	业务应用	QoS 保证能力
1	DS-1、E1 业务	固定带宽、固定时延
2	非实时业务	固定带宽、有边界的时延和抖动
3	可变速率业务	提供保证带宽+突发带宽
4	尽力而为业务	共享剩余的带宽
5	所有业务	—

　　GPON 的 DBA 支持基于非状态报告的动态带宽分配（Non-Status Reporting DBA，NSR-DBA）和基于状态报告的动态带宽分配（Status Reporting DBA，SR-DBA）。NSR-DBA 不需要 ONU 报告就能完成带宽分配，它通过 OLT 自身的流量监控提供动态分配功能。SR-DBA 根据 ONU 发送的缓存状态报告分配带宽。所有的 OLT 都提供流量监控 DBA，所以 ONU 即使不报告状态也能获得基本的 DBA 功能。在 NSR-DBA 中不要求协议属性，整个 DBA 机制由 OLT 完成。对于 SR-DBA，GPON 定义了 3 种 DBA 报告机制：上行物理层开销（Physical Layer Overhand upstream，PLOu）中的状态指示、上行动态带宽报告（Dynamic Bandwideh Report upstream，DBRu）中的 piggy-back 报告和 DBA 净荷域中的 ONU 报告。

　　状态指示提供了一种快速、简单的 ONU 业务流等待指示。该指示由 PLOu 的 Ind 域承载，有 4 个单比特报告，它们分别对应一类 T-CONT。这种方式只是向 OLT 提供 ONU 需要进行

DBA 管理的警告，但是没有指明有问题的是哪个 T-CONT，也没有提供类似于带宽数量这样的细节。

piggy-back 报告可连续提供特定 T-CONT 业务流状态的更新信息。该报告由出现问题的 T-CONT 相关 DBRu 承载。这种报告有 3 种类型（类型 0、类型 1 和类型 2）。报告格式类型 0 是默认支持方式，是当前 DBA 实现的主要方式。

净荷域中的 ONU 报告方式标准未做详细规定，只是提供了一种上报途径，由 OLT 分配的上行流中专门的 DBA 净荷区承载。

7. GPON 系统的管理体系结构

GPON 系统的管理体系结构如图 2-23 所示。

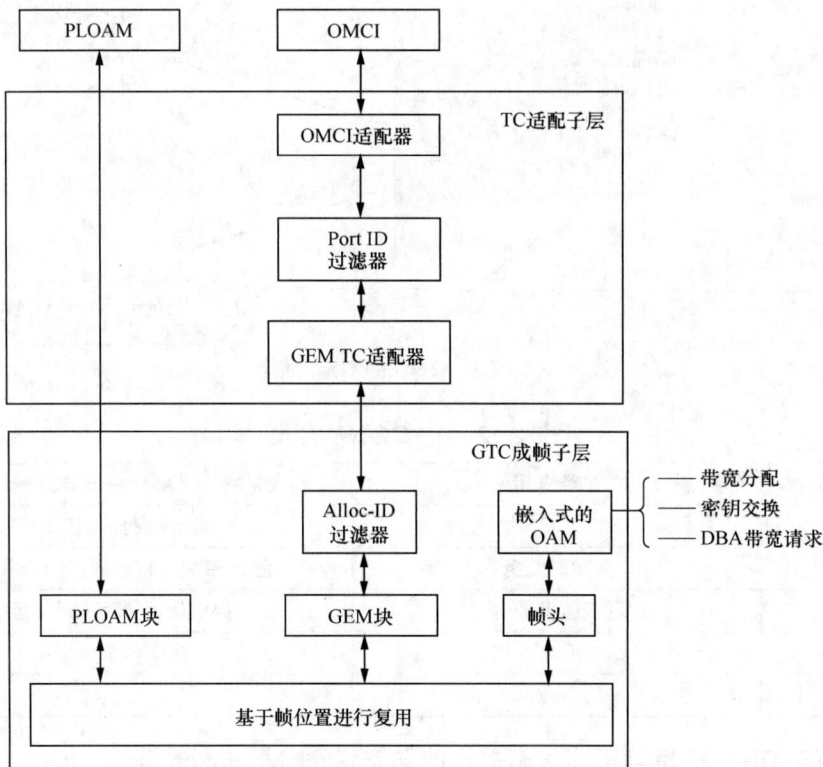

图 2-23 GPON 系统的管理体系结构

GPON 系统的管理体系结构分成 3 个方式：嵌入式的 OAM 方式、PLOAM 方式和 OMCI 方式。

（1）嵌入式的 OAM 方式

嵌入式的 OAM 直接嵌入 GTC 的帧头中，因此响应速度是最快的。嵌入式的 OAM 主要执行 OLT 向 ONU 进行带宽分配，OLT 与 ONU 之间进行密钥交换，ONU 向 OLT 上报 DBA 带宽请求。

（2）PLOAM 方式

PLOAM 用于物理层的 OAM，作为 OAM 消息嵌入 GTC 帧中。ITU-TG.984.3 定义了 19

种下行 PLOAM 信息、9 种上行 PLOAM 信息，可实现 ONU 的注册及 ID 分配、测距、Port ID 分配、虚路径标识符/虚通道标识符（Virtual Path Identifier/Virtual Channel Identifier，VPI/VCI）分配、数据加密、状态检测、误码率监视等功能。

（3）OMCI 方式

OMCI 方式提供了另一种 OAM 服务，用于实现对高层的管理。OMCI 信息封装在 GEM 帧中，通过 GEM 适配层嵌入 GTC 帧中。OMCI 主要用于 OLT 对 ONU 的带内管理，属于慢速管理通道。在 ONU 初始化时 OLT 会通知 ONU 建立 OMCI 通道，OMCI 协议属于异步协议，OLT 为主控制器，ONU 为从控制器。一个 OLT 控制器可以建立多个 OMCI 通道来分别对应每一个 ONU，OLT 通过不同的 OMCI 通道来管理和控制 ONU。

OLT 通过 OMCI 通道对 ONU 进行如下几个方面的管理。

- 配置管理：主要是 OLT 远程配置 ONU，包括版本升级、配置数据下发、PON 层参数配置、UNI 参数配置、FEC 使能、保护配置等。
- 故障管理：能够支持 ONU 的故障警告上报。
- 性能管理：提供对 ONU 的性能数据采集及监控，包括 UNI 的性能数据和 PON 层的性能数据。

2.1.6　EPON 和 GPON 比较

由于 IEEE 的 EPON 标准化工作比 ITU-T 的 GPON 标准化工作开展得早，而且 IEEE 的关于以太网的 802.3 标准系列已经成为业界重要的标准，因此早期 FTTx 的市场上 EPON 应用更为广泛。随着 GPON 技术及产品的不断成熟，目前运营商的 PON 中 GPON 使用较多。

1．可支持速率

EPON 提供固定上下行 1.25Gbit/s 的速率，采用 8b/10b 线路编码，实际速率为 1Gbit/s。

GPON 支持多种速率等级，可以支持上下行不对称速率，下行 2.5Gbit/s 或 1.25Gbit/s，上行 1.25Gbit/s、622Mbit/s 等多种速率，根据实际需求来决定上下行速率，选择相对应光模块，提高光器件速率性价比。

2．多业务承载能力

EPON 沿用了简单的以太网数据格式，只是在以太网包头增加了 64B 的多点控制协议（Multi-Point Control Protocol，MPCP）来实现 EPON 系统中的带宽分配、带宽轮询、自动发现、测距等工作。虽然 IEEE 在制定 EPON 标准时主要考虑数据业务，基本上未考虑语音业务，但是鉴于目前运营商在布网规划时更注重要求接入网能同时提供数据和语音业务，因此除了少数 EPON 产品仅支持数据业务外，许多 EPON 产品在 IEEE 标准的基础上，提供数据业务的同时采用预留带宽的方式提供语音业务，但离电信级的 QoS 要求有一定差距。

GPON 基于完全新的 TC 层，该层能够完成对高层多样性业务的适配，定义了 ATM 封装和通用成帧规程（Generic Framing Procedure, GFP）协议封装，GPON 可以选择二者之一进行业务封装。鉴于目前 ATM 应用并不普及，于是一种只支持 GFP 协议封装的 GPON.lite 设备应运而生，它把 ATM 从协议栈中去除以降低成本。

GFP 协议是一种通用的、适用于多种业务的链路层协议，ITU-T 定义为 G.7041。GPON 中对 GFP 协议做了少量的修改，在 GFP 帧的头部引入了 Port ID，用于支持多端口复用；还引入了 Frag（Fragment）分段指示以增加系统的有效带宽。并且 GFP 协议只支持面向变长数据的数据处理模式而不支持面向数据块的数据处理模式。

因此，GPON 多业务承载能力强于 EPON。GPON 的 TC 层本质上是同步的，其使用了标准的 8kHz 定长帧，这使 GPON 可以支持端到端的定时和其他准同步业务，特别是可以直接支持 TDM 业务，就是所谓的 Native TDM，GPON 对 TDM 业务具备"天然"的支持。

3. QoS 和 OAM

EPON 在 MAC 层以太网包头增加了 MPCP，MPCP 通过消息、状态机和定时器来控制访问点对多点（Point to Multiple Point，P2MP）的拓扑结构，实现 DBA。MPCP 涉及的内容包括 ONU 发送时隙的分配、ONU 的自动发现和加入、向高层报告拥塞情况以便动态分配带宽。MPCP 提供了对 P2MP 拓扑结构的基本支持，但是协议中并没有对业务的优先级进行分类处理，所有的业务随机地"竞争"带宽。

GPON 则拥有更完善的 DBA，具有优秀 QoS 服务能力。GPON 将业务带宽分配方式分成 4 种类型，优先级从高到低分别是固定带宽、保证带宽、非保证带宽和尽力而为带宽。DBA 又定义了 T-CONT 作为上行流量调度单位，每个 T-CONT 由 Alloc-ID 标识。每个 T-CONT 可包含一个或多个 GEM Port ID。T-CONT 分为 5 种业务类型，不同类型的 T-CONT 具有不同的带宽分配方式，可以满足不同业务流对时延、抖动、丢包率等不同的 QoS 要求。T-CONT Type1 的特点是固定带宽、固定时隙，对应固定带宽分配，适合对时延敏感的业务，如语音业务；Type2 的特点是固定带宽但时隙不确定，对应保证带宽分配，适合对抖动要求不高的固定带宽业务，如视频点播业务；Type3 的特点是有最小带宽保证且能够动态共享富余带宽，并有最大带宽的约束，对应非保证带宽分配，适合有服务保证要求且突发流量较大的业务，如下载业务；Type4 的特点是尽力而为，无带宽保证，适合时延和抖动要求不高的业务，如 Web 浏览业务；Type5 是组合类型，在分配完保证和非保证带宽后，额外的带宽需求尽力而为进行分配。

EPON 没有对 OAM 进行过多的考虑，只是简单地定义了对 ONT 故障指示、环回和链路监测，并且是可支持任意功能选择的。

GPON 在物理层定义了 PLOAM，在高层定义了 OMCI，在多个层面进行 OAM 管理。PLOAM 用于实现数据加密、状态检测、误码监视等功能。OMCI 用来管理高层定义的业务，包括 ONU 的功能参数集、T-CONT 业务种类与数量、QoS 参数，请求配置信息和性能统计，自动通知系统的运行事件，实现 OLT 对 ONT 的配置、故障诊断、性能和安全的管理。

2.1.7　PPPoE 原理

目前各有线运营商中 PON 接入用户普遍采用基于以太网的点对点协议（Point-to-Piont

Protocol over Ethernet，PPPoE）拨号接入方式。

点对点协议（Point-to-Point Protocol，PPP）是为在同等单元之间传输数据包这样的简单链路设计的链路层协议。这种链路提供全双工操作，并按照顺序传递数据包。设计目的主要是通过拨号或专线方式建立点对点连接发送数据，使其成为各种主机、网桥和路由器之间简单连接的一种共通的解决方案。

PPPoE 是 PPP 数据承载在以太网结构上的数据类型，在宽带业务接入中作为拨号用户的主要接入方式，既保护了用户方的以太网资源，又满足了非对称数字用户线（Asymmetric Digital Subscriber Line，ADSL）的接入要求，是目前 ADSL 接入方式中应用广泛的技术标准。

1. PPPoE 帧格式

PPPoE 借用 PPP 格式，在 PPP 数据包外部封装以太网数据结构，实现在 LAN 和 ADSL 的基础上传输。PPPoE 帧格式如图 2-24 所示。

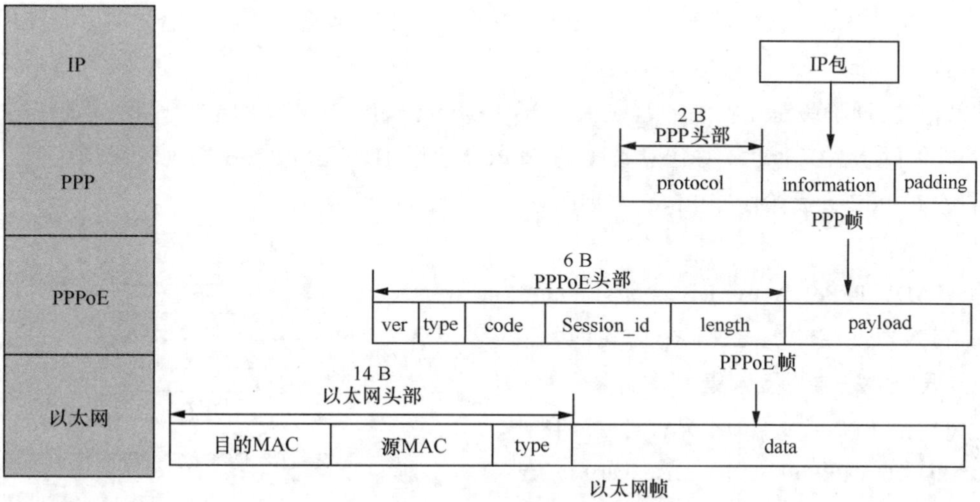

图 2-24　PPPoE 帧格式

PPPoE 帧格式字段及说明如表 2-3 所示。

表 2-3　PPPoE 帧格式字段及说明

字段	说明
目的 MAC	一个以太网单播目的地址或者以太网广播地址。对 Discovery 数据包来说，该域的值是多播地址。对 PPP 会话流量来说，该域必须是 Discovery 阶段已确定的通信对方的单播地址
源 MAC	必须包含源设备的以太网 MAC 地址
ver	该域长度为 4bit，PPPoE 帧格式中该字段设置为 0x1
type	该域长度为 4bit，PPPoE 帧格式中该字段设置为 0x1
code	该域长度为 8bit，标识 PPPoE 各种阶段的报文类型
Session_id	该域长度为 16bit，其值在后面 PPPoE 发现阶段的数据包中定义。对一个给定的 PPP 会话来说该值是一个固定值，并且与以太网目的 MAC 和源 MAC 一起定义了一个 PPP 会话

续表

字段	说明
length	该域长度为 16bit，该值表明了 PPPoE 的 payload 长度，不包括以太网头部和 PPPoE 头部的长度
protocol	该域表示 payload 中的数据类型： 0x0021——信息字段是 IP 数据报 0xC021——信息字段是链路控制数据 LCP 0x8021——信息字段是网络控制数据 NCP 0xC023——信息字段是安全性认证口令验证协议 PAP 0xC223——信息字段是安全性认证挑战握手验证协议 CHAP

2. PPPoE 建立连接过程

PPPoE 建立连接过程分为两个阶段：PPPoE 发现阶段和 PPPoE 会话阶段。

（1）PPPoE 发现阶段

在 PPPoE 发现阶段，基于网络的拓扑，主机可以发现多个接入集中器，然后允许用户选择其中的一个接入集中器作为网络接入节点。

PPPoE 发现阶段是无状态的客户/服务器（Client/Server，C/S）模式，目的是获得 PPPoE 终端的以太网 MAC 地址，并建立唯一的 PPPoE 会话 ID。当 PPPoE 发现阶段结束后，就进入标准的 PPPoE 会话阶段。PPPoE 发现阶段流程如图 2-25 所示。

① PADI（PPPoE Active Discovery Initiation，PPPoE 有效发现启动）。主机发送广播类型的 PADI 数据包，去寻找接入集中器。整个 PADI 数据包（包括 PPPoE 头部）不允许超过 1484B。

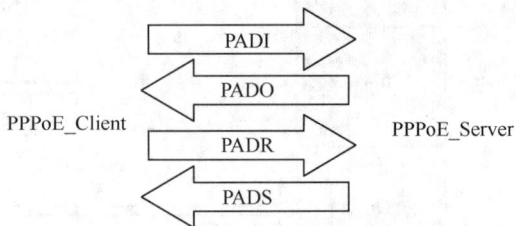

图 2-25　PPPoE 发现阶段流程

② PADO（PPPoE Active Discovery Offer，PPPoE 有效发现提供包）。宽带远程接入服务器能够为收到的 PADI 请求提供服务，它将通过发送一个 PADO 数据包来做出应答。

③ PADR（PPPoE Active Discovery Request，PPPoE 有效发现请求）。由于 PADI 数据包是广播的，主机可能收到不止一个 PADO 数据包，它将审查接收到的所有 PADO 数据包并从中选择一个。然后主机向选中的宽带远程接入服务器发送一个 PADR 数据包。

④ PADS（PPPoE Active Discovery Session-confirmation，PPPoE 有效发现会话确认）。当宽带远程接入服务器收到一个 PADR 数据包时，就准备开始一个 PPPoE 会话。它为 PPPoE 会话创建唯一的会话 ID，并用一个 PADS 数据包来给主机做出应答。

（2）PPPoE 会话阶段

PPP 提供了一整套方案来解决链路建立、维护、拆除、上层协议协商、认证等问题。PPP 包含如下几个部分。

① 链路控制协议（Link Control Protocol，LCP）；

② 网络控制协议（Network Control Protocol，NCP）；

③ 认证协议，常用的包括口令验证协议（Password Authentication Protocol，PAP）和挑战握手验证协议（Challenge Handshake Authentication Protocol，CHAP）。

其中，LCP 负责创建、维护或终止一次物理连接，NCP 负责解决物理连接上运行何种网络协议及解决上层网络协议发生的问题。

下面介绍 PPP 链路建立的过程，如图 2-26 所示，链路建立过程通常包括 3 个阶段：链路协商阶段、认证阶段和网络协商阶段。

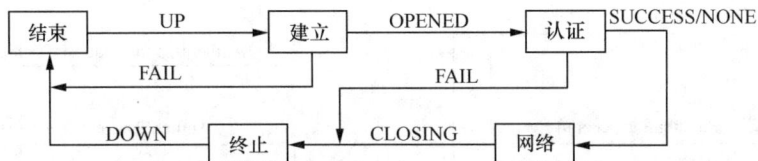

图 2-26　PPP 链路建立的过程

（1）链路协商阶段

在链路协商阶段，将对基本的通信方式进行选择。链路两端设备通过 LCP 向对方发送配置信息报文。一旦配置成功的信息包被发送且被接收，就完成了交换，并进入 LCP 开启状态。

在链路协商阶段中，客户端将与宽带远程接入服务器协商关于二层链路状态的参数并达成一致，在后期的认证阶段和链路保持过程中，将沿用这个阶段协商的数据，保证链路的合法性。

LCP 包有如下 3 类。

- 链路配置包，用于建立和配置链路；
- 链路结束包，用于结束链路；
- 链路维修包，用于管理和调试链路。

（2）认证阶段

客户端与宽带远程接入服务器将根据链路协商阶段中确定的认证方式进行用户信息的交互。该阶段使用一种安全验证方式，避免第三方窃取数据或冒充远程用户接管与客户端的连接。在认证完成之前，禁止从认证阶段前进到网络协商阶段。如果认证失败，认证者应该跃迁到链路协商阶段。

在这一阶段中，只有 LCP、认证协议和链路质量监视协议的报文是被允许的。在该阶段中接收到的其他数据不予响应。

常用的认证协议有 PAP 和 CHAP。

① PAP。PAP 通过两次握手提供了一种认证对端的简单方法，协议通过交换用户名和用户密码的方式来验证用户的合法性。由于用户的 ID 和密码在链路上以文本形式直接传输，因而安全性相对较差。PAP 的交互过程如图 2-27 所示。

- Authentication request（认证请求）：拨号过程中，终端以明文方式将自身的账号与密码信息直接发送至宽带接入设备。宽带接入设备根据 key 等信息进行加密后发送至 radius 服务器。

● Authentication accept/reject（认证通过/拒绝）：认证方根据接收的用户名等信息，查找本地数据库进行比对。若比对一致，则用户验证成功；若比对不一致，则用户验证失败。

② CHAP。CHAP 是使用三次握手定期验证对方身份的一种认证协议。它通过宽带远程接入服务器发出认证质询，拨号终端以应答的形式来验证用户的合法性。用户的 ID 和密码经过加密之后在网络上传输，因此安全性较好。CHAP 的交互过程如图 2-28 所示。

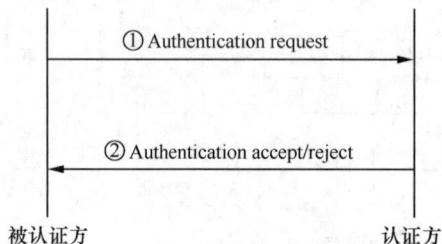

图 2-27　PAP 的交互过程　　　　　图 2-28　CHAP 的交互过程

● Challenge（挑战消息）：由宽带远程接入服务器产生一个 16B 的随机码给用户（同时还有一个 ID，宽带远程接入服务器的 hostname）。

● Authentication reques（认证请求）：用户根据 Challenge 对认证信息进行 MD5 加密，生成对应密码。

● Authentication accept/reject（认证通过/拒绝）：认证方根据用户返回的信息，在本地数据库根据 Challenge、ID 和用户密码进行 MD5 加密，对自身算法产生的加密数据与用户返回的信息进行比对。若比对一致，则用户验证成功；若比对不一致，则用户验证失败。

（3）网络协商阶段

认证阶段完成之后，PPP 将调用在链路协商阶段选定的各种 NCP。选定的 NCP 解决了 PPP 链路之上的高层协议问题，重要的是，在该阶段 IP 控制协议（Internet Protocol Control Protocol，IPCP）可以向拨入用户分配动态地址和 DNS（Domain Name System，域名系统）等信息。如此，PPPoE 的用户完成了认证和 IP 地址获取的过程。

经过这 3 个阶段以后，就建立起一条完整的 PPP 链路，用户数据封装在 PPP 链路中传送。

2.1.8　DHCP 原理

目前我国各有线运营商中 PON 接入用户的 IPTV 业务普遍采用动态主机配置协议（Dynamic Host Configuration Protocol，DHCP）自动获取 IP 地址的接入方式。

DHCP 的前身是引导程序协议（Bootstrap Protocol，BOOTP）。它分为两个部分：一个是服务器端，另一个是客户端。所有的 IP 网络设定资料都由 DHCP 服务器集中管理，并负责处理客户端的 DHCP 要求；而客户端则会使用从服务器分配下来的 IP 地址信息。

DHCP 的 C/S 体系结构如图 2-29 所示，当网络上主机数量比较大且 IP 地址资源比较紧张的时候，使用 DHCP 一方面能避免手动分配 IP 地址带来的地址冲突问题，另一方面能通过 IP 地址的重复使用来避免 IP 地址的浪费（由于不是每台主机都是全天 24 小时运行的，当主机关机后 DHCP 服务器就会释放其 IP 地址并分配给其他主机）。

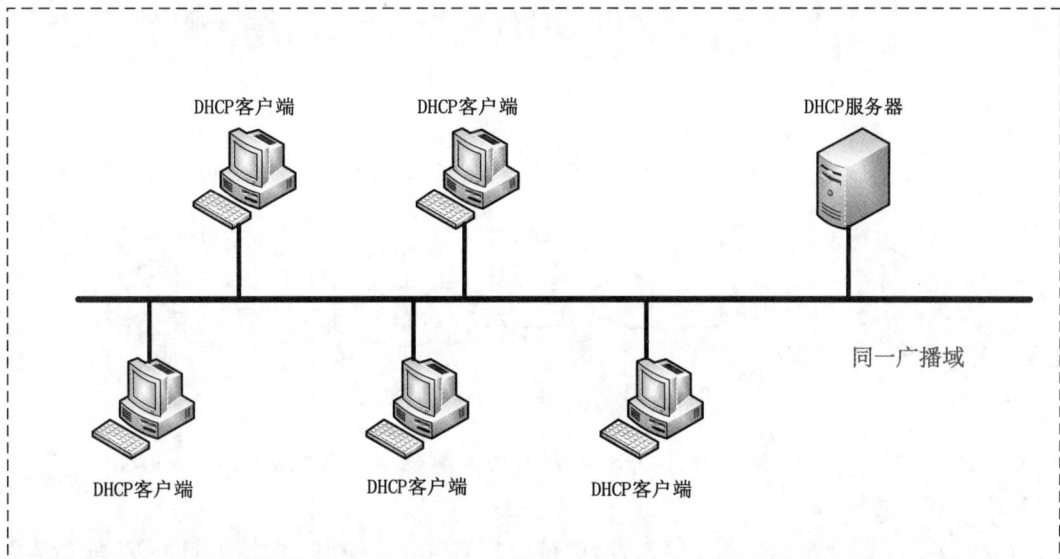

图 2-29　DHCP 的 C/S 体系结构

DHCP 的主要特点如下。

（1）整个 IP 地址分配过程自动实现，在客户端上，除了选择 DHCP 选项外，无须做任何 IP 环境设定。

（2）所有的 IP 网络设定资料都由 DHCP 服务器集中管理，还可以帮客户端指定 Netmask（子网掩码）、DNS 服务器、默认网关等参数。

（3）通过 IP 地址租期管理（到达期限时，可能会延长"租约"或重新分配地址），实现 IP 地址分时复用。

（4）DHCP 采用广播方式交互报文，由于默认情况下路由器不会将收到的广播包从一个子网发送到另一个子网，因而当 DHCP 服务器与 DHCP 客户端不在同一个子网时，必须使用 DHCP 中继（DHCP Relay）。

（5）DHCP 的安全性较差，服务器容易受到攻击。

DHCP 的组网方式如下。

DHCP 采用 C/S 体系结构，客户端靠以广播方式发送的发现信息来寻找 DHCP 服务器，即向地址 252.252.252.255 发送特定的广播信息，服务器收到请求后进行响应。而路由器默认情况下是隔离广播域的，对此类报文不予处理，因此 DHCP 的组网方式分为同一网段和不同网段两种方式。当 DHCP 服务器和 DHCP 客户端在不同子网时，充当客户主机默认网关的路由器必须将广播包发送到 DHCP 服务器所在的子网，这一功能称为 DHCP 中继。DHCP 的两种组网方式如图 2-30 所示。

标准的 DHCP 中继的功能比较简单，包括重新封装、续传 DHCP 报文等。

智慧城域网技术与实战（微课版）

组网方式一：DHCP服务器和DHCP客户端在同一子网

DHCP服务器　　　　　　　　　　　　　　　　　　DHCP客户端

IP网

组网方式二：DHCP服务器和DHCP客户端在不同子网

DHCP服务器　　　　　　　DHCP中继　　　　　　　DHCP客户端

子网A　　　　　　子网B

图 2-30　DHCP 的两种组网方式

从以上两种组网方式不难看出，DHCP 基本协议架构中主要包括以下 3 种角色。

（1）DHCP 客户端

DHCP 客户端，通过与 DHCP 服务器进行报文交互，获取 IP 地址和其他网络配置信息，完成自身的地址配置。在设备接口上配置 DHCP 客户端功能，这样接口可以作为 DHCP 客户端，使用 DHCP 从 DHCP 服务器动态获得 IP 地址等参数，方便用户配置及进行集中管理。

（2）DHCP 中继

DHCP 中继，负责转发来自 DHCP 客户端方向或 DHCP 服务器方向的 DHCP 报文，协助 DHCP 客户端和 DHCP 服务器完成地址配置。如果 DHCP 服务器和 DHCP 客户端不在同一个网段内，则需要通过 DHCP 中继来转发报文，这样可以避免在每个网段内都部署 DHCP 服务器，既节省成本，又便于进行集中管理。

在 DHCP 基本协议架构中，DHCP 中继不是必需的角色。只有当 DHCP 客户端和 DHCP 服务器不在同一网段内，才需要 DHCP 中继进行报文的转发。

（3）DHCP 服务器

DHCP 服务器，负责处理来自 DHCP 客户端或 DHCP 中继的地址分配、地址续租、地址释放等请求，为 DHCP 客户端分配 IP 地址和其他网络配置信息。

2.2　PON 设备介绍

2.1 节介绍了 PON 的理论基础，本节将介绍 PON 中两个非常重要的设备：OLT 和 ONU。

2.2.1　OLT 设备

OLT 是 PON 的局端光接入设备，主要完成的功能如下。

（1）PON OLT：支持 EPON、10G EPON、GPON、XG-PON1 和 P2P 接入，与多种类型

ONU 配合完成光纤到户(Fiber to the Home，FTTH)、光纤到大楼(Fiber to the Building，FTTB)、光纤到路边（ Fiber to the Curb，FTTC ）、光纤到配电点（ Fiber to Distribution Point，FTTdp ）、光纤到楼栋（ Fiber to the MDUs，FTTM ）接入网组网。

（2）L2 光接入平台：支持以太网上连和下连，完成二层以太网业务流量汇聚和转发。

（3）L3 光接入平台：支持三层路由功能，完成 IP 业务流量的汇聚和转发，实现接入网关的功能。

（4）业务接入控制：完成每用户每业务的接入控制、流量控制和业务承载，用户包括家庭用户、企业用户，业务包括语音、上网、IPTV、L2 VPN 等。

（5）GPON 内置光时域反射仪（ Optical Time-Domain Reflectometer，OTDR ）功能，方便进行 PON ODN 的检测和维护。

IUV-TPS 仿真实训软件中的 OLT 设备包括一款大容量的 OLT 设备和一款中小容量的 OLT 设备，目前支持 GPON 的接入。

大容量 OLT 设备外观如图 2-31 所示。

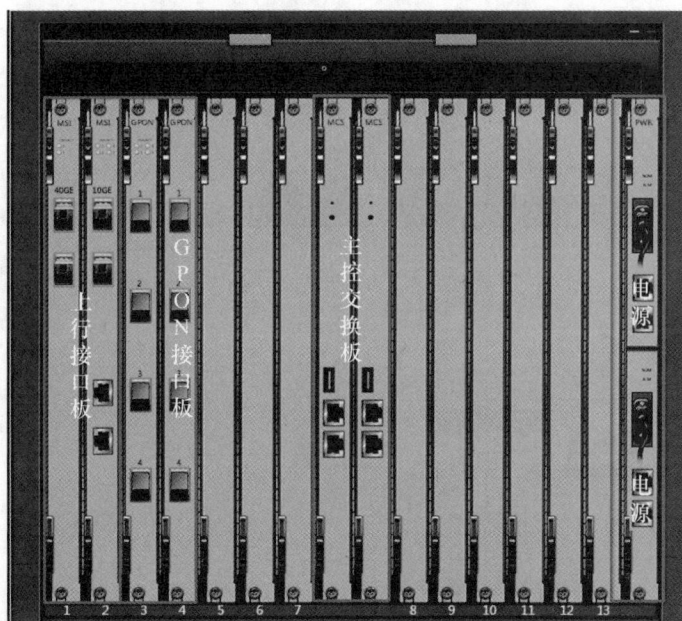

图 2-31 大容量 OLT 设备外观

小容量 OLT 设备外观如图 2-32 所示。

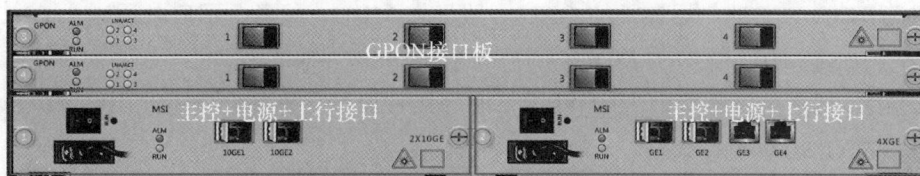

图 2-32 小容量 OLT 设备外观

2.2.2 ONU 设备

xPON ONU 设备按照使用场景可分为 ONT 和多用户居住单元（Multiple Dwelling Unit，MDU）。

1. ONT 设备

ONT 设备用于 FTTH 或 FTTO（Fiber to the Office，光纤到办公室）场景，根据不同应用场景提供不同的端口数量和类型，同种型号端口都是固定的。

按照终端支持的 xPON 标准，ONT 可分为 EPON ONT、10G EPON ONT、GPON ONT 和 XGPON1 ONT。

按照支持的业务类型，ONT 可分为纯数据型 ONT、数据+语音型 ONT、数据+语音+WLAN 型 ONT。

IUV-TPS 仿真实训软件中的 ONT 为数据+语音型 ONT，其硬件及连接如图 2-33 所示。

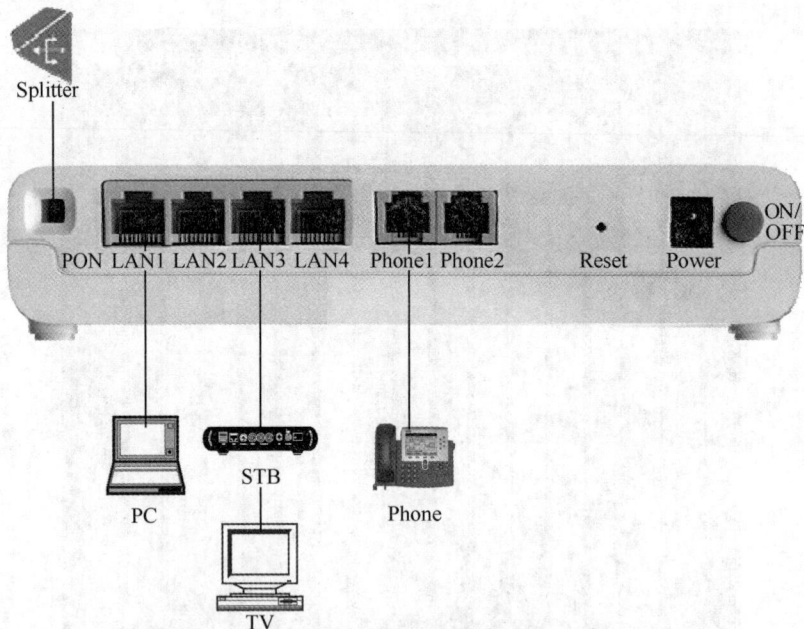

图 2-33 ONT 硬件及连接

2. MDU 设备

应用在 FTTB 或 FTTC 场景下的 ONU 一般称为 MDU，即多个用户共用一个 ONU 设备。MDU 又分为 DSL MDU 和 LAN MDU。

DSL MDU 是指用户侧接口为 xDSL 接口的 MDU 设备，光纤到楼道或小区，再通过电话线连接用户的 xDSL 调制解调器。

LAN MDU 是指用户侧接口为以太网接口的 MDU 设备，光纤到楼道，再通过五类线连接用户的终端设备。

IUV-TPS 仿真实训软件中的 MDU 为 LAN MDU，其硬件及连接如图 2-34 所示。

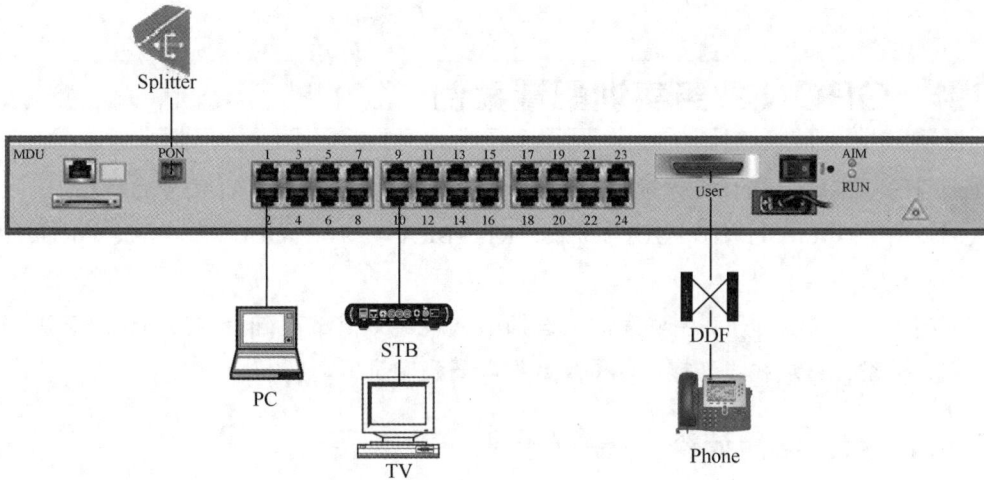

图 2-34　MDU 硬件及连接

2.3　PON 组网规划

FTTx 网络由 OLT、ONU 和 ODN 这 3 个部分组成，ODN 由 OLT 至 ONU 之间的所有无源 Splitter、光缆及光接头等无源器件组成。

FTTx ODN 是在接入光缆网络主干、配线层面的基础上向引入层面进行不同程度的延伸，FTTx 技术（EPON/GPON）的引入，通过在不同光节点设置无源 Splitter，使得 FTTx 网络对主干、配线层光缆的需求与其他接入方式有所不同，显示了新的特点。ODN 的结构主要是点对多点的树状结构，如图 2-35 所示。

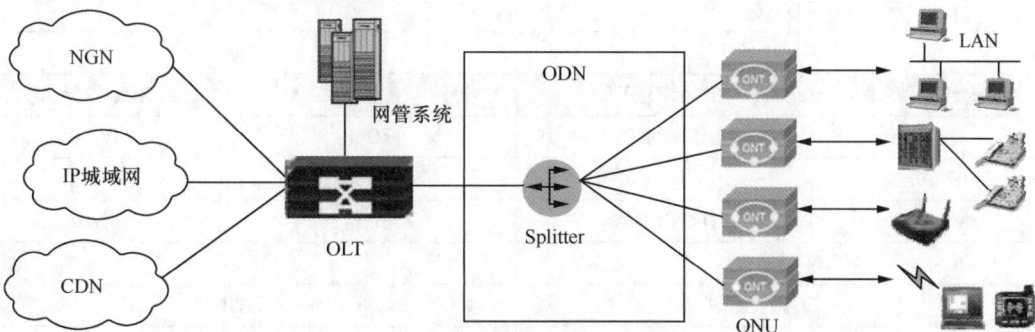

图 2-35　ODN 的结构

ONU 的安装位置有很大的灵活性，既可以设置在路边，也可以设置在建筑物、办公室、居民住宅内。按照 ONU 在用户接入网中所处位置，可以将光接入网划分为两种不同的应用类型，即 FTTB 和 FTTH。对于 FTTB 网络，ONU 仅分布到楼道，再以电话线（xDSL）、双绞线（LAN）等接入方式入户；对于 FTTH 网络，ONU 直接分布到家庭。

【项目实训】

2.4 GPON 业务实训配置案例

实训目的：掌握 GPON 接入规划及容量计算方法，并能够配置 GPON 业务。

实训设备：Portal Server、AAA Server、RT、BRAS、SW、OLT、Splitter、ONU、PC 终端等。

实训内容：在本项目开头引导案例工程师小 A 网络规划的基础上对某新建小区进行接入设备规划、设备部署及线缆连接、GPON 数据配置及验证等。

2.4.1 接入容量计算

由引导案例可知，本新建小区有 1200 户业主，为 FTTH 场景，每一个宽带用户配备一个小型 ONU。

单用户的业务通常包括上网、IPTV、VoIP 这 3 种类型的业务，在计算接入容量之前我们需要确定相关基准参数，有了这些参数后才能够根据相关公式进一步计算出接入容量，从而选择合适的设备和单板等。可登录 IUV-TPS 仿真实训软件，在"容量计算"界面中选择小区场景并根据提示操作，修改参数后由系统自动计算。对于此案例，FTTH 有线接入参数规划如表 2-4 所示。

表 2-4　FTTH 有线接入参数规划

有线接入参数			
总用户数	1200		
宽带用户比例	70%		
业务类型	单用户速率	在线率	带宽占用率
上网	50Mbit/s	70%	50%
IPTV	20Mbit/s	70%	70%
VoIP	0.1Mbit/s	30%	100%
PON 口类型	GPON		
PON 口用户上限	512		
PON 口最大分光路数	64		
PON 口下行速率	2488Mbit/s		
宽带效率	92%		
OLT 上行带宽冗余系数	65%		

仿真实训软件中的参数表与表 2-4 中的相同，表 2-4 中除了"PON 口用户上限""PON 口下行速率""宽带效率"不可更改外，其他参数都可以根据实际情况进行更改。

总用户数：该小区所有潜在用户数，但并非所有用户都开通了宽带。

宽带用户比例：用户中开通了宽带的用户比例，每个用户业务包括上网、IPTV 和 VoIP。此处将宽带用户比例设置为 70%。

上网、IPTV、VoIP 业务的单用户速率：为该业务单用户分配的带宽，可根据现场的具体情况自行设定。此处我们将 3 种业务的单用户速率分别设置为 50Mbit/s、20Mbit/s、0.1Mbit/s。

上网、IPTV、VoIP 业务的在线率：该业务单用户的在线情况。如 IPTV 在线率为 70%，指预估 70%的宽带用户同时使用 IPTV。

上网、IPTV、VoIP 业务的带宽占用率：该业务占用带宽的比例。

PON 口类型：当前软件支持 GPON。

PON 口用户上限：单个 PON 接入用户的数量限制。OLT 设备 PON 口下所带用户并不能想接入多少就接入多少，因为 OLT 每个接口所能学习的 MAC 地址对应的虚拟局域网（Virtual Local Area Network，VLAN）处理器的转发资源等都有限制，建议值不超过 512。

PON 口最大分光路数：GPON 理论支持 128 路分光，但现网物理环境通常较复杂，且考虑到未来带宽需求急剧增长的可能性，一般最大值为 64。而在现网中，则设置为 32 或者更低。此处我们设置为 64。

PON 口下行速率：GPON 下行为 2488Mbit/s，且为固定值。

宽带效率：指宽带中能用于数据传送的带宽。GPON 宽带效率大约为 92%。

OLT 上行带宽冗余系数：考虑到业务增长的因素和突发流量的情况，OLT 上行接口都会预留冗余带宽。规划的 OLT 上行带宽应为实际带宽需求/冗余系数，比实际带宽需求要多一些。

确定以上参数后，下面来计算接入容量。

1. 计算单 PON 口用户数和单 PON 口 ONU 数量

单用户规划带宽=上网业务单用户速率×上网业务在线率×宽带占用率

+IPTV 业务单用户速率×IPTV 业务在线率×宽带占用率

+VoIP 业务单用户速率×VoTP 业务在线率×宽带占用率

=50×0.7×0.5+20×0.7×0.7+0.1×0.3×1

≈27.3Mbit/s

单 PON 口用户容量=(PON 口下行速率×宽带效率)/单用户规划带宽

=(2488×0.92)/27.3

≈84

单 PON 口用户数=MIN(单 PON 口用户容量,PON 口最大分光路数)

=MIN(84,64)=64

单 PON 口 ONU 数量=单 PON 口用户数=64

2. 选择使用的 Splitter 类型

Splitter 类型的选择原则如表 2-5 所示。本实训项目此处选择 1∶8 的 Splitter。

表 2-5   Splitter 类型的选择原则

ONU 数量	Splitter 类型
ONU 数量≥32	1∶64
16<ONU 数量≤32	1∶32
8<ONU 数量≤16	1∶16
ONU 数量≤8	1∶8

注：这里 Splitter 类型的选择只会影响 Splitter 的数量，对容量规划无影响，在实际环境中比较常用的是两级分光策略，即第一级选用 1∶8 或 1∶16 的 Splitter，第二级选用 1∶8 或 1∶16 的 Splitter。

3．计算需要的 PON 口数量和 ONU 总数

PON 口数量=(总用户数×宽带用户比例)/单 PON 口用户数

$\qquad$ =(1200×0.7)/64≈14（结果向上取整）

ONU 总数=总用户数×宽带用户比例=1200×0.7=840

4．计算总接入容量

总接入容量=(总用户数×宽带用户比例×单用户规划带宽)/OLT 上行带宽冗余系数

$\qquad$ =(1200×0.7×27.3)/0.65=35280（Mbit/s）

2.4.2   设备规划

根据工程师小 A 设计的组网图及带宽的计算结果，得出图 2-36 所示的网络拓扑（根据计算，OLT 下挂的 Splitter 和 ONU 很多，此处我们以一个 Splitter 下挂一个 ONU 为例）。

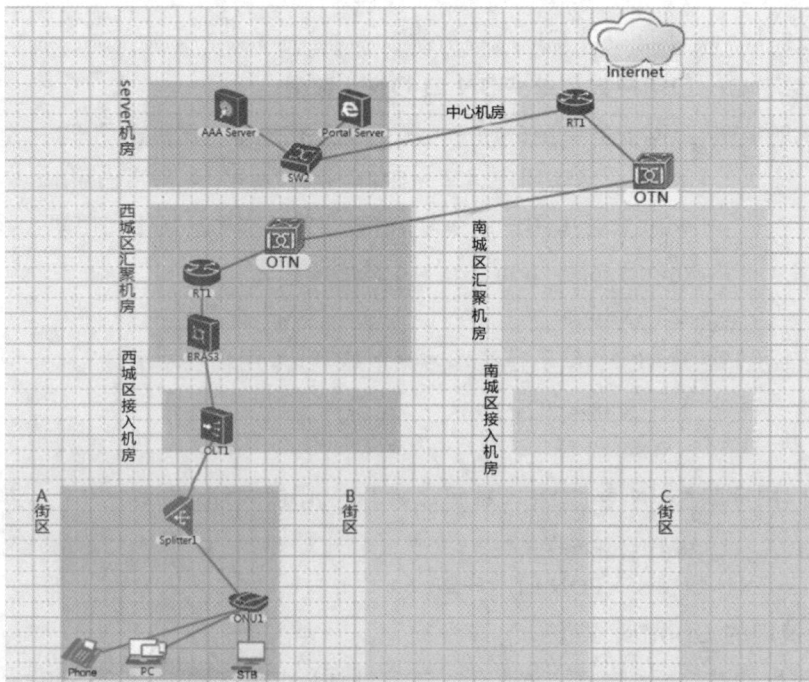

图 2-36   网络拓扑

由 2.4.1 节可知，计算的总接入容量为 35280Mbit/s，故 OLT 上行接口采用 40GE 的物理口，BRAS、RT、OTN 等设备的物理接口都采用 40GE。OLT 下行 PON 口为 GE 口。SW、RT 等的设备选型及 IP 地址规划如表 2-6 所示，OTN 规划在项目 1 中已经介绍，故此处略过。

表 2-6　设备选型及 IP 地址规划

机房名称	设备类型	本端接口	VLAN类型	VLAN	IP 地址	对端设备
Server机房	小型 SW	loopback1	–	–	1.1.1.1/32	–
		10GE-1/3	access	333	192.168.1.9/30	中心机房 RT
中心机房	中型 RT	loopback1	–	–	2.2.2.2/32	–
		10GE-6/1	–	–	192.168.1.10/30	Server 机房 SW
		40GE-1/1	–	–	192.168.1.13/30	西城区汇聚机房 RT
西城区汇聚机房	中型 RT	loopback1	–	–	3.3.3.3/32	–
		40GE-1/1	–	–	192.168.1.14/30	中心机房 RT
		40GE-2/1	–	–	192.168.1.17/30	西城区汇聚机房 BRAS
	大型 BRAS	loopback1	–	–	4.4.4.4/32	–
		40GE-1/1	–	–	192.168.1.17/30	西城区汇聚机房 RT
		40GE-2/1	–	–	\	西城区接入机房 OLT
西城区接入机房	大型 OLT	40GE-1/1	trunk	155	–	西城区汇聚机房 BRAS
		GPON-3/1	–	–	–	A 街区 Splitter（1：8，IN 口）
A 街区	ONU	PON 口	–	–	–	A 街区 Splitter（1：8，1 口）

注：表 2-6 中-表示不涉及，\表示无须配置。由于 OTN 只负责中间传输，操作比较简单，此处规划及后续线缆连接、配置等将不描述。

2.4.3　设备部署及线缆连接

本项目的重点是 PON，故此处仅介绍 OLT 与 RT、Splitter 及 ONU 等的连接。在 IUV TPS 仿真实训软件中，首先单击"设备配置"，进入相应的机房，单击机柜添加设备，选择相应的设备，直接从右边的"设备池"中拖入机柜或光配线架（Optical Distribution Frame，ODF）即可。对于 Splitter 的部署，如图 2-37 中的两个圈标注的位置，左边为大楼的分纤盒，右边为小区的分纤盒，这两处都可以放置 Splitter。选中一处后单击进入部署 Splitter 界面，从右侧"设备池"中将 1：8 的 Splitter 拖入分纤盒即可，如图 2-38 所示。

图 2-37 分纤盒位置

图 2-38 部署 Splitter

完成设备部署后，进入连纤阶段。GPON 的光纤连接分为 3 步。

1. 连接 ONU 与 Splitter、PC 等终端之间的光纤

单击仿真实训软件界面右上角"设备指示图"中的 ONU1，弹出 ONU 面板，在"线缆池"中找到以太网线，单击以太网线后再移动鼠标指针到 ONU 的 LAN1 口，单击完成 ONU 侧的连接；然后单击"设备指示图"中 PC 图标，弹出 PC 面板，移动鼠标指针到 PC 网口，单击即可完成以太网线的连接，如图 2-39 和图 2-40 所示。

图 2-39 连接 ONU LAN 口和 PC（1）

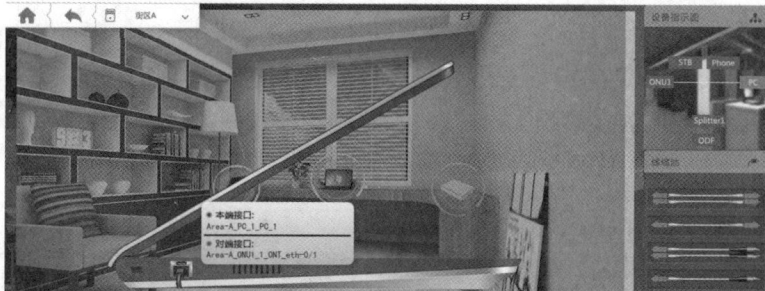

图 2-40　连接 ONU LAN 口和 PC（2）

　　ONU 与 Phone、STB（Set-Top Box，机顶盒）之间的连线方法与上述 PC 连线方法相同，这里不再介绍。

　　单击仿真实训软件界面右上角"设备指示图"中的 ONU1，进行光纤连接。GPON 部分的光纤是单纤双向，光纤类型为"SC-SC 光纤"。单击光纤后移动鼠标指针到 ONU PON 口后，单击完成 ONU 侧的连接；移动鼠标指针到"设备指示图"，单击 Splitter1 图标，弹出 Splitter 面板，移动鼠标指针到 1 口（根据表 2-6 中的规划使用 Splitter 的 1 口连接 ONU），单击即可完成 ONU 到 Splitter 的光纤连接，如图 2-41 和图 2-42 所示。

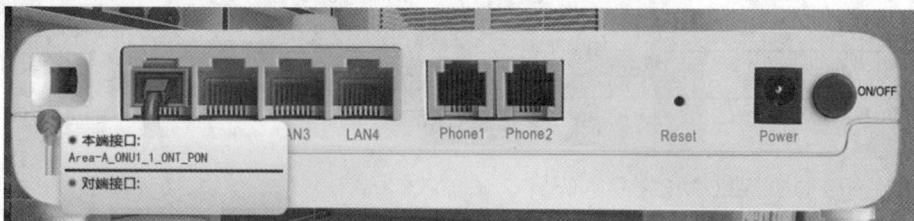

图 2-41　连接 ONU PON 口和 Splitter（1）

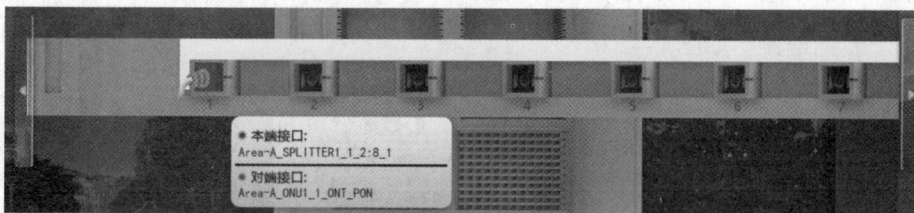

图 2-42　连接 ONU PON 口和 Splitter（2）

2. 连接 Splitter 口和 OLT 之间的光纤

　　由于 Splitter 和 OLT 在不同的机房，需要通过 ODF 来跳转。根据表 2-6，西城区接入机房 OLT 的 GPON-3/1 口连接 A 街区 Splitter 的 IN 口。

　　先连接 Splitter 与 ODF 之间的光纤。由于 ODF 的接口是 FC 类型，因此选择光纤类型为"SC-FC 光纤"，这与 ONU、Splitter 之间的光纤类型不同。将鼠标指针移到图 2-43 中 Splitter 面板最右边的指向箭头，Splitter 面板图会切换到右边部分，可以看到 Splitter 上的 IN 口。在右边"线缆池"中，单击 SC-FC 光纤，移动鼠标指针至 IN 口，单击完成 ODF 侧的连接。然后单击"设备指示图"中的 ODF 图标，弹出 ODF 面板，可以看到，到 OLT 方向的有两对接口，分别是"本端（街区 A 端口 3），对端（西城区接入机房端口 3）""本端（街区 A 端口 4），对端（西城区接入机房端口 4）"，这里我们使用端口 3。由于 OLT 和 Splitter 之间是单纤双向，ONU 负责接收，所以我们连接端口 3 的 R 口。移动鼠标指针到端口 3 的 R 口后单击完成 Splitter 到 ODF 的光纤连接。具体如图 2-43 和 2-44 所示。

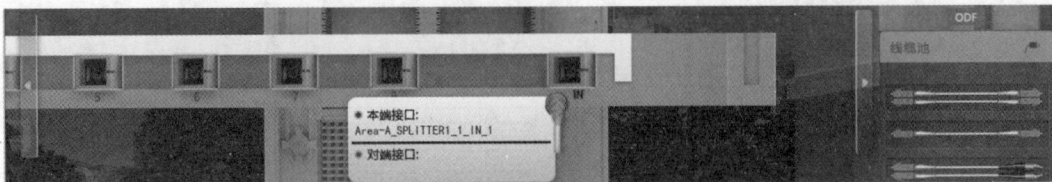

图 2-43　连接 Splitter 和 ODF（1）

图 2-44　连接 Splitter 和 ODF（2）

接下来连接 OLT 和 ODF 之间的光纤。

在仿真实训软件中进入西城区接入机房，单击"设备指示图"中的 OLT1 图标，弹出 OLT 面板。单击"线缆池"中的 SC-FC 光纤，移动鼠标指针到 OLT GPON 第三槽位的 1 口，单击完成 OLT 侧的连接，如图 2-45 所示。

图 2-45　连接 OLT 和 Splitter（1）

单击"设备指示图"中的 ODF 图标,进入 ODF 面板。由于 Splitter 侧连接 ODF 接口是"本端（街区 A 端口 3），对端（西城区接入机房端口 3）"，而 OLT 侧，本端是"西城区接入机房端口 3"，对端是"街区 A 端口 3"，即两侧的 ODF 上的标签是对调的，且 Splitter 侧为 R，OLT 侧应该为 T，这一点需要注意。移动鼠标指针至"本端（西城区接入机房端口 3）"，单击完成 OLT 到 ODF 的连接，如图 2-46 所示。

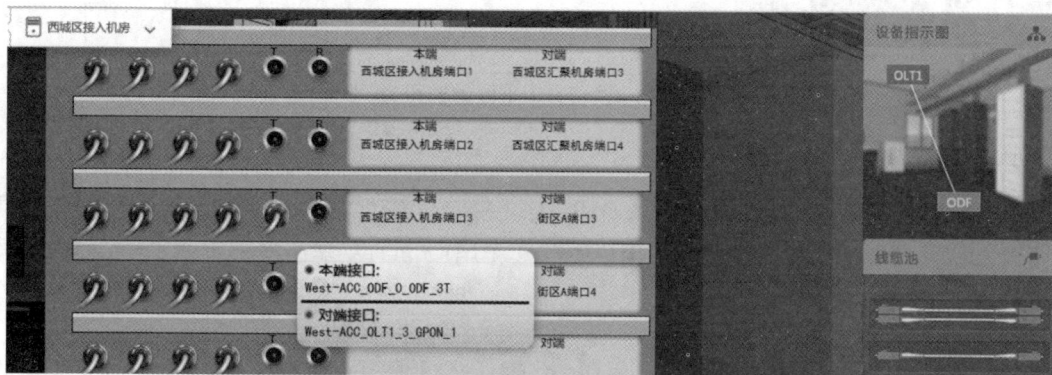

图 2-46 连接 OLT 和 Splitter（2）

3. 连接 OLT 与 BRAS 之间的光纤

OLT 与 BRAS 之间的光纤是双纤双向，与 RT，SW 等之间的连接方法相同，不同机房的设备相连接都需要 ODF 跳转。连接步骤前文已详细介绍，此处不赘述。

2.4.4 设备数据配置

对于数据配置部分，AAA Server、Portal Server、BRAS、OLT 的 VoIP 及 IPTV 业务在后续项目中将专门介绍，故本项目重点介绍 GPON PPPoE 业务相关的配置。GPON 业务的配置主要集中在 OLT 上，ONU 在连接 OLT 且注册上线后，由 OLT 将配置自动下发给 ONU，ONU 无须额外的配置。GPON 业务的配置分成如下几步。

1. OLT 上联端口配置

OLT 上联端口需配置 VLAN 155，这是由于 BRAS 设备上的"动态用户接入配置"上配置了业务 VLAN，如图 2-47 所示。

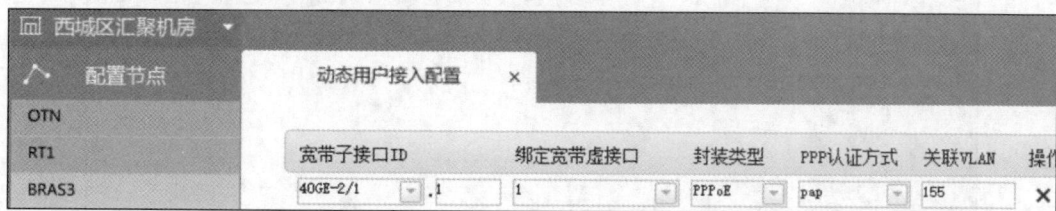

图 2-47 BRAS 设备上的"动态用户接入配置"

在 OLT 的"上联端口配置"中，根据表 2-6，配置 40GE-1/1 接口的 VLAN 模式为 trunk，关联 VLAN 155，如图 2-48 所示。

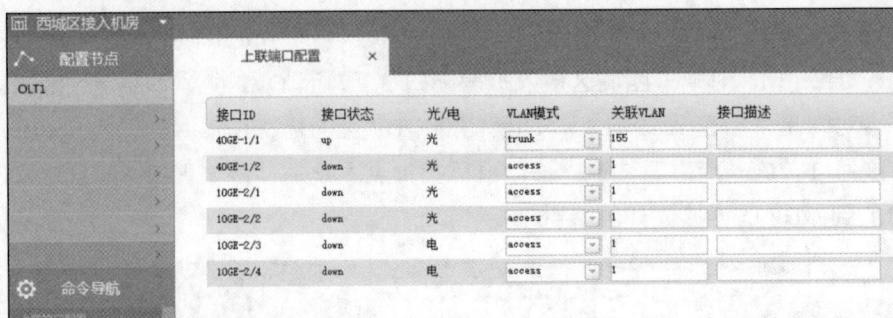

图 2-48　OLT 上联端口配置

2. ONU 类型模板配置

单击操作项中的"+"按钮，输入 ONU 类型名称、最大 TCONT 数等参数，参数范围根据提示填写，其中 ONU 类型名称、用户端口数和用户 POTS 端口数根据实际情况填写，如图 2-49 所示。

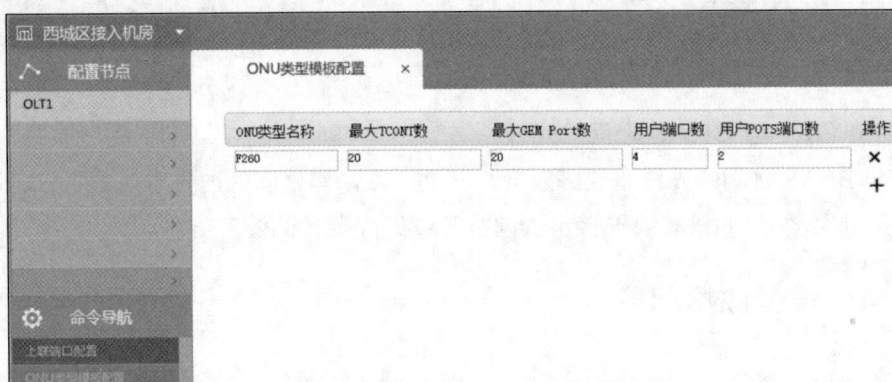

图 2-49　ONU 类型模板配置

3. GPON ONU 认证

当 ONU 和 OLT 连接成功后，OLT 会自动发现 ONU，由于未使用模板，ONU 的状态为 unknown，如图 2-50 所示。此处配置对应的 ONU ID（范围为 1～128），选择"ONU 类型模板配置"中的 ONU 类型名称后，单击"确定"，ONU 的状态即变为 working，如图 2-51 所示。

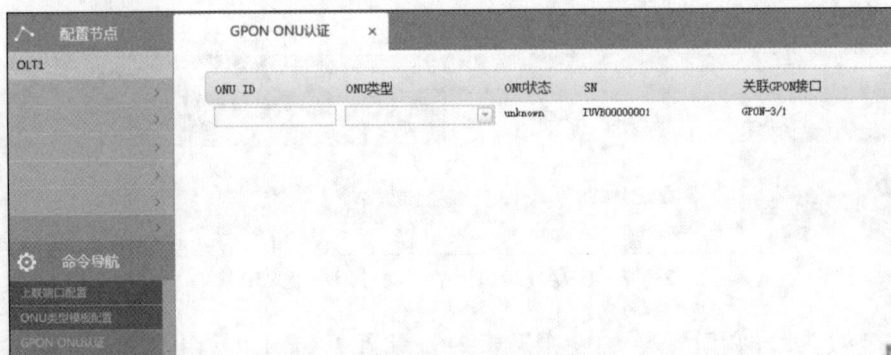

图 2-50　GPON ONU 认证（1）

ONU ID	ONU类型	ONU状态	SN	关联GPON接口
1	F260 ▼	working	IUVA00000001	GPON-3/1

图 2-51　GPON ONU 认证（2）

4．配置 T-CONT 带宽模板

T-CONT 带宽模板是对上行业务进行的限速。根据 T-CONT 的 5 种类型，T-CONT 带宽模板分为 5 种宽带类型，依次对应固定带宽、确保带宽、确保和非确保带宽、尽力而为带宽、全部支持。单击操作项中的"+"按钮，配置相关参数，如图 2-52 所示。

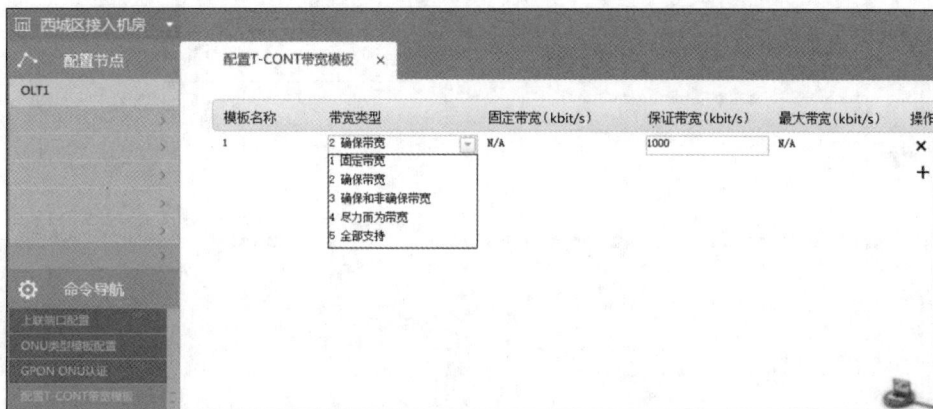

图 2-52　配置 T-CONT 带宽模板

5．配置 GEM Port 带宽模板

GEM Port 带宽模板是对下行业务进行的限速，其配置和本书后续项目 4 中的 QoS 配置的端口限速原理相同，具体配置如图 2-53 所示。

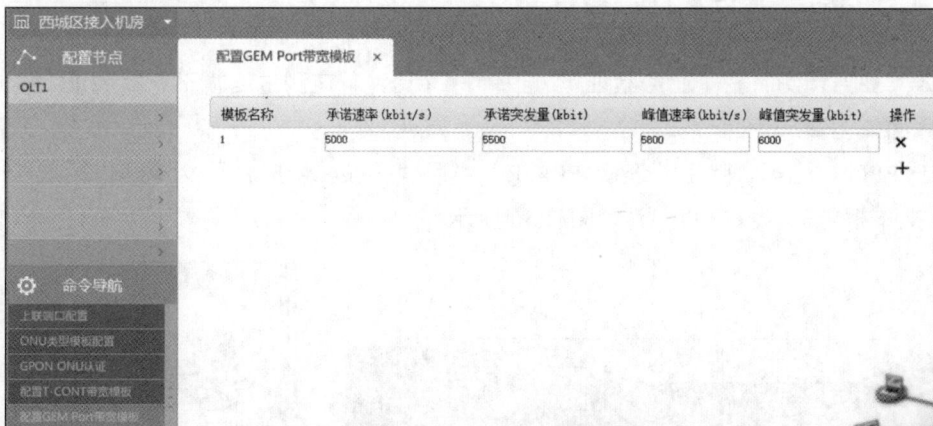

图 2-53　配置 GEM Port 带宽模板

6．GPON 宽带业务配置

GPON 宽带业务配置主要是将步骤 4 和步骤 5 配置的模板应用到 ONU 上，同时对 ONU WAN 侧的业务端口和业务通道，以及 LAN 侧（eth 口）的用户端口进行配置。配置业务接口

时，需要注意 User VLAN ID 和 SP VLAN ID 的区分。User VLAN ID 为内层 VLAN 标签，也称为 Customer Vlan（CVlan）；SP VLAN ID 为外层 VLAN 标签，也称为 Service Provider Vlan（SVlan）。由于 PC 侧无法识别 VLAN，所以经过 eth 口上下行报文是不带 VLAN 标签的，因此在配置 ONU 用户端口时，端口模式需要配置成 tag 模式，将上行的报文加上 VLAN 155，同时将下行从 eth 口出来的报文剥离 VLAN。详细配置如图 2-54 所示。

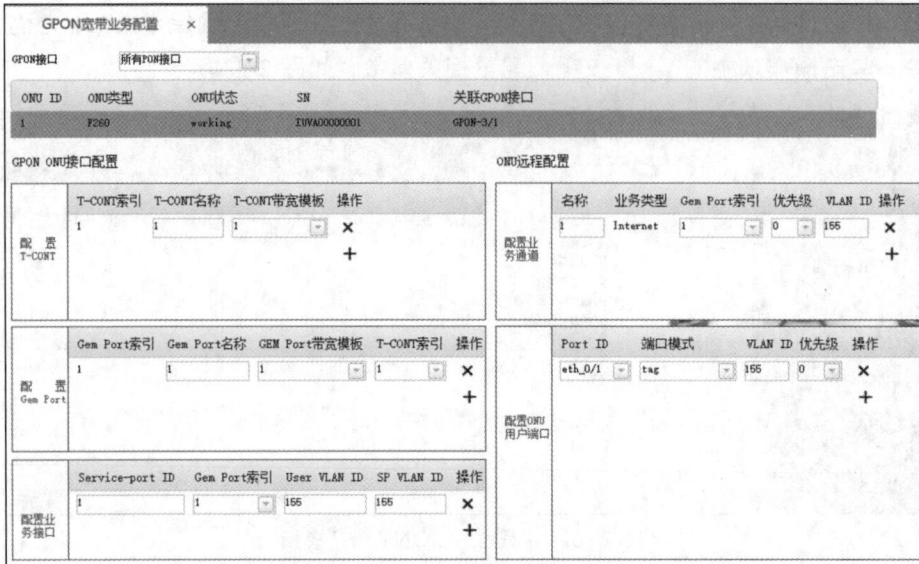

图 2-54　GPON 宽带业务配置

至此，基于 PPPoE 的 GPON 业务已经配置完成。

2.4.5　结果验证

进入"业务调测"→"业务验证"，选择"A 街区"，在测试终端下，找到 PC 测试终端，单击后界面如图 2-55 所示。

单击 PPPoE 图标，弹出"连接 PPPoE"对话框，在"用户名"文本框内输入：iuv，在"密码"文本框内输入：123456，如图 2-56 所示。

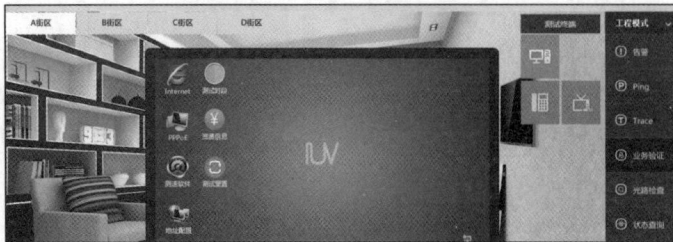

图 2-55　PC 测试桌面

图 2-56　"连接 PPPoE"对话框（1）

PPPoE 的用户名和密码也可在"配置节点"下的"AAA"的"账号设置"界面中自行设定，如图 2-57 所示。

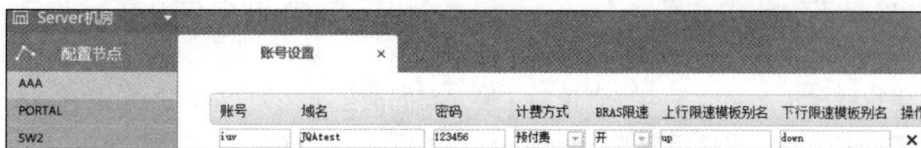

图 2-57 "AAA"中的"账号设置"界面

单击图 2-56 中的"连接"按钮，显示正在连接状态，如图 2-58 所示；随后显示连接成功，如图 2-59 所示。

图 2-58 "连接 PPPoE"对话框（2）

图 2-59 PPPoE 连接成功

【项目小结】

本项目介绍了 PON 理论基础、PON 设备、PON 组网规划及基于 PPPoE 的 GPON 案例实训等。

【知识巩固】

一、单项选择题

1. FTTB 与 FTTH 的不同点在于（　　　）

A. OLT 的部署　　　B. Splitter 的部署　　　C. ONU 的部署　　　D. 分光比

2. 下列哪一项不是光接入网特有的特点？（　　　）

A. 点到点传输系统　　　　　　　　B. 传输介质共享

C. OLT 向各个 ONU 采用广播通信　　　D. ONU 向 OLT 通信时采用多址技术

3. 下列哪一个类型不属于 PON 技术？（　　　）

A. APON　　　B. HPON　　　C. EPON　　　D. GPON

4. 下列哪一项是指光纤到路边？（　　　）

A. FTTH　　　B. FTTB　　　C. FTTC　　　D. FTTM

5. 关于 GPON 和 EPON 的区别，下列哪一项是错误的？（　　　）

A. GPON 不支持上下行不对称速率　　　　　　B. EPON 支持上下行对称速率

C. EPON 不包含 GTC 层　　　　　　　　　　D. GPON 包含 GTC 层

6. 下列哪一项不属于 GPON 的优势？（　　　）

A. 更远的传输距离，采用光纤传输，接入层的覆盖半径为 20km

B. 更高的带宽，对每用户下行 2.5Gbit/s、上行 1.25Gbit/s

C. 更高的带宽，对每用户下行 1.25Gbit/s、上行 1.25Gbit/s

D. 分光特性

7. 下列哪一项不属于 GPON 可提供的业务？（　　　）

A. IPTV　　　　　　　　　　　　　　　　B. E1

C. 数据业务和语音业务　　　　　　　　　　D. 分组业务

二、多项选择题

1. EPON 系统是由（　　　）组成的。

A. OLT　　　　　　B. ODN　　　　　　C. 光适配器　　　　　D. ONU

2. GPON 系统采用的数据封装方式是（　　　）。

A. ATM　　　　　　B. 以太网　　　　　C. GEM　　　　　　D. GFP

3. EPON 系统采用的上行波长、下行波长、用于承载 CATV 业务的波长分别是（　　　）。

A. 1260nm　　　　　B. 1490nm　　　　　C. 1310nm　　　　　D. 1550nm

E. 1555nm

4. PPP 主要包括 3 个部分，分别是（　　　）。

A. PPPoE　　　　　B. LCP　　　　　　C. NCP　　　　　　D. 认证协议

5. 下面说法正确的是（　　　）。

A. 不同的 T-CONT 用 Alloc-ID 标识　　　　B. 不同的 ONU 用 ONU-ID 标识

C. 不同的 GEM Port 用 Port-ID 标识　　　　D. 每个 ONU 上可以有多个 T-CONT

E. 每个 T-CONT 可以有多个 GEM Port

三、判断题

1. GPON 基于 ATM/GEM 的无源光接入技术，遵循 ITU-T G.984 系列标准。（　　　）

2. GPON 的光功率下行波长为 1550nm，不需要用专门的 GPON 光功率测试仪器。（　　　）

3. ONU 的认证是针对 PON 板上的端口的，如果 ONU 在同一 Splitter 更换了接口，则需要重新认证。（　　　）

4. DBA 可以对下行带宽进行动态分配。（　　　）

5. 在 ODN 中的无源 Splitter 可以是一级或者多级级联。（　　　）

四、填空题

1. GPON 系统上行传输方式为_____，采用测距技术保证上行数据不发生冲突；下行传输方式为_____，ONU 选择性接收。

2. GPON 系统通常使用的上行速率达到_____，下行速率达到_____。

3．DBA 的 Type1～Type5 类型，Type1 为_____带宽，Type2 为保证带宽，Type3 为非保证带宽，Type4 为_____带宽，Type5 为混合模式带宽。

4．GPON 系统的三大构件分别为_____、_____和_____。

5．EPON 是一种采用_____网络结构的单纤双向光接入网络，其中上行波长为_____nm，下行波长为_____nm。

【拓展知识】

表 2-7　项目 2 关键术语

缩略语	英文全称	中文全称
ADSL	Asymmetric Digital Subscriber Line	非对称数字用户线
AES	Advanced Encryption Standard	高级加密标准
CHAP	Challenge Handshake Authentication Protocol	挑战握手认证协议
CO	Cost of Ownership	拥有成本
CRC	Cyclic Redundancy Check	循环冗余校验
C/S	Client/Server	客户/服务器
DBA	Dynamically Bandwidth Assignment	动态带宽分配
DHCP	Dynamic Host Configuration Protocol	动态主机配置协议
DNS	Domain Name System	域名系统
EPON	Ethernet Passive Optical Network	以太网无源光网络
FEC	Forward Error Correction	前向纠错
FTTB	Fiber to the Building	光纤到大楼
FTTC	Fiber to the Curb	光纤到路边
FTTdp	Fiber to Distribution Point	光纤到配电点
FTTH	Fiber to the Home	光纤到户
FTTM	Fiber to the MDUs	光纤到楼栋
FTTO	Fiber to the Office	光纤到办公室
GEM	GPON Encapsulation Mode	GPON 封装模式
GFP	Generic Framing Procedure	通用成帧规程
GTC	GPON Transmission Convergence	GPON 传输汇聚
IPCP	Internet Protocol Control Protocol	IP 控制协议
LCP	Link Control Protocol	链路控制协议
MAC	Media Access Control	媒体访问控制
MDU	Multiple Dwelling Unit	多用户居住单元
MIB	Management Information Base	管理信息库
MPCP	Multi-Point Control Protocol	多点控制协议
NCP	Network Control Protocol	网络控制协议

续表

缩略语	英文全称	中文全称
NRZ	Non-Return-to-Zero	不归零
NSR-DBA	Non-Status Reporting DBA	基于非状态报告的动态带宽分配
OAM	Operation Administration and Maintenance	操作维护管理
ODF	Optical Distribution Frame	光配线架
OMCI	ONT Management and Control Interface	ONT 管理和控制接口
OTDR	Optical Time-Domain Reflectometer	光时域反射仪
PAP	Password Authentication Protocol	密码验证协议
PBX	Private Branch Exchange	用户交换机
PCBd	Physical Control Block downstream	下行物理层控制块
PLOAM	Physical Layer OAM	物理层 OAM
PMD	Physical Media Dependent	物理媒介相关
PPP	Point-to-Point Protocol	点对点协议
PPPoE	Point-to-Point Protocol over Ethernet	基于以太网的点对点协议
SLA	Service Level Agreement	服务水平协议
SR-DBA	Status Reporting DBA	基于状态报告的动态带宽分配
STB	Set-Top Box	机顶盒
TC	Transmission Convergence	传输汇聚
T-CONT	Traffic Container	业务容器
TDM	Time Division Multiplexing	时分复用
VLAN	Virtual Local Area Network	虚拟局域网
VPI/VCI	Virtual Path Identifier/Virtual Channel Identifier	虚路径标识符/虚通道标识符

项目3
AAA原理及应用

03

【知识目标】

1. 熟悉 AAA 的认证、授权和计费原理。
2. 掌握 BRAS 原理。
3. 熟悉 Radius 协议。
4. 了解 AAA 相关设备及其作用。
5. 熟悉 QoS 流量监管。
6. 熟悉 QoS 拥塞管理和拥塞避免。

【技能目标】

1. 能够完成 AAA Server、Portal Server、BRAS 的硬件部署及连接等。
2. 能够完成 DHCP+Web 的接入配置。
3. 能够完成 PPPoE 的接入配置。
4. 掌握流量限速的配置和验证。

【项目概述】

　　某运营商刚入驻一新城区，现需要开通首个站点用户的业务，该用户通过 DHCP+Web 的接入方式实现上网业务。现需规划该城市的网络设计，某新城区的网络设计如图 3-1 所示。

1. 任务分析

　　由于是新城区首个站点用户的业务开通，AAA Server、Portal Server、BRAS 等都需要配置才能实现用户的计费上网等。如果对 AAA Server、Portal Server 和 BRAS 等相关设备的工作原理不了解，任务完成起来将十分艰巨，不过通过本项目的学习，你将能够轻松地完成该任务。

2．业务规划方案

该运营商在机房部署 AAA Server、Portal Server、SW、RT1、OTN1、OTN2、RT2、BRAS1、OLT、Splitter、ONU、PC 设备，这样既可以满足机房之间业务设备对接及路由器的连接需求，又可以保证整个链路的可靠性，如图 3-1 所示。

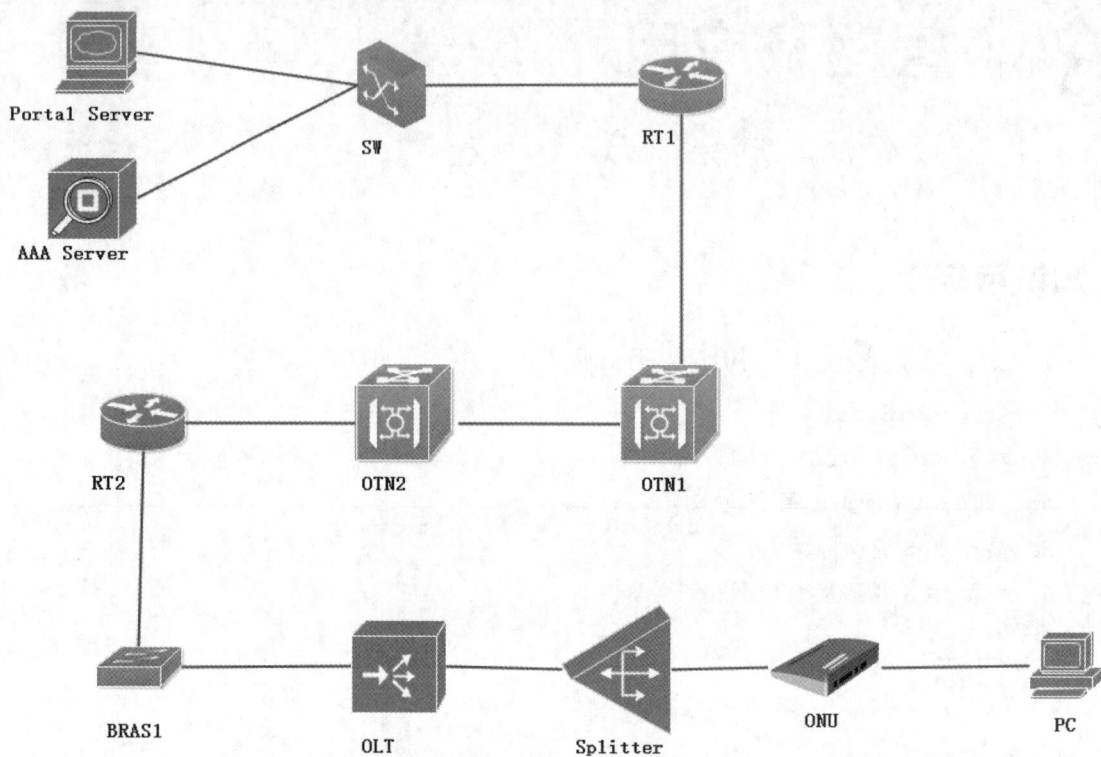

图 3-1　某新城区的网络设计

3．思考

AAA 有哪几项功能？BRAS 的业务类型有哪几项？Radius 的工作流程是什么样的？AAA、BRAS 与 Radius 的区别在哪里？

【思维导图】

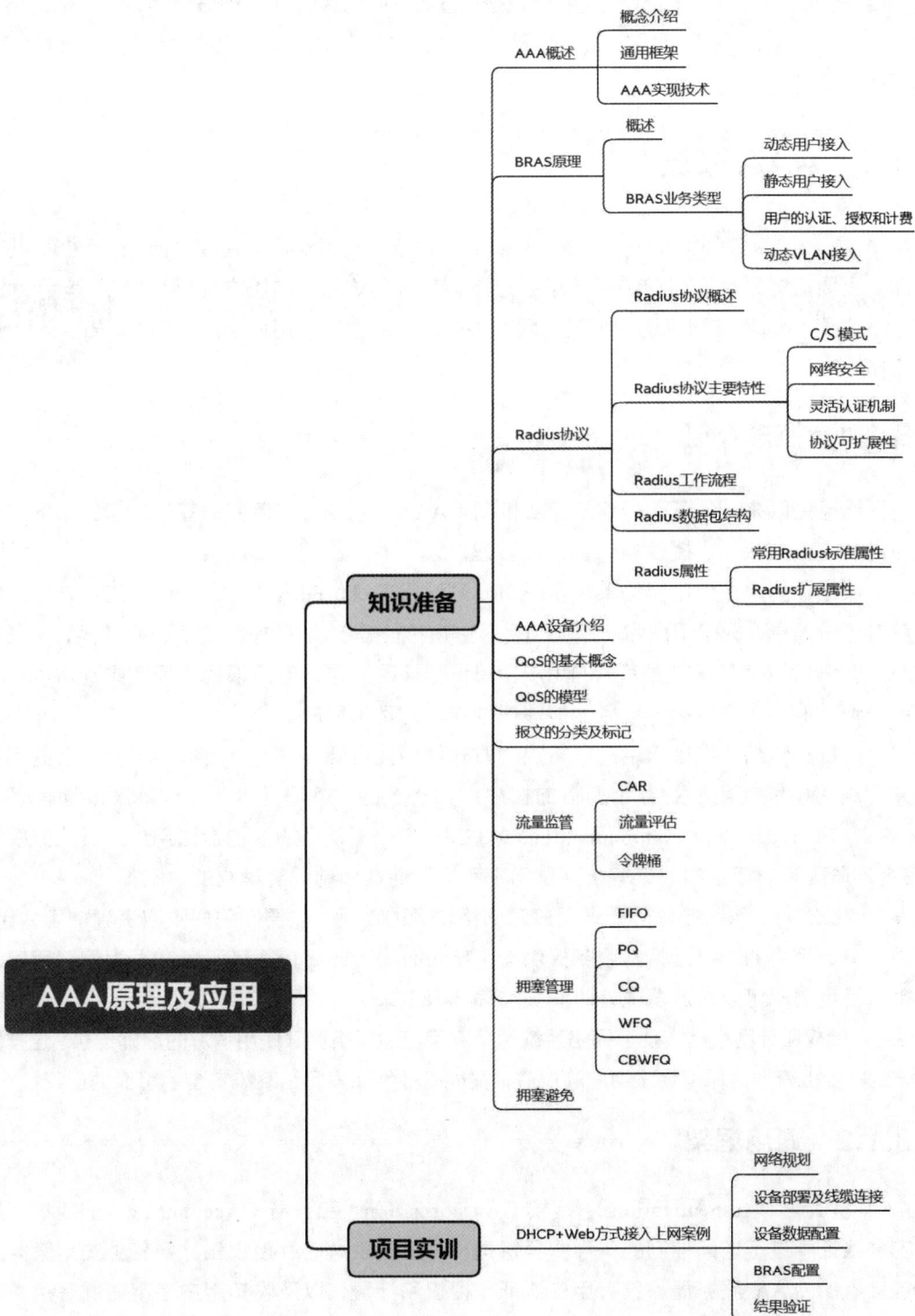

【知识准备】

AAA 是一种访问控制机制，它决定什么样的用户被允许访问网络服务器，以及他们能够得到哪些服务。AAA 使用相同方式，配置 3 种独立的安全功能来实现一种结构，提供认证、授权、计费功能。

3.1 AAA 概述

AAA 是一个能够处理用户访问请求的服务器程序，提供认证、授权、计费功能，主要目的是管理用户访问网络服务器，给具有访问权的用户提供服务。AAA 服务器通常与网络访问控制、网关服务器、数据库及用户信息目录协同工作。

AAA 概述

3.1.1 概念介绍

自网络诞生以来，认证、授权及计费机制（AAA）就成为其运营的基础。网络中各类资源的使用，需要由认证、授权和计费进行管理。

（1）认证：用户在使用网络系统中的资源时对用户身份的确认。这一过程通过与用户的交互获得身份信息（例如用户名—密码组合、生物特征等），然后提交给认证服务器；认证服务器对身份信息与存储在数据库里的用户信息进行核对处理，然后根据处理结果确认用户身份是否正确。例如，网络接入服务器能够识别接入的宽带用户。

（2）授权：网络系统授权用户以特定的方式使用其资源。这一过程指定了被认证的用户在接入网络后能够使用的业务和拥有的权限，如授予的 IP 地址等。以全球移动通信系统（Global System for Mobile Communications，GSM）为例，认证通过的合法用户，其业务权限（如是否开通国际电话主叫业务等）则是用户和运营商在事前已经确立的。

（3）计费：网络系统收集、记录用户对网络资源的使用，以便向用户收取资源使用费用，或者用于审计等目的。以因特网服务提供者（Internet Service Provider，ISP）为例，用户的网络接入使用情况可以按流量或者时间被准确记录下来。

认证、授权和计费一起实现了网络系统对特定用户的网络资源使用情况的准确记录。这样既能在一定程度上有效地保障合法用户的权益，又能有效地保障网络系统安全、可靠地运行。

3.1.2 通用框架

AAA 是认证（Authentication）、授权（Authorization）和计费（Accounting）的简称，是网络安全认证中进行访问控制的一种安全管理机制，提供认证、授权和计费三种安全服务。通常意义上的 AAA 服务器都具有用户认证、授权和计费，以及收集用户使用情况等相关数据的功能。对服务提供商来说，这样的 AAA 服务器应该有一个应用型的特定模式的应用界面（接口），能够操作这个界面的服务必须通过授权。在实际使用中，AAA 服务器都带有一个用户数据库（可以是某系统用户数据库或独立的数据库系统），这个数据库中含有用户的初始化信息，它可以反映合法的属性值及每个用户所享有的权限。通过 AAA 服务器和客户端软件的数据交流来实施相关操作。

认证通过终端用户的识别属性来判定其是否有进入网络的权限。终端用户一般需要提供一个用户名（该用户名在这个认证系统中应该是唯一的）和对应的密码。AAA 服务器将用户提交的信息和存储在数据库的与用户相关联的信息进行比较，如果匹配成功则该次登录生效，否则拒绝用户请求。

当用户通过认证以后，授权就决定了该用户访问网络的权限范围及所享有的服务。在 AAA 管理模式下认证和授权通常可以一起执行。

计费提供了收集用户使用网络资源情况信息的方法。通过对该类数据的收集，可以提供网络审查及结构调整的一些依据。

图 3-2 所示为 AAA 通用框架。多个服务器可以作为一个存储中心用于存储和分发信息。

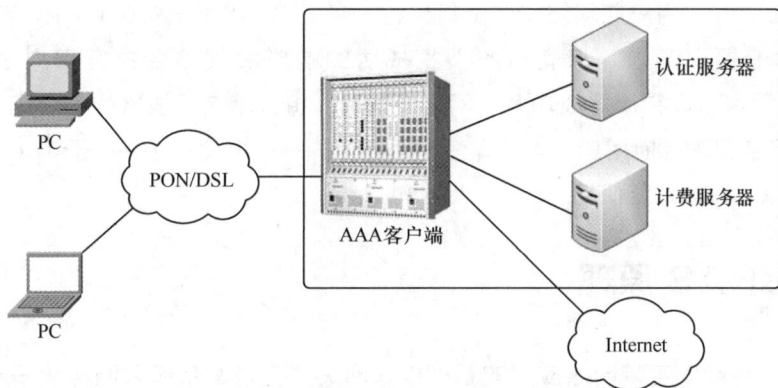

图 3-2　AAA 通用框架

网络附接存储（Network Attached Storage，NAS）有时可能是一台路由器，或一台终端服务器，或另一台主机。它主要作为网络的入口，在 AAA 服务器模式下承担客户端的功能。AAA 的工作过程可以分为如下几步。

（1）终端用户给 AAA 客户端（即 NAS）设备发出需要和网络连接的请求。

（2）AAA 客户端提示用户输入用户名及密码并收集和转发该信息给认证服务器。

（3）AAA 认证服务器执行程序（和数据库信息匹配）后将结果返回给 AAA 客户端，结果可能是接受、拒绝或其他相关信息。

（4）AAA 客户端将通知结果返回给终端用户。

（5）如果认证通过，用户就可以获得上网权限。

3.1.3　AAA 实现技术

目前有多种 AAA 实现技术，每种技术都有其优缺点和不同的使用场景。比较流行的 AAA

实现技术有 Diameter、Kerberos、TACACS+、Radius 等。

其中 Diameter 系列协议是新一代的 AAA 实现技术，由于其强大的可扩展性和安全保证，正在得到越来越多的关注。Diameter 的实现和 Radius 类似，也是采用属性值对（Attribute Value Pair，AVP）（采用 Attribute,Length,Value 三元组形式）来实现的，但是其中详细规定了错误处理、failover 机制，采用传输控制协议（Transmission Control Protocol，TCP）、支持分布式计费，克服了 Radius 的许多缺点，是最适合未来移动通信系统的 AAA 实现技术之一，但目前还没有被广泛应用。

Kerberos 是一种网络认证协议，其设计目标是通过密钥系统为 C/S 应用程序提供强大的认证服务。该认证过程的实现不依赖于主机操作系统的认证，无须基于主机地址的信任，不要求网络上所有主机的物理安全，并假定网络上传送的数据包可以被任意地读取、修改和插入。在以上情况下，Kerberos 作为一种可信任的第三方认证服务，是通过传统的密码技术（如共享密钥）来执行认证服务的。但 Kerberos 只支持认证，所以应用得不是很多。

TACACS+和 Radius 都支持 AAA，而 TACACS+除了提供 Radius 提供的集中认证功能外，还提供集中授权功能。用户在网络设备上每执行一条命令，网络设备都将向指定的 TACACS+服务器发送命令授权请求，只有接收授权成功的响应报文才会执行用户输入的命令。TACACS+服务器也可以在用户成功登录网络设备后，将该用户可执行的命令集下发给网络设备，由网络设备自己来判断用户输入的命令是否在可执行的命令集中。由于 TACACS+是 Cisco 专有协议，所以没有被广泛使用。

3.2 BRAS 原理

BRAS 是一种面向宽带网络应用的新型接入网关。它是宽带接入网与骨干网之间的"桥梁"，提供基本的宽带接入手段和宽带接入网管理功能。它位于网络的边缘，提供宽带接入服务、实现多种业务的汇聚与转发，能满足不同用户对传输容量和带宽利用率的要求，因此它是宽带用户接入的核心设备。

3.2.1 概述

随着互联网用户爆炸式增长和多媒体业务应用的不断深入，整个通信行业发生了翻天覆地的变化，出现了各种宽带接入技术，同时网络业务也由简单的窄带语音业务发展到宽带数据业务。互联网带宽的增加及广泛应用将使运营商的 IP 通信量业务收入在不远的将来会远远超过语音业务收入。

在这种情况下，保障用户的带宽、提高网络安全性、达到电信网所要求的故障检测和性能检测能力是宽带接入设备需要迫切解决的问题。用户对网络带宽、服务和计费方式提出了比以往更高的要求。为了适应整个社会互联网经济发展的趋势，满足用户的需求，网络运营商在使用新的技术提高网络带宽的同时，更需要加强对网络的管理，使网上宽带运行设备具有快速的业务投放和灵活的用户管理能力。此时，网络运营商选择网上宽带运行设备的具体要求为：用户所需业务的提供方式要简单、高效；用户业务汇聚容易；对于用户群拓展和业务投放策略能够进行有效的控制。

BRAS 设备主要提供对 DSL 用户的计费、后台管理等功能（BRAS 连接 Radius 服务器、用户数据库服务器）；具有路由功能的 BRAS 设备位于骨干网的边缘层或城域网的汇聚层；提供大量宽带用户的接入，易于快速扩容和增加新功能，可支持 ADSL、LAN、无线接入等多种接入方式，满足各种不同类型的运营商和服务提供商的需求；具有简单、高效、统一的用户管理模式，提供灵活的多种认证、计费和管理方法。此外，BRAS 设备支持 IP VPN 服务、支持构建 Intranet、支持 ISP 向用户批发业务等。

3.2.2 BRAS 业务类型

对于 BRAS 设备，它关键的业务类型包含以下几项：

（1）动态用户接入（动态分配地址）；

（2）静态用户接入（静态分配地址）；

（3）用户的认证、授权和计费；

（4）动态 VLAN 接入。

1. 动态用户接入

动态用户即地址是动态分配的用户。当前 BRAS 业务支持的动态用户主要有 IPoE（IP over Ethernet，基于以太网的互联网协议）用户（DHCP 接入）、PPPoE 用户、VPDN（Virtual Private Dial Network，虚拟专有拨号网络）用户。

2. 静态用户接入

静态用户即使用固定 IP 地址的用户，其地址不是动态分配的，而是用户手动配置的，用户通过认证上线后即可进行各类网络活动。用户下线后，该 IP 地址为其保留，待用户下次上线后继续使用。BRAS 业务中的静态用户称为 IP-HOST 用户。

3. 用户的认证、授权和计费

用户的认证、授权和计费包含针对动态用户和静态用户的认证、授权和计费，主要有 Local 和 Radius 两种方式，包括本地认证、远端认证、本地授权、Radius 授权、本地不计费、远端计费。

本地认证：将本地用户信息（包括用户名、密码和各种属性）配置在 NAS 上，此时 NAS 就是 AAA Server。本地认证的优点是处理速度快、运营成本低；缺点是存储信息量受设备硬件条件限制。

远端认证：将用户信息（包括用户名、密码和各种属性）配置在认证服务器上。AAA 支持通过 Radius 协议进行远端认证。NAS 作为客户端，可以与 Radius 服务器进行通信。

本地授权：根据 NAS 上对应域下的配置进行授权。

Radius 授权：只支持对通过 Radius 服务器认证的用户授权。Radius 协议的认证和授权是

绑定在一起的，不能单独使用 Radius 协议进行授权。

本地不计费：为用户提供免费上网服务，不产生相关活动日志。

远端计费：AAA 支持通过 Radius 服务器进行远端计费。

4．动态 VLAN 接入

由于业务应用的多样化，运营商对于二层以太接入网的 VLAN 规划也越来越复杂，所以以往的手动静态配置下发接口（VLAN 信息）的方式就显得非常不灵活。而且，对设备本身来说，静态配置也大大浪费设备的内存空间。因此，考虑实现动态 VLAN 接入，方便配置和管理。

3.3 Radius 协议

由于 Radius 协议简单、明确、可扩充，因此得到了广泛应用，包括普通电话上网、ADSL 上网、小区宽带上网、IP 电话上网、VPDN（即基于拨号用户的虚拟专有拨号网业务）、移动电话预付费等业务。IEEE 提出了 802.1x 标准，这是一种基于端口的标准，用于对无线网络的接入认证，在认证时也采用 Radius 协议。

3.3.1 Radius 协议概述

Radius Remote Authentication Dial In User Service（远程身份认证拨号用户服务）是网络接入服务器、用户及包含用户认证与配置信息的服务器之间信息交换的标准 C/S 协议。Radius 的客户端最初就是网络接入服务器，任何运行 Radius 客户端软件的计算机都可以成为 Radius 的客户端。Radius 协议认证机制灵活，可以采用 PAP、CHAP 或者 UNIX 登录认证等多种方式。Radius 是一种可扩展的协议，它的全部工作都是基于（Attribute,Length,Value）三元组的向量进行的。Radius 的基本工作原理是：Radius 客户端将认证等信息按照协议的格式通过 UDP 包发送到 Radius 服务器，同时对 Radius 服务器返回的信息进行解释与处理，并将处理结果通知给用户。Radius 的基本工作原理如图 3-3 所示。

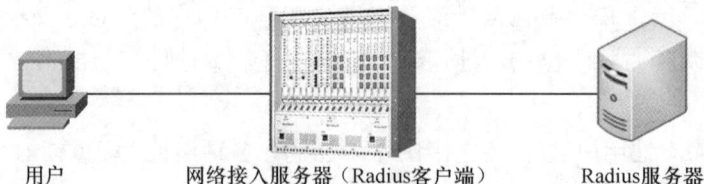

图 3-3　Radius 的基本工作原理

3.3.2 Radius 协议主要特性

Radius 是一种流行的 AAA 协议，同时其采用的是 UDP 传输模式。Radius 协议在协议栈中的位置如图 3-4 所示。

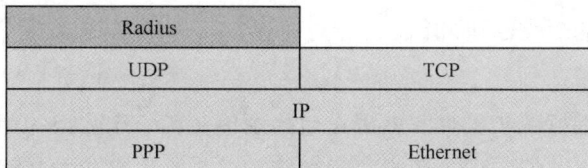

图 3-4　Radius 协议在协议栈中的位置

Radius 协议选择 UDP 作为传输层协议出于如下考虑。

（1）网络接入服务器（Radius 客户端）和 Radius 服务器之间传递的一般是几十至上百个字节长度的数据，用户可以容忍几秒到十几秒的验证等待时间。当处理大量用户时服务器端采用多线程，UDP 简化了服务器端的实现过程。

（2）TCP 必须在成功建立连接后才能进行数据传输，这种方式在有大量用户使用的情况下实时性不好。

（3）当向主服务器发送请求失败后，还必须向备用服务器发送请求。于是 Radius 要有重传机制和备用服务器机制，因此需要采用定时策略，TCP 不能很好地满足定时策略。

1. C/S 模式

Radius 采用 C/S 模式。

（1）Radius 客户端通常运行于网络接入服务器上，Radius 服务器通常运行于一台工作站上，一个 Radius 服务器可以同时支持多个 Radius 客户端（网络接入服务器）。

（2）Radius 服务器上存储着大量的信息，网络接入服务器无须保存这些信息，而是通过 Radius 协议对这些信息进行访问。集中、统一地保存这些信息，将使管理更方便，而且更安全。

Radius 服务器可以作为一个代理，以用户的身份与其他的 Radius 服务器或者其他类型的验证服务器进行通信。用户的漫游通常就是通过 Radius 代理实现的。

2. 网络安全

Radius 协议使用 MD5 算法进行加密，在 Radius 客户端和服务器端保存了一个密钥，Radius 协议利用这个密钥使用 MD5 算法对 Radius 中的数据进行加密处理。密钥不会在网络上传送。Radius 的加密主要体现在以下两个方面。

（1）包加密：在 Radius 包中，有 16B 的验证字用于对包进行签名，收到 Radius 包的一方要查看该签名的正确性。如果包的签名不正确，那么该包将被丢弃，对包进行签名时使用的也是 MD5 算法（利用密钥），没有密钥的用户是不能构造出该签名的。

（2）密码加密：在认证用户时，用户的密码不会在网上以明文传送，而是使用 MD5 算法对密码进行加密。没有密钥的用户是无法正确加密密码的，也无法正确地对加密过的密码进行解密。

3. 灵活认证机制

Radius 协议允许服务器支持多种验证方式，例如 PPP 的 PAP 和 CHAP、UNIX 登录及其他认证机制。通常，Radius 服务器都支持 PAP，但有些 Radius 服务器不支持 CHAP，原因在于有些 Radius 服务器在保存用户的密码时是加密保存的，而要验证一个 CHAP 用户的合法性，必须能够获得该用户的明文密码才行。

4．协议可扩展性

Radius 协议具有很好的扩展性。Radius 包是由包头和一定数目的属性构成的。新属性的增加不会影响到现有协议的实现。通常，网络接入服务器厂家在生产网络接入服务器时，还同时开发与之配套的 Radius 服务器。为了提供一些功能，Radius 协议常要定义一些非标准的（RFC 上没有定义过的）属性。各个厂家有哪些扩展的属性，一般可以从相应的 Radius 服务器的字典文件中找到。

3.3.3 Radius 工作流程

Radius 采用典型的 C/S 结构，使用请求应答的方式进行交互。图 3-5 所示为 Radius 的认证、计费工作流程。

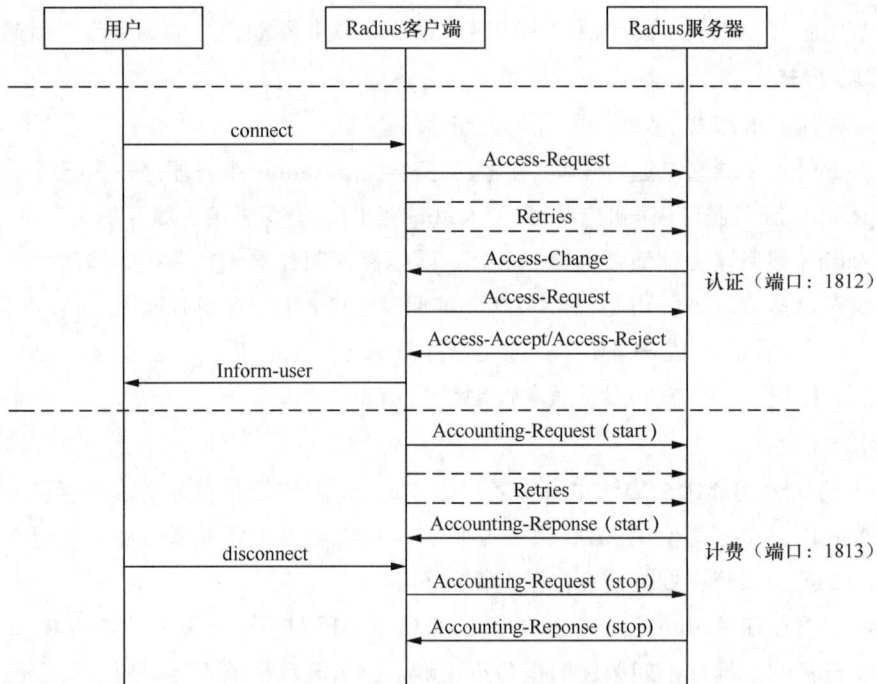

图 3-5 Radius 的认证、计费工作流程

（1）网络用户登录网络时，访问服务器（Radius 客户端）会发送一个用户登录提示符要求用户直接输入用户信息（如用户名和密码），或者通过 PPP 要求远程登录用户，输入用户信息，发起接入请求。

（2）采用 Radius 验证的网络接入服务器在得到用户信息后，将根据 Radius 标准规定的格式，向 Radius 服务器发出 Access-Request 包。包中包括以下 Radius 属性值：用户名、用户密码、接入服务器的 ID、访问端口的 ID。其中，用户密码采用 MD5 加密处理。

（3）接入服务器在发出 Access-Request 包之后，会触发计时器和计数器工作。当超过重发时间间隔时，计时器会激发接入服务器重发 Access-Request 包。当超过重发次数时，计数器会激发接入服务器向网络中的其他备份 Radius 服务器发出 Access-Request 包。（具体的重发机制，各厂商的 Radius 服务器的处理方法不同）

（4）当 Radius 服务器收到 Access-Request 包后，首先验证接入服务器的 Secret 与 Radius 服务器中预先设定的 Secret 是否一致，以确认是所属的 Radius 客户端（网络接入服务器）送来的 Access-Request 包。在查验了包的正确性之后，Radius 服务器会依据包中的用户名在用户数据库中查询是否有此用户记录。若有此用户的数据库记录，Radius 服务器会根据数据库中用户记录的相应验证属性对用户的登录请求做进一步的验证。其中包括用户密码、用户登录访问服务器的 IP 地址、用户登录的物理端口号等。

（5）若以上提到的各类验证条件都不满足，Radius 服务器会向接入服务器发出 Access-Reject 包。接入服务器在收到 Access-Reject 包后，会立即停止用户连接端口的服务要求，用户被强制注销。

（6）当所有的验证条件和握手会话均通过后，Radius 服务器会将数据库中的用户配置信息放在 Access-Accept 包中送回给访问服务器，后者会根据包中的配置信息限制用户的具体网络访问能力，具体包括服务类型 SLIP、PPP、Login User、Rlogin、Framed、Callback 等，还包括与服务类型相关的配置信息，如 IP 地址、电话号码、时间限制等。

（7）如果用户可以访问网络，Radius 客户端要向 Radius 服务器发送一个计费开始 Accounting-Requst（start）请求包，表明对该用户已经开始计费，Radius 服务器收到并成功记录该请求包后要给予响应。

（8）当用户断开连接时（连接也可以由接入服务器断开），Radius 客户端向 Radius 服务器发送一个计费停止请求包，其中包含用户上网所使用网络资源的统计信息（如上网时长、进出的字节包数等），Radius 服务器收到并成功记录该请求包后要给予响应。

3.3.4　Radius 数据包结构

Radius 数据包被包装在 UDP 的数据域中，认证目的端口为 1812，计费目的端口为 1813。Radius 数据包结构如图 3-6 所示，各域内容按照从左向右传送。

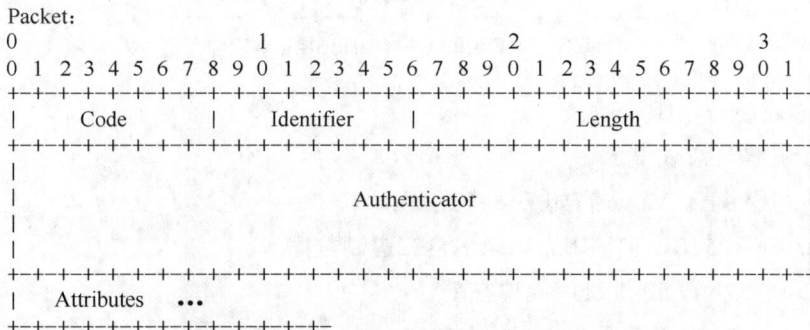

图 3-6　Radius 数据包结构

（1）Code：包类型；1B；用于指示 Radius 包的类型。

① Access-Request（Code=1）——请求认证。

② Access-Accept（Code=2）——认证接受。

③ Access-Reject（Code=3）——认证拒绝。

④ Accounting-Request（Code=4）——请求计费。

⑤ Accounting-Response（Code=5）——计费响应。

⑥ Status-Server（Code=12）——服务器状况。

⑦ Status-Client（Code=13）——客户端状况。

⑧ Reserved（Code=255）——保留。

（2）Identifier：包标识；1B；用于匹配请求包和响应包，同一组请求包和响应包的 Identifier 应相同。该字段的取值范围为 0～255。对于 Identifier，规定如下。

① 如果发送的包内容改变，Identifier 也必须改变。例如，请求包中有时间戳，如果要进行重发，需要更新时间戳，这时包内容变化了，Identifier 则需要改变。

② 在很短的时间内，发给同一个 Radius 服务器的不同包的 Identifier 不能相同，如果出现相同的情况，Radius 服务器将认为后一个包是前一个包的复制而不对其进行处理。

③ Radius 针对某个请求包的响应包应与该请求包在 Identifier 上相匹配（相同）。

（3）Length：包长度；2B；整个包长度包括 Code、Identifier、Length、Authenticator、Attributes 的长度。

（4）Authenticator：验证字；16B；用于对包进行签名。该验证字分为以下两种。

① 请求验证字：用在请求报文中，必须为全局唯一的随机值。

② 响应验证字：用在响应报文中，用于鉴别响应报文的合法性。响应验证字 = MD5(Code+ID+Length+请求验证字+Attributes+Key)。

（5）Attributes：属性；属性可以有多个实例，相同类型的属性实例的顺序不能被改变，不同类型的属性实例的顺序可以被改变，如图 3-7 所示。

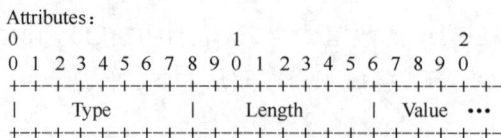

图 3-7　Radius 的 Attributes 字段

① Type：属性号；1B。

② Length：属性总长度。

③ Value：属性值。Value 有如下 4 种类型。

- String：1～253B，字符串，可以包含二进制数据。
- Address：32bit，IP 地址，高位在前。
- Integer：32bit，无符号数，高位在前。
- Time：32bit，无符号数，从 1970 年 1 月 1 日 0 时 0 分 0 秒到当前的秒数。

3.3.5 Radius 属性

Radius 的 RFC 给出了属性类型的范围（从 1 到 255）及如下一些属性的定义。

（1）定义了大约 70 个 Radius 属性（并且在不停扩展）。

（2）192、193 属性为试验使用保留。

（3）224～240 属性为特有的实现使用保留。

（4）241～255 属性保留，不得使用。

属性 26 被定义为厂商特有属性（Vendor-Specific Attribute，VSA），它利用更深一层的内在结构，允许厂商扩展。实际上如果属性 92～255 被一个厂商使用，而另一个厂商用了属性 90～104，则这两种用法有冲突。为了解决这个问题，服务器开发商把特定厂商参数加入客户端数据库文件中。管理者在指出网络接入服务器的 IP 地址和共享密钥的同时，还要指出网络接入服务器的类型，这样服务器才能消除这些属性用法的歧义。一种服务器用一个大的厂商文件将所有的属性映射到保留厂商 ID 的内部格式，而另外一种服务器则用多个词典实现，每个词典对应一种网络接入服务器和厂商定义列表模型。

1. 常用 Radius 标准属性

Radius 报文所携带的属性以(Type,Length,Value)三元组的形式出现，其中，Type 表示该属性的号，占一个字节；Length 表示该属性的总长度（Type、Length、Value 加在一起的长度），占一个字符；Value 表示该属性的值，长度为 0～253。一个属性的值可以是 String、Address、Integer 或 Time 类型。全部的属性定义参见相关的 RFC 文档。下面介绍几种常见的标准属性。

（1）User-Name：该属性指定了要进行认证的用户名，如表 3-1 所示。

表 3-1 User-Name 属性

Type	Length	Value
1	大于等于 3	String 类型

（2）User-Password：该属性指定了要认证的用户的密码，如表 3-2 所示。

表 3-2 User-Password 属性

Type	Length	Value
2	大于等于 18，小于 130	String 类型

（3）NAS-IP-Address：该属性标识发起认证请求的设备的 IP 地址，如表 3-3 所示。

表 3-3 NAS-IP-Address 属性

Type	Length	Value
4	6	Address 类型，32 位的 IP 地址

（4）Vendor-Specific：该属性用于携带各厂商自己的扩展属性，如表 3-4 所示。

表 3-4　Vendor-Specific 属性

Type	Length	Value
26	大于等于 7	厂商自己的扩展属性

各厂商自己的扩展属性按照表 3-5 的格式填写 Value 域。

表 3-5　厂商自己的扩展属性

Vendor-Id	Vendor-Type	Vendor-Length	Vendor-Value
4B， 表示厂商 ID	1B， 厂商自己的扩展属性号	1B， 扩展属性的长度	扩展属性的值

每个厂商可以有多个扩展属性，按照格式(Vendor-Id,Vendor-Type,Vendor-Length,Vendor-Value)一起存储在 Vendor-Specific 属性的 Value 域中，但是 Value 域的总长度不能超过 253 个字符；也可以以多个 Vendor-Specific 属性的形式出现在 Radius 报文中，每个 Vendor-Specific 属性的 Value 域携带一个扩展属性。

（5）Acct-Status-Type：该属性标识计费报文的类型，如表 3-6 所示。

表 3-6　Acct-Status-Type 属性

Type	Length	Value
40	6	Integer 类型

该属性出现在计费报文中，包括不同类型的计费包：计费开始包、计费结束包、计费更新包、Accounting-On 包、Accounting-Off 包。

2. Radius 扩展属性

随着业务的不断发展，大多数厂商都会对 Radius 属性进行扩展以满足自己的需求。

根据标准协议规定，各厂商自己扩展的属性用标准属性 Vendor-Specific（属性 26）的 Value 域来携带。属性 Vendor-Specific 以(Type,Length,Value)的形式出现在 Radius 报文中。通常有以下两种方式填充 Value 域。

（1）Radius 报文只有一个 Vendor-Specific 属性，所有扩展属性都填充在该属性的 Value 域中，扩展属性的填写格式如图 3-8 所示。

```
+-+-+-+-+-+-+-+-+-+-+-+-+-+-+-+-+-+-+-+-+-+-+-+-+-+-+-+-+-+-+-+-+
|  Vendor-Id   |   Vendor-Type 1   |   Vendor-Length 1   |   Vendor-Value 1   |
+-+-+-+-+-+-+-+-+-+-+-+-+-+-+-+-+-+-+-+-+-+-+-+-+-+-+-+-+-+-+-+-+
+-+-+-+-+-+-+-+-+-+-+-+-+-+-+-+-+-+-+-+-+-+-+-+-+-+-+-+-+-+-+-+-+
|  Vendor-Type 2   |   Vendor-Length 2   |   Vendor-Value 2   |  Vendor-Type 3
+-+-+-+-+-+-+-+-+-+-+-+-+-+-+-+-+-+-+-+-+-+-+-+-+-+-+-+-+-+-+-+-+
+-+-+-+-+-+-+-+-+-+-+-+-+-+-+-+-+-+-+-+-+-+-+-+-+-+-+-+-+-+-+-+-+
|  Vendor-Length 3   |   Vendor-Value 3   | ···                              |
+-+-+-+-+-+-+-+-+-+-+-+-+-+-+-+-+-+-+-+-+-+-+-+-+-+-+-+-+-+-+-+-+
```

图 3-8　扩展属性的填写格式

（2）Radius 报文有多个 Vendor-Specific 属性，每个属性的 Value 域中携带一个或多个扩展属性，扩展属性的填写格式如图 3-9 所示。

```
+-+-+-+-+-+-+-+-+-+-+-+-+-+-+-+-+-+-+-+-+-+-+-+-+-+-+-+-+-+-+-+-+
|    Vendor-Id    |    Vendor-Type 1   |    Vendor-Length 1    |    Vendor-Value 1    |
+-+-+-+-+-+-+-+-+-+-+-+-+-+-+-+-+-+-+-+-+-+-+-+-+-+-+-+-+-+-+-+-+
+-+-+-+-+-+-+-+-+-+-+-+-+-+-+-+-+-+-+-+-+-+-+-+-+-+-+-+-+-+-+-+-+
|    Vendor-Id    |    Vendor-Type 2   |    Vendor-Length 2    |    Vendor-Value 2    |
+-+-+-+-+-+-+-+-+-+-+-+-+-+-+-+-+-+-+-+-+-+-+-+-+-+-+-+-+-+-+-+-+
+-+-+-+-+-+-+-+-+-+
|    Vendor-Id    |  •••
+-+-+-+-+-+-+-+-+-+
```

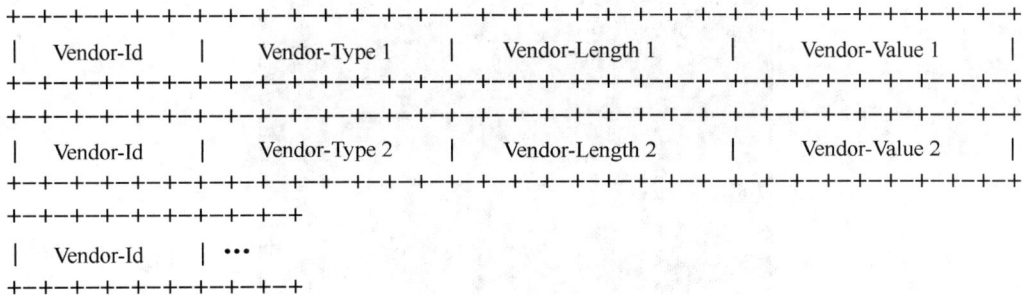

图 3-9　多个 Vendor-Specific 属性格式

其中，Vendor-Id 为厂商的唯一标识。

3.4　AAA 设备介绍

AAA 设备指网络中与认证、授权、计费相关的设备。IUV-TPS 仿真实训软件中涉及的设备主要有 BRAS、AAA Server、Portal Server。

1. BRAS

BRAS 属于接入设备，是面向宽带网络应用的新型接入网关，它位于骨干网的边缘层，负责提供接入服务，可以完成用户带宽的 IP 网或 ATM 网的数据接入，其作用主要体现在如下 3 个方面。

（1）在认证之前，将用户的所有 HTTP/HTTPS（Hyper Text Transfer Protocol Secure，超文本传输安全协议）请求都重定向到 Portal Web 服务器。

（2）在认证过程中，与 Portal 认证服务器、AAA 服务器进行交互，完成对用户的认证、授权和计费。

（3）在认证通过后，允许用户访问被授权的互联网资源。

2. AAA Server

AAA Server 与接入设备 BRAS 进行交互，完成对用户的认证、授权和计费。

3. Portal Server

Portal Server 包括 Portal Web 服务器和 Portal 认证服务器。Portal Web 服务器负责向客户端提供 Web 认证页面，并将客户端的认证信息（如用户名、密码等）提交给 Portal 认证服务器。Portal 认证服务器用于接收 Portal 客户端认证请求的服务器端系统，与接入设备交互认证客户端的认证信息。Portal Web 服务器通常与 Portal 认证服务器是一体的，也可以是独立的服务器端系统。

BRAS 的硬件结构与 RT 相似，如图 3-10 所示。

AAA Server 与 Portal Server 可以灵活地选择服务器硬件，对服务器操作系统没有特别要求，只需在服务器中安装相应的功能服务器端程序和数据库即可实现对应的功能。

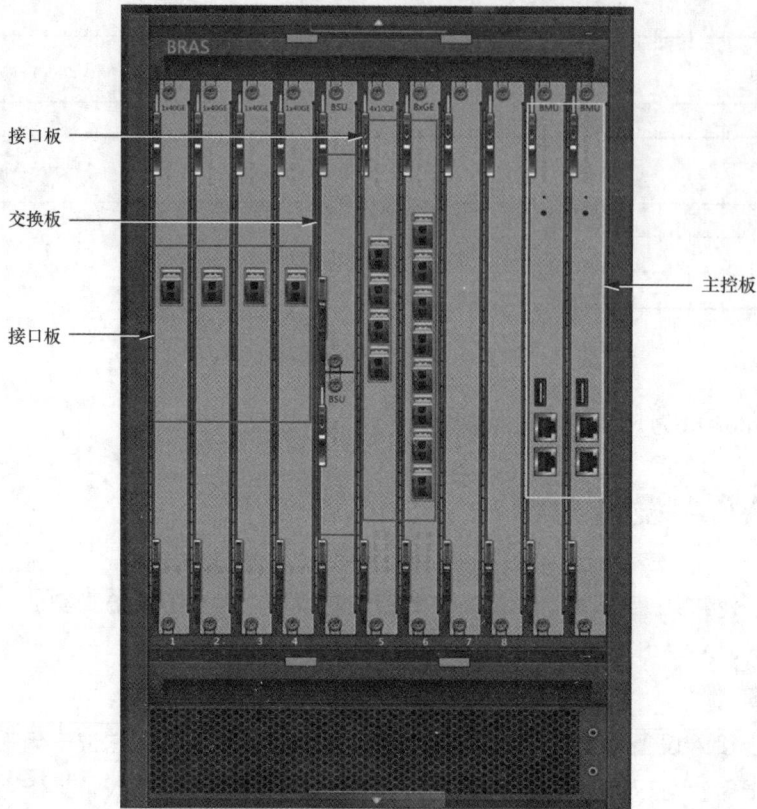

图 3-10　BRAS 的硬件结构

3.5　QoS 的基本概念

由于互联网的流行，IP 应用日益广泛，IP 网络已经渗入各种传统的通信范围，基于 IP 构建一个多业务网络成为可能。三网合一是大势所趋，即视频、语音、文本、图像等数据同时以分组交换的方式传送。但是，不同的业务对网络的要求是不同的，如何在分组化的 IP 网络实现多种实时和非实时业务成为一个重要话题。由此，人们提出了 QoS 的概念。

QoS 是指 IP 网络的一种能力，即在跨越多种底层网络技术（如 FR、ATM、Ethernet、SDH 等）的 IP 网络上，为特定的业务提供其所需要的服务。QoS 包括多个方面的内容，如带宽、时延、时延抖动等，每种业务都对 QoS 有特定的要求，有些可能对其中的某些指标要求高一些，有些则可能对另外一些指标要求高一些。特别是对三网合一后的视频和语音的数据来说，对相关指标要求也特别严格。这就要求我们能够提供相应的 QoS 保证，来有质量地交付这些数据。总的来说，QoS 需要完成以下工作。

（1）避免并管理 IP 网络拥塞。

（2）减少 IP 报文的丢包率。

（3）调控 IP 网络的流量。

（4）为特定用户或特定业务提供专用带宽。

（5）支撑 IP 网络上的实时业务。

QoS 指标实际上是业务质量的技术化描述，对于不同的业务，当 QoS 缺乏保障时，所呈现出来的业务表象是不同的。一般而言，QoS 的技术指标包括以下几个。

- 可用带宽：指网络的两个节点之间特定应用业务流的平均速率，主要衡量用户从网络取得业务数据的能力。所有的实时业务对带宽都有一定的要求，如对于视频业务，当可用带宽低于视频源的编码速率时，视频图像质量就无法保证。

- 时延：指数据包在网络的两个节点之间传送的平均往返时间。所有实时业务对时延都有一定的要求，如 VoIP 业务，时延过大，通话质量就会变得很差。

- 丢包率：指在网络传输过程中丢失报文的百分比，用来衡量网络正确转发用户数据的能力。不同业务对丢包的敏感性不同，在多媒体业务中，丢包是导致图像质量恶化的根本原因，少量的丢包就可能使图像出现马赛克现象。

- 时延抖动：指时延的变化。有些业务（如流媒体业务）可以通过适当的缓存来减少时延抖动对业务的影响；而有些业务则对时延抖动非常敏感，如语音业务，稍许的时延抖动就会导致语音质量迅速下降。

- 误码率：指在网络传输过程中报文出现错误的百分比。误码率对一些加密类的数据业务影响尤其大。

此外，QoS 还可能包含其他一些指标，如网络可用性等。

业务的质量不仅包括上述提到的 QoS 指标，还包括链路质量、终端设备性能等，所有这些都影响到用户对业务的使用。所以，只有实现网络系统和业务系统的结合，才能保障各种业务的质量。

3.6 QoS 的模型

目前 QoS 有以下两种主要的解决模型。

（1）IntServ 模型，即 Integrated Service（综合服务）模型，业务通过信令向网络申请特定的 QoS 服务，网络根据请求预留资源以承诺满足该请求。

（2）DiffServ 模型，即 Differentiated Service（区分服务）模型，用于当网络出现拥塞时，根据业务的不同服务等级约定，有差别地进行流量控制和转发来解决拥塞问题。

3.7 报文的分类及标记

实现 DiffServ 模型就是根据不同的队列设置不同的服务类型。那么，必须对待转发的数据包进行入队的操作，这就是报文的分类。网络管理者可以设置报文分类的策略，这个策略可以包括物理接口、源地址、目的地址、MAC 地址、IP 地址、应用程序的端口号等。一般的分类算法都局限在 IP 报文的头部，包括链路层（Layer 2）、网络层（Layer 3）、传输层（Layer 4），很少使用报文内容作为分类标准。分类的结果没有范围限制，它可以是一个由五元组（源地址、源端口号、协议号码、目的地址、目的端口号）确定的流，也可以是到某个网段的所有报文。

报文分类使用访问控制列表（Access Control List，ACL）和 IP 优先级技术。一般在网络的边界，使用 ACL 来进行报文的分类，同时对分类后的数据进行标记；在网络内部，节点根据标记进行服务的分类。

3.8 流量监管

流量监管原理如图 3-11 所示，令牌桶是控制接口速率的一个常用算法。

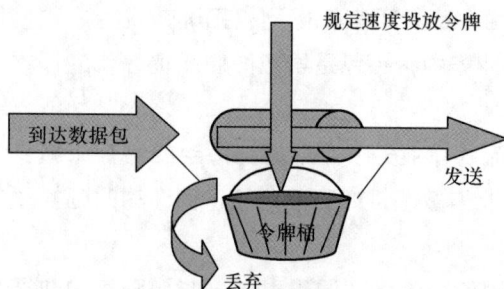

规定速度投放令牌

到达数据包

发送

令牌桶

丢弃

图 3-11 流量监管

令牌桶的参数如下。

* CIR：约定信息速率。
* Bc：承诺突发量，网络允许用户以 CIR 速率在 Tc 时间间隔内传送的数据量。
* Be：最大突发量，网络允许用户在 Tc 时间间隔内传送的超过 Bc 的数据量。
* Tc：抽样间隔时间，每隔 Tc 时间对虚电路上的数据流量进行监视和控制，即 Tc = Bc/CIR。

首先，根据预先设置的匹配规则来对报文进行分类。如果是没有规定流量特性的报文，就直接继续发送，不需要经过令牌桶的处理；如果是需要进行流量控制的报文，则会进入令牌桶中进行处理。如果令牌桶中有足够的令牌可以用来发送报文，则允许报文通过，报文可以被继续发送；如果令牌桶中的令牌不满足报文的发送条件，则报文被丢弃。这样就可以对某类报文的流量进行控制。

令牌桶按用户设定的速度向桶中放置令牌，并且用户可以设置令牌桶的容量，当桶中令牌的量超出桶的容量的时候，令牌的量不再增加。当报文被令牌桶处理时，如果令牌桶中有足够的令牌可以用来发送报文，则报文可以通过，同时令牌桶中的令牌量根据报文的长度做相应的减少。当令牌桶中的令牌少到不能再发送报文时，报文被丢弃。

令牌桶是一个控制数据流量的很好的工具。当令牌桶中充满令牌的时候，桶中所有的令牌代表的报文都可以被发送，这样可以允许数据的突发性传输。当令牌桶中没有令牌的时候，报文将不能被发送，只有等到桶中生成了新的令牌，报文才可以被发送，这使得报文的流量只能小于等于令牌生成的速度，达到限制流量的目的。

参数的解释如下。

在 Tc 内：

① 当用户数据传送量小于或等于 Bc 时，继续传送收到的帧；

② 当用户数据传送量大于 Bc 但小于（Bc+Be）时，若网络未发生严重拥塞，则继续传送，否则将这些帧丢弃；

③ 当 Tc 内用户数据传送量大于（Bc+Be）时，将超过范围的帧丢弃。

举例来说，如果约定一个队列的 CIR=128kbit/s，Bc=128kbit，Be=64kbit，则 Tc=Bc/CIR=1s。

在这一段时间内，用户可以传送的突发数据量可达到 Bc+Be=192kbit，传送数据的平均速率为 192kbit/s。其中，在正常情况下，Bc 范围内的 128kbit 的帧在拥塞情况下，这些帧也会被送达终点用户，若发生严重拥塞，这些帧会被丢弃。

我们也可以对 Be 范围内的 64kbit 的帧采取标记，在网络未发生拥塞的时候，继续发送这些标记的报文；而在网络发生拥塞的时候，优先丢弃这些标记的报文。

3.8.1　CAR

流量监管的典型作用是限制进入某一网络的某一连接的流量与突发。在报文满足一定的条件时，如果某个连接的报文流量过大，流量监管就可以对该报文采取不同的处理动作，如丢弃报文、重新设置报文的优先级等。通常的用法是使用承诺访问速率（Committed Access Rate，CAR）来限制某类报文的流量，例如，限制文件传送协议（File Transfer Protocol，FTP）报文不能占用超过 40%的网络带宽。

CAR 是利用令牌桶进行流量控制的。首先报文被分类，如果通过分类识别出报文是某类要处理的报文，则进入令牌桶中进行处理。如果令牌桶中有足够的令牌可以用来发送报文，则认为是 Conform（符合转发）；如果令牌不够，则认为是 Exceed（超出）。然后在后面的动作机制中，可以分别对 Conform 的报文进行发送、丢弃、着色等处理。

当 CAR 用作流量监管时，一般配置为对 Conform 的报文进行发送，对 Exceed 的报文进行丢弃。也就是令牌桶中的令牌足够时报文被发送，令牌桶中的令牌不够时报文被丢弃。这样，就可以对某类报文的流量进行控制。

CAR 还可以进行报文的标记，或者说着色。具体来讲就是 CAR 可以设置 IP 报文的优先级或修改 IP 报文的优先级，达到标记报文的目的。

例如，当报文符合流量特性的时候，可以设置报文的优先级为 4；当报文不符合流量特性的时候，可以丢弃，也可以设置报文的优先级为 1 并继续进行发送。在后续节点中，我们可以设置优先丢弃优先级为 1 的报文。

3.8.2　流量评估

要想实现 CAR，就需要对流量进行评估，然后根据评估的结果对流量采取相应的动作。

（1）如果流量没有超速，设备会为报文奖励绿牌（将报文着色为绿色）。报文可畅通无阻，即被转发。

（2）如果流量稍微超速，设备会发出黄牌警告（将报文着色为黄色）。通常报文会被降级，即修改报文的内部优先级，然后尽力而为地转发。

（3）如果流量超速太多，设备会发出红牌将报文"罚下"（将报文着色为红色）。报文被禁止通行，即被丢弃。

然而，报文不像汽车那样可以通过测速仪之类的仪器进行测速。那么，如何对报文的速率进行评估呢？答案是：令牌桶。

3.8.3　令牌桶

简单来说，令牌桶可以看作一个存储一定数量令牌的容器。系统按设定的速度向桶中放置令牌。当桶中令牌满时，多出的令牌将会溢出，桶中令牌不再增加。在使用令牌桶对流量规格进行评估时，是以令牌桶中的令牌数量是否足够满足报文的转发为依据的。每个需要被转发的报文，都要从令牌桶中领取一定数量的令牌（具体数量视报文大小而定），才可以被正常转发。如果桶中存在足够的令牌可以用来转发报文，那么称为流量遵守或符合约定值，否则称为不符合或超标。

按照系统向令牌桶投放令牌的速率和令牌桶的数量划分，令牌桶有 3 种模式，即单速单桶、单速双桶、双速双桶。

3 种令牌桶模式之间既有区别也有演进关系，具体如表 3-7 所示。

表 3-7　3 种令牌桶模式区别

指标	单速单桶	单速双桶	双速双桶
关键参数	CIR 和 CBS	CIR、CBS 和 EBS	CIR、CBS、PIR 和 PBS
令牌投放	以 CIR 速率向 C 桶投放令牌。C 桶满时令牌溢出	C 桶满时令牌投放到 E 桶。C 桶和 E 桶都不满时，只向 C 桶投放令牌	以 CIR 速率向 C 桶投放令牌，以 PIR 速率向 P 桶投放令牌。两个桶相对独立。桶中令牌满时令牌溢出
是否允许流量突发	不允许流量突发。报文的处理以 C 桶中是否有足够令牌为依据	允许报文尺寸的突发。先使用 C 桶中的令牌，C 桶中令牌数量不够时，使用 E 桶中的令牌	允许报文速率的突发。C 桶和 P 桶中的令牌足够时，两个桶中的令牌都使用。C 桶中令牌不够时，只使用 P 桶中的令牌
报文颜色标记结果	绿色或红色	绿色、黄色或红色	绿色、黄色或红色
演进关系	在单速双桶模式中，如果 EBS 等于 0，其效果和单速单桶是一样的；在双速双桶模式中，如果 PIR 等于 CIR，其效果和单速单桶是一样的		

表中关键参数说明如下。

CBS（Committed Burst Size，承诺突发尺寸）表示 C 桶的容量，即 C 桶瞬间能够通过的承诺突发流量。

EBS（Excess Burst Size，超额突发尺寸）表示 E 桶的容量，即 E 桶瞬间能够通过的超出突发流量。

PIR（Peak Information Rate，峰值信息速率）表示向 P 桶中投放令牌的速率，即 P 桶允许传输或转发报文的峰值速率。PIR 的值应大于 CIR。

PBS（Peak Burst Size，峰值突发尺寸）表示 P 桶的容量，即 P 桶瞬间能够通过的峰值突发流量。

基于上述 3 种令牌桶模式的区别，其功能和使用场景也有所不同，具体如表 3-8 所示。

表 3-8　3 种令牌桶模式的功能和使用场景

令牌桶模式	功能	使用场景
单速单桶	限制带宽	优先级较低的业务(如企业外网 HTTP 流量)，对于超过额度的流量直接丢弃保证其他业务，不考虑突发
单速双桶	限制带宽，还可以允许一部分流量突发，并且可以区分突发业务和正常业务	较重要的业务，允许有突发的业务（如企业邮件数据），对于突发流量有宽容
双速双桶	限制带宽，可以进行流量带宽划分，可以区分带宽小于 CIR 还是为 CIR~PIR	重要业务，可以更好地监控流量的突发程度，对流量分析起到指导作用

3.9　拥塞管理

随着业务的增加，网络也面临更大的压力，局部可能出现拥塞的情况。例如，多个链路向一个链路突发、流量过大、高速链路向低速链路传送等。在拥塞发生的时候，设备默认采取尾部丢弃的策略。如果不加以控制，有些应用会因为丢弃而重传，造成下一个周期的拥塞，引起网络的恶性循环。

另外，在拥塞发生的时候，有时导致拥塞的是非关键业务，例如 FTP。相对而言，语音和视频需要更高的服务要求。实际上，在现代的生产中，语音和视频可能比 FTP 更关键。所以，就有必要对 QoS 进行控制，在拥塞发生时，牺牲非关键业务来保证网络对关键业务的QoS。如果没有对这些 QoS 进行控制，不太重要的应用可能会很快将网络资源用尽，其代价是那些更重要的应用不能使用网络资源，从而浪费用户的投资。

拥塞管理处理的方法是使用队列技术。将所有要从一个接口发出的报文通过一定的规则导入多个队列，按照各个队列的服务级别进行处理。不同队列的算法用来解决不同的问题，并产生不同的效果。常用的队列有 FIFO、PQ、CQ、WFQ 等。拥塞管理如图 3-12 所示。

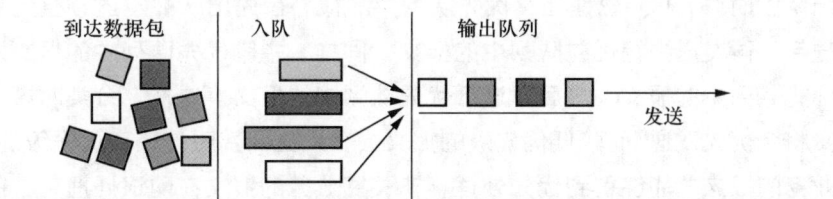

图 3-12　拥塞管理

3.9.1　FIFO

先进先出（First In First Out，FIFO）不对报文进行分类，当报文到达时，FIFO 按报文到达接口的先后顺序让报文进入队列，同时，FIFO 在队列的出口让报文按进队的顺序出队，先进的报文将先出队，后进的报文将后出队。FIFO 工作原理如图 3-13 所示。

Internet 的默认服务模式——Best-Effort 采用 FIFO 队列策略。在 ZXR10 系列设备上，接口默认采用 FIFO 队列。

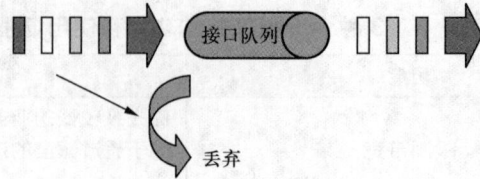

图 3-13　FIFO 工作原理

3.9.2　PQ

优先队列（Priority Queue，PQ）实行严格优先级调度。首先，PQ 对报文进行分类，最多可将所有报文分成 4 类，分别属于 PQ 的 4 个优先级队列中的一个。然后，按报文的类别将报文送入相应的队列。PQ 的 4 个优先级队列分别为高优先队列、中等优先队列、普通优先队列和低优先队列，它们的优先级依次降低。PQ 工作原理如图 3-14 所示。

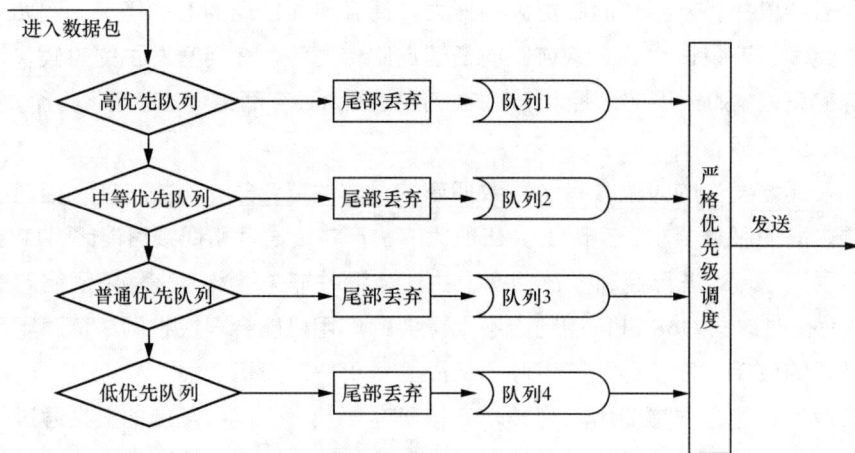

图 3-14　PQ 工作原理

在报文出队的时候，PQ 总是让高优先队列中的报文首先出队并发送，直到高优先队列中的报文发送完，再发送中等优先队列中的报文。同样，中等优先队列中的报文发送完后，再发送普通优先队列中的报文，最后发送低优先队列中的报文。这样，分类时属于较高优先级队列的报文将会优先发送，而较低优先级的报文会在发生拥塞时被较高优先级的报文抢先。这使得关键业务的报文总能够得到优先处理，非关键业务的报文在网络处理完关键业务后的空闲中得到处理，既可保证关键业务的及时处理，又可充分利用网络资源。

3.9.3　CQ

定制队列（Customized Queue，CQ）采用轮询调度，最多可将所有报文分成 17 类，分别属于 CQ 的 17 个队列中的一个。CQ 的 17 个队列中，0 号队列是优先队列，路由器总是先把 0 号队列中的报文发送完，然后才处理 1～16 号队列中的报文，所以 0 号队列一般作为系统队列，把实时性要求高的交互式协议报文放到 0 号队列。1～16 号队列可以按用户的要求分配它们能占用接口带宽的比例，在报文出队的时候，CQ 按定义的带宽比例分别从 1～16

号队列中取一定量的报文从接口上发送出去。CQ 工作原理如图 3-15 所示。

CQ 和 PQ 的区别如下。

PQ 赋予较高优先级的报文绝对的优先权，这样虽然可以保证关键业务的优先，但在较高优先级报文的速度总是大于接口的速度时，将会使较低优先级的报文始终得不到发送的机会。而采用 CQ 则可以避免这种情况的发生。CQ 可以把报文分类，然后按类别将报文分配到 CQ 的一个队列中，而对每个队列，又可以规定队列中的报文所占接口带宽的比例。这样就可以让不同业务的报文获得合理的带宽，从而既保证关键业务能获得足够的带宽，又不至于使非关键业务得不到处理。

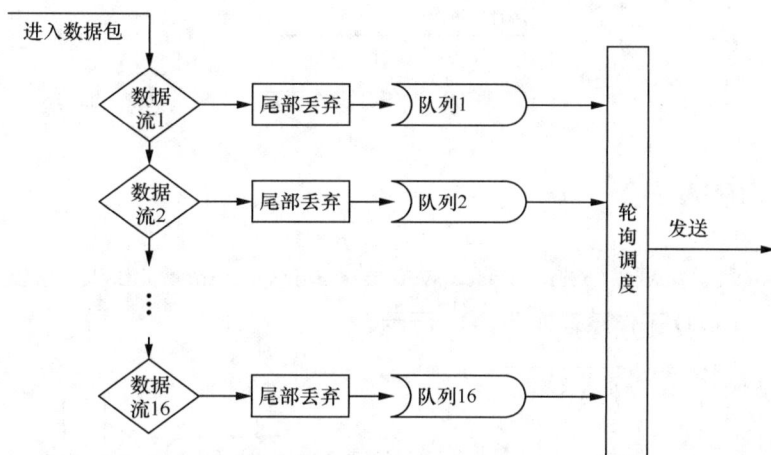

图 3-15   CQ 工作原理

3.9.4 WFQ

加权公平队列（Weighted Fair Queuing，WFQ）采用基于权重的轮询调度，最多可以将报文分成 64 类。WFQ 是一个复杂的排队过程，可以保证相同优先级业务间公平，不同优先级业务间加权，并依靠优先级进行加权计算。在保证公平（如带宽、延迟保持一致）的基础上体现权重，权重依赖于 IP 报文头中所携带的 IP 优先级。WFQ 对报文依据源 IP 地址、目的 IP 地址、源端口号、目的端口号、协议号、优先级的报文进行哈希算法，根据计算结果分配到不同的队列。在出队的时候，WFQ 根据流的优先级来分配每个流应占用出口的带宽。优先级的数值越小，所得的带宽越少；优先级的数值越大，所得的带宽越多。这样就保证了相同优先级业务间公平，不同优先级业务间加权。WFQ 工作原理如图 3-16 所示。

例如，接口中有 6 个流，它们的优先级分别为 0、2、2、5、6、7，则带宽的总配额将是所有（流的优先级+1）的和。即

$$1 + 3 + 3 + 6 + 7 + 8 = 28$$

每个流所占用的带宽比例为(自己的优先级+1)/带宽的总配额，即每个流可得的带宽比例分别为 1/28、3/28、3/28、6/28、7/28、8/28。

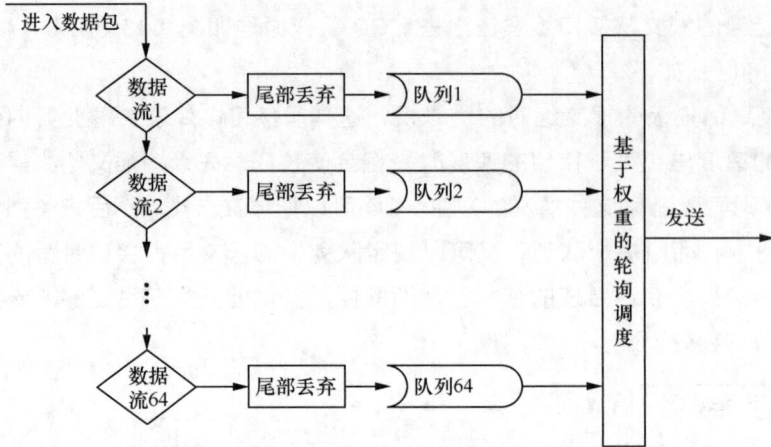

图 3-16　WFQ 工作原理

3.9.5　CBWFQ

基于类的加权公平队列（Class-Based Weighted Fair Queuing，CBWFQ）实质上是 CQ 和 WFQ 的结合。CBWFQ 工作原理如图 3-17 所示。

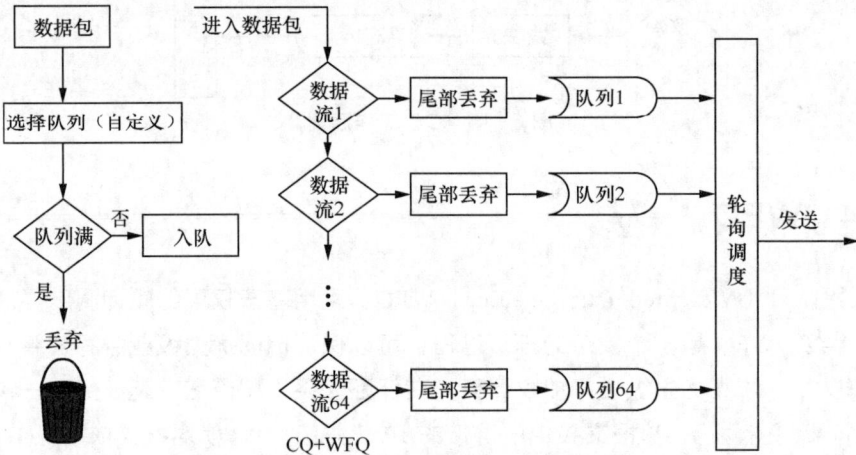

图 3-17　CBWFQ 工作原理

对于 WFQ，流的分类是由哈希算法自动完成的，也就是按照默认的优先级参数进行入队操作，同时对各个队列实行优先级的权重分配。如果网络边缘没有对报文的优先级进行标记，那么，实际上 WFQ 并不能实现业务的区分服务。而 CQ 尽管能对业务实现区分服务，但是只能区分 16 个类别。CBWFQ 结合 CQ 和 WFQ 的优点，在分类的时候能够自行定义流的参数，并且对关键业务设置较高的优先级，来保证发送的时候有较大的权重，同时提供高达 64 个队列来尽可能地满足不同业务的区分。这样每个队列将会获得预期的服务。当各个队列满时，实行尾部丢弃。

3.10　拥塞避免

随着网络通信业务量的提高，网络拥塞的可能性也增加了。最终各个队列将达到最大长度，这时数据包将不受控制地被丢弃。如果不加以控制，这可能造成网络性能频繁波动的恶性循环。因为 TCP 总是试图提高网络的数据传输速率，直到出现丢失数据包或者 TCP 窗口传输尺寸达到最大为止，所以缓冲器将经常被填满，从而引发 TCP 的慢启动和拥塞避免机制，使 TCP 减少报文的发送。当队列同时丢弃多个 TCP 连接的报文时，将造成多个 TCP 连接同时进入慢启动和拥塞避免，即 TCP 全局同步。这样多个 TCP 连接发向队列的报文将同时减少，使得发向队列的报文的量不及线路发送的速度，减少了线路带宽的利用。并且，发向队列的报文的流量总是忽大忽小，使线路上的流量总在极少和饱满之间频繁波动。

随机早期检测（Random Early Detection，RED）和加权随机早期检测（Weighted Random Early Detection，WRED）就是用于避免拥塞的方法。WRED 与 RED 的区别在于前者引入 IP 优先级来区别丢弃策略。拥塞避免如图 3-18 所示。

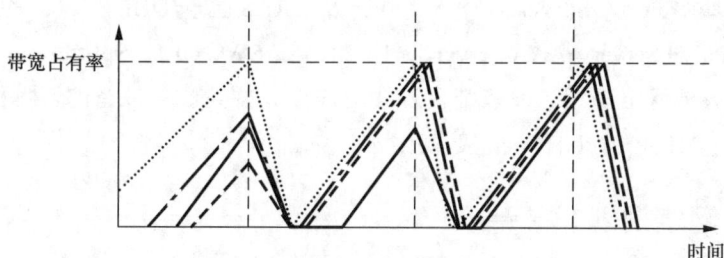

图 3-18　拥塞避免

WRED 采用随机丢弃策略，避免了因尾部丢弃的方式而引起的 TCP 全局同步。用户可以设定队列的下限阈值和上限阈值，当队列的长度小于下限阈值时，不丢弃报文。当队列的长度在下限阈值和上限阈值之间时，开始随机丢弃报文。队列的长度越长，丢弃的概率越高。当队列的长度大于上限阈值时，丢弃所有到来的报文。WRED 工作原理如图 3-19 所示。

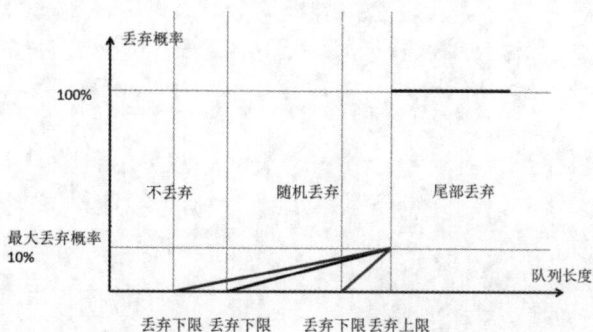

图 3-19　WRED 工作原理

通过开始丢弃数据包的过程，WRED 能有助于避免出现不受控地丢弃数据包，不受控地丢弃数据包可能会给应用性能带来重大影响。WRED 允许系统管理员来规定当达到某一缓冲阈值时，先丢弃哪些通信业务。例如，两个通信业务可以分别定义为标准和优先，关键通信业务可以设置为优先阈值，而另一个通信业务可以设置为标准阈值。如果队列达到缓冲阈值，属于标准类别的数据包将被随机丢弃。当缓冲被继续填充时，标准类别的数据包的丢弃概率将提高。优先业务可以配置为更高的缓冲阈值，因此可以享受更低的丢弃概率。因为优先业务不会轻易到达它们的阈值高限（除非网络由于更高优先级的业务而拥塞时），较高优先级的业务将继续能有最佳的 TCP 窗口大小和性能。最终，关键通信业务不受低优先等级业务的影响。

可以为不同优先级的报文设定不同的队列阈值、丢弃概率，从而对不同优先级的报文提供不同的丢弃特性。

【项目实训】

3.11　DHCP+Web 方式接入上网案例

实训目的：掌握 Portal Server、AAA Server 及 BRAS 基于 DHCP+Web 的业务配置。

实训设备：Portal Server、AAA Server、RT、BRAS、SW、OLT、Splitter、ONU、PC 终端等。

实训内容：完成网络规划、设备部署及线缆连接，并完成各设备的数据配置，最终实现 PC 终端能够通过 DHCP+Web 的方式接入上网。

3.11.1　网络规划

根据引导案例中新城区的组网图，我们设计了网络拓扑，如图 3-20 所示。

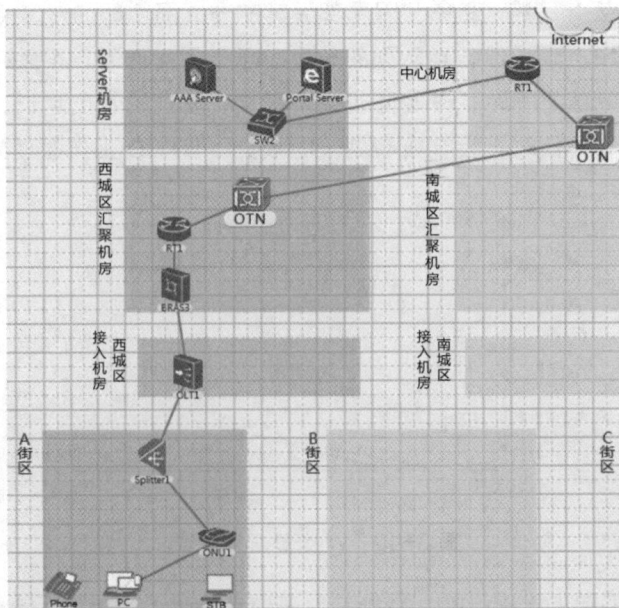

图 3-20　新城区网络拓扑

根据各机房的拓扑完成相关设备选型及 IP 地址规划等，详细内容如表 3-9 所示。

表 3-9 设备选型及 IP 地址规划

机房名称	设备类型	本端接口	VLAN 类型	VLAN	IP 地址	对端设备
Server 机房	AAA Server	10GE-1/1	—	—	192.168.1.1/30	Server 机房 SW 10GE-1/1
	Portal Server	10GE-1/1	—	—	192.168.1.5/30	Server 机房 SW 10GE-1/2
	小型 SW	10GE-1/1	access	111	192.168.1.2/30	Server 机房 AAA
		10GE-1/2	access	222	192.168.1.6/30	Server 机房 Portal
		loopback1	—	—	1.1.1.1/32	—
		10GE-1/3	access	333	192.168.1.9/30	中心机房 RT
中心机房	中型 RT	loopback1	—	—	2.2.2.2/32	
		10GE-6/1	—	—	192.168.1.10/30	Server 机房 SW 10GE-1/3
		40GE-1/1	—	—	192.168.1.13/30	西城区汇聚机房 RT
西城区汇聚机房	中型 RT	loopback1	—	—	3.3.3.3/32	
		40GE-1/1	—	—	192.168.1.14/30	中心机房 RT
		40GE-2/1	—	—	192.168.1.17/30	西城区汇聚机房 BRAS
	大型 BRAS	loopback1	—	—	4.4.4.4/32	
		40GE-1/1	—	—	192.168.1.17/30	西城区汇聚机房 RT
		40GE-2/1	—	—	\	西城区接入机房 OLT
西城区接入机房	大型 OLT	40GE-1/1	trunk	156	\	西城区汇聚机房 BRAS
		GPON-3/1	—	—	—	A 街区分光器 Splitter（1：8，IN 口）
A 街区	ONU	PON 口	—	—	—	A 街区分光器 Splitter（1：8，1 口）
		LAN1（eth 0/1）	tag	156	—	PC

注：表 3-9 中—表示不涉及，\表示无须配置。由于 OTN 只负责中间传输，操作比较简单，此处规划及后续线缆连接、配置等不描述。

3.11.2 设备部署及线缆连接

根据 3.11.1 节完成设备部署及线缆连接，操作方法可以参考项目 2 的介绍，这里不赘述。

3.11.3 设备数据配置

数据配置中的 RT、OTN、OLT 和 ONU 相信大家已经熟悉了，本节重点介绍 AAA Server、Portal Server、SW 的配置。

1．AAA Server 的配置

在本案例中 AAA Server 的配置涉及物理接口配置、静态路由配置、系统设置、账号设置、DNS 配置等。

（1）物理接口配置

单击"数据配置"，进入"Server 机房"，配置节点选中"AAA"。AAA 物理接口配置如图 3-21 所示。

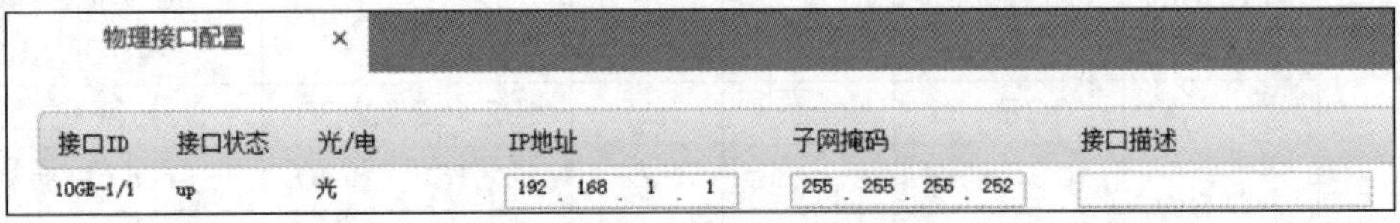

图 3-21　AAA 物理接口配置

（2）静态路由配置

在"命令导航"中，进入"静态路由配置"，由于 AAA 和 BRAS 等其他设备都不在同一个子网，故需要通过网关进行转发，AAA 的网关（下一跳）为 SW 与其对接的端口，SW 的 10GE-1/1 与其直接相连，且该端口所在的 VLAN 的 IP 地址为 192.168.1.2，故 AAA 静态路由的下一跳地址为 192.168.1.2。现网中 AAA 与网络中多个设备互通，因此目的地址设置为 0.0.0.0。具体配置如图 3-22 所示。

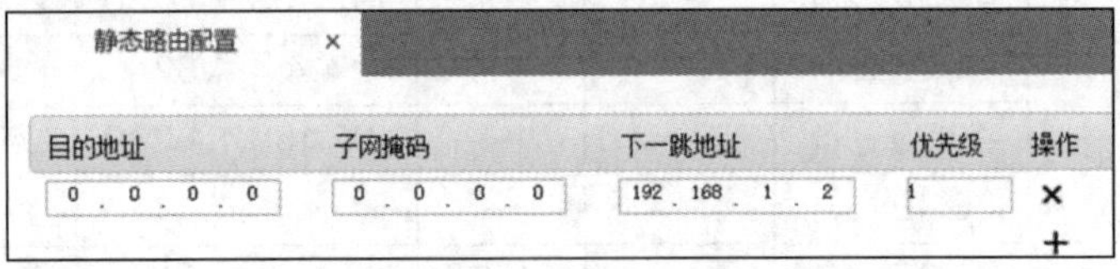

图 3-22　AAA 静态路由配置

（3）系统设置

进入"系统设置"，设置认证端口为 1812，认证密钥为 123456，计费端口为 1813，计费密钥为 123456。认证密钥和计费密钥可自行设置。AAA 系统设置如图 3-23 所示。

注：Radius 使用 UDP，认证端口和计费端口通常使用 1812 和 1813，或者 1645 和 1646，不同厂家监听的端口有所不同，部分厂家只监听其中一组端口，也有厂家会同时监听两组端口。

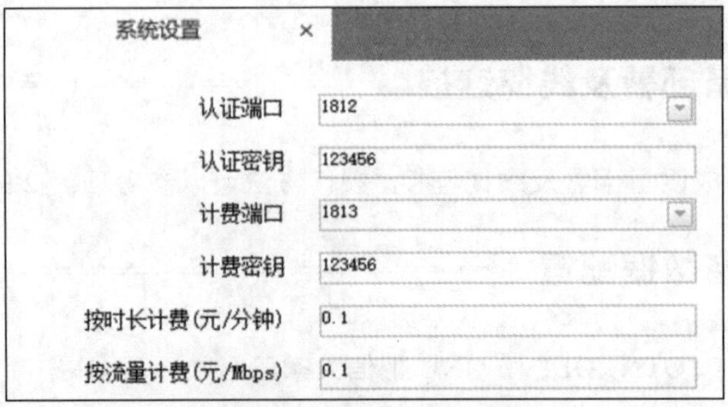

图 3-23　AAA 系统设置

（4）账号设置

单击账号设置界面中的"+"新增设置，并输入各项参数，如图 3-24 所示。账号设置用来设置 PPPoE 拨号或 Web 认证页面的用户名和密码，同时涉及计费方式及是否对使用该账号的用户限速等。

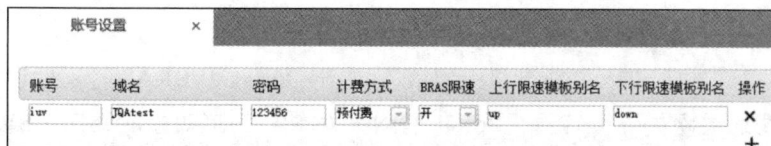

图 3-24　AAA 账号设置

图 3-24 中各项参数说明如下。

账号：用户认证时使用的账号。

域名：BRAS 上该用户归属域的域名，"账号@域名"组成了完整的用户账号信息。用户认证时只需要输入账号，不用输入域名，域名由 BRAS 自动加上，一同送到 AAA Server。

密码：用户认证时使用的密码。

计费方式：选项包括"预付费""按时长计费""按流量计费"。选项为"预付费"时不进行计费动作，为另两个选项时根据系统设置的费率自动计算费用。

BRAS 限速：开启后可以通知 BRAS 根据设置的限速模板对某一账户进行速率限制，实际上是个性化的授权行为。

上行限速模板别名、下行限速模板别名：BRAS 上已配置的限速模板别名，如果与 BRAS 上配置的别名不一致，则无法限速。

（5）DNS 配置

DNS 服务器为用户提供域名解析服务。现网中 DNS 为独立服务器，IUV-IPS 仿真实训软件中此功能集成到 AAA Server 和 Portal Server 中，只需将 DNS 服务器设置为"开启"即可，如图 3-25 所示。

图 3-25　AAA DNS 配置

2. Portal Server 的配置

在本案例中 Portal Server 的配置涉及物理接口配置、静态路由配置、添加 BRAS、DNS配置等。

（1）物理接口配置

单击"数据配置"，进入"Server 机房"，配置节点选中"Portal"。物理接口配置如图 3-26所示。

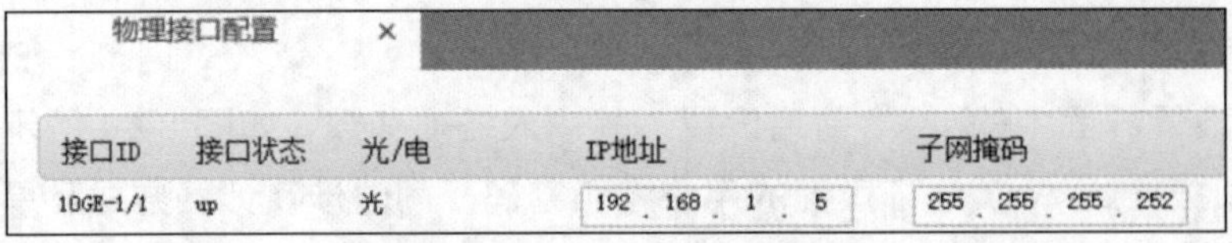

图 3-26　Portal 物理接口配置

（2）静态路由配置

在"命令导航"中，进入"静态路由配置"，由于 Portal 和 BRAS 等其他设备都不在同一个子网，故需要通过网关进行转发，Portal 的网关为 SW 与其对接的端口，SW 的 10GE-1/2 与其直接相连，且该端口所在的 VLAN 的 IP 地址为 192.168.1.6，故 Portal 静态路由的下一跳地址为 192.168.1.6。现网中 Portal 与网络中多个设备互通，因此目的地址设置为 0.0.0.0。具体配置如图 3-27 所示。

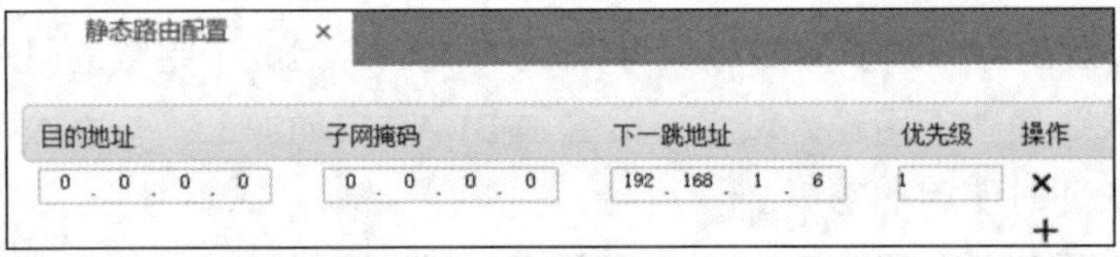

图 3-27　Portal 静态路由配置

（3）添加 BRAS

单击"+"新增设置，BRAS IP 地址处输入 BRAS 的 loopback IP 地址 4.4.4.4，此处采用 loopback IP 的优点在于其为逻辑 IP 地址，永远 UP，不会像物理端口 IP 地址那样一旦端口 down 就失效了。Portal 服务器端口和 BRAS 侦听端口可自行设置，Portal 服务器端口的默认值为 50100，BRAS 侦听端口的默认值为 2000。Portal 添加 BRAS 如图 3-28 所示。

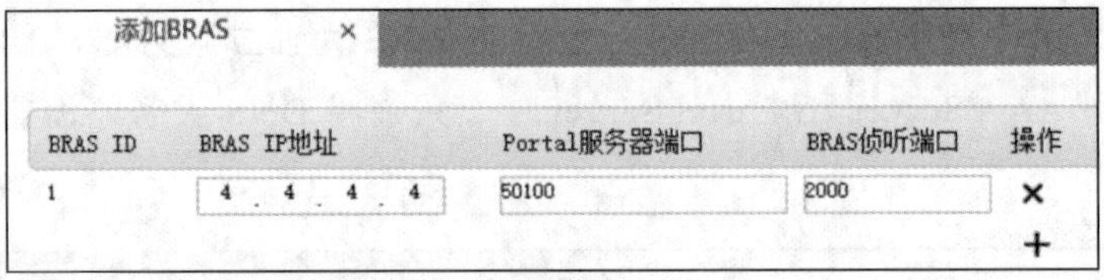

图 3-28　Portal 添加 BRAS

（4）DNS 配置

Portal Server 中的 DNS 配置与 AAA Server 中的 DNS 配置一样，只需将 DNS 服务器选择"开启"，如图 3-29 所示。

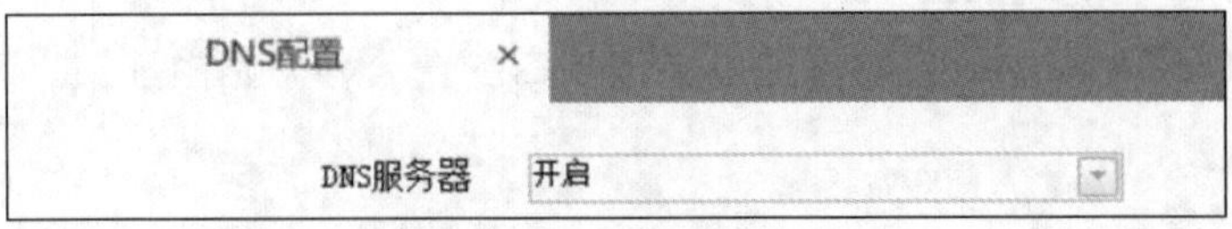

图 3-29　Portal DNS 配置

3. SW 的配置

在本案例中 SW 的配置涉及物理接口配置、loopback 接口配置、VLAN 三层接口配置、

OSPF（Open Shortest Path First，开放最短路径优先）路由配置等。

（1）物理接口配置

SW 分别连接 AAA Server、Portal Server 和 RT，其物理接口配置如图 3-30 所示。

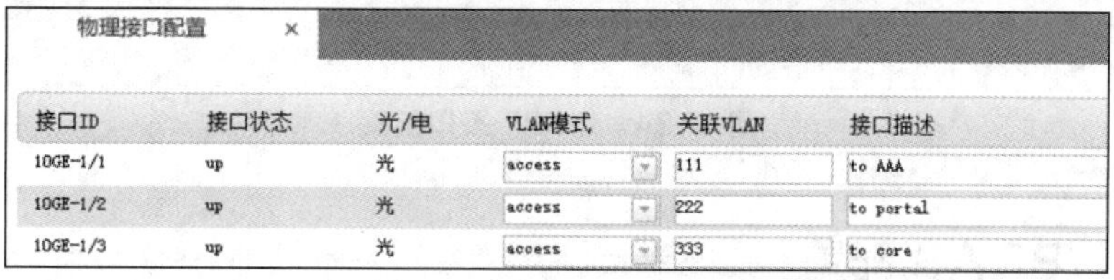

图 3-30　SW 物理接口配置

（2）loopback 接口配置

SW loopback 接口配置如图 3-31 所示。

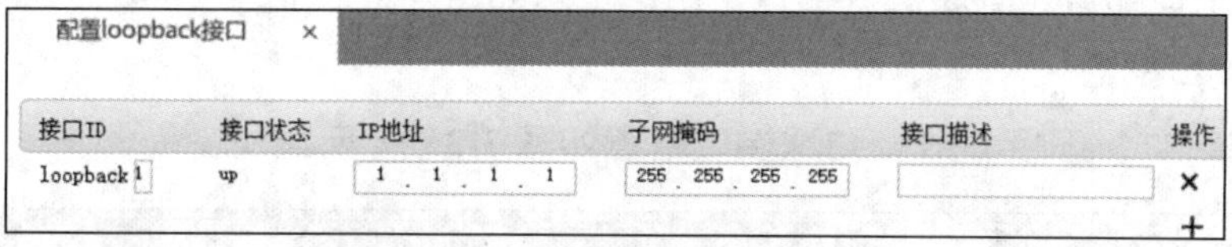

图 3-31　SW loopback 接口配置

（3）VLAN 三层接口配置

VLAN 三层接口根据表 3-9 进行配置，如图 3-32 所示。

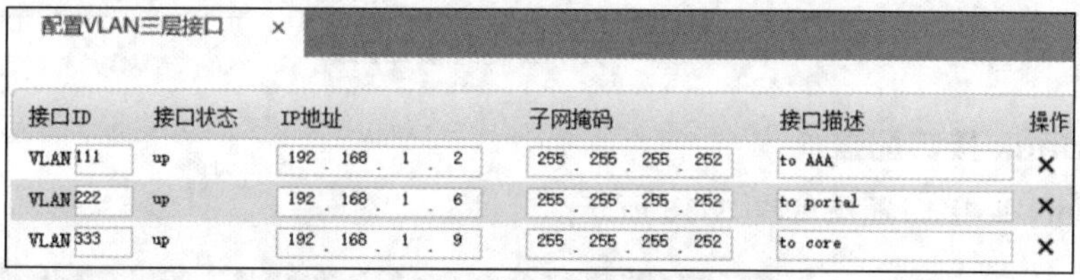

图 3-32　SW VLAN 三层接口配置

（4）OSPF 路由配置

对于 SW、RT、BRAS 等设备需要与网络中各节点互相通信，且都不处在网络最外边缘点，如果仍然配置静态路由工作量将会很大，因此通常采用动态路由如 OSPF 等，以便路由器能够自动地建立自己的路由表，并且能够根据实际情况的变化适时地进行动态调整。OSPF 路由配置包括 OSPF 全局配置和 OSPF 接口配置，分别如图 3-33 和图 3-34 所示。

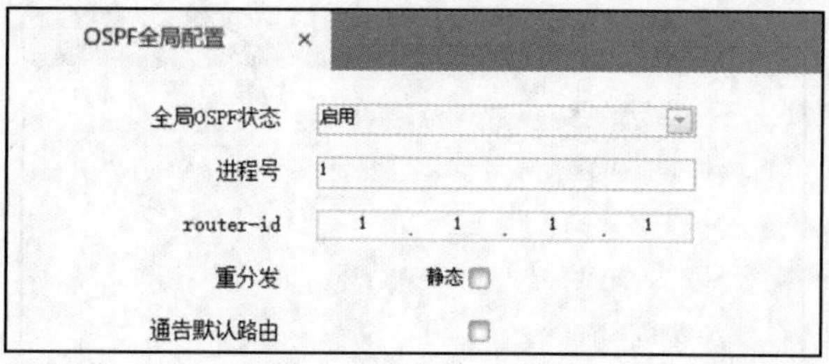

图 3-33　OSPF 全局配置

图 3-34　OSPF 接口配置

3.11.4　BRAS 配置

BRAS 设备作为连接 AAA Server、Portal Server 和接入客户端的中间设备，其配置相对复杂一些，主要涉及物理接口配置、loopback 接口配置、OSPF 路由配置、服务器配置、域配置、宽带虚接口配置、限速模板配置、用户接入配置等。

1. 物理接口配置

BRAS 上接 RT，下接 OLT，物理接口配置如图 3-35 所示。

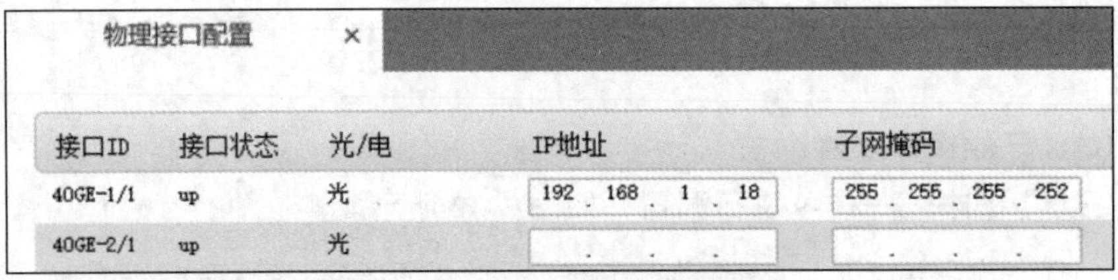

图 3-35　BRAS 物理接口配置

2. loopback 接口配置

BRAS loopback 接口配置如图 3-36 所示。

图 3-36　BRAS loopback 接口配置

3. OSPF 路由配置

OSPF 路由配置包括 OSPF 全局配置和 OSPF 接口配置，分别如图 3-37 和图 3-38 所示。

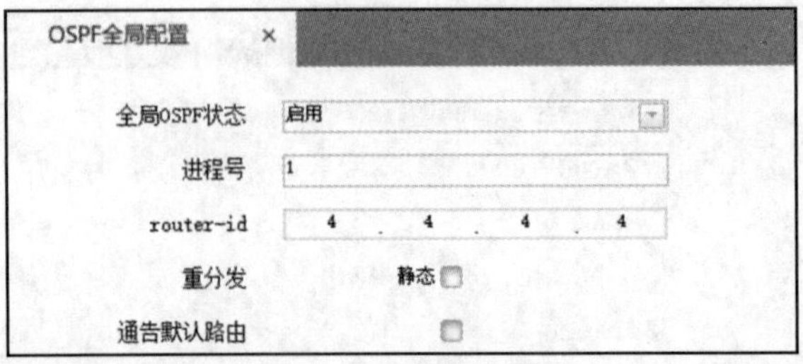

图 3-37　OSPF 全局配置

图 3-38　OSPF 接口配置

4. 服务器配置

服务器配置：只有 PPPoE 或 DHCP 需要认证、计费时才需要进行服务器配置。

服务器配置包括认证服务器配置、计费服务器配置和 Portal 服务器配置 3 个部分。

（1）认证服务器配置

认证服务器 IP 地址配置为 AAA Server 出接口（10GE-1/1）所在 VLAN 的 IP 地址 192.168.1.1，认证端口号和密钥的配置与 AAA Server 的一致，此处认证端口号为 1812，密钥为 123456，本端 IP 地址为 BRAS 的 loopback IP 地址，如图 3-39 所示。

图 3-39　认证服务器配置

（2）计费服务器配置

计费服务器 IP 地址配置为 AAA Server 出接口（10GE-1/1）所在 VLAN 的 IP 地址 192.168.1.1，计费端口号和密钥的配置与 AAA Server 的一致，此处计费端口号为 1813，密钥为 123456，本端 IP 地址为 BRAS 的 loopback IP 地址，如图 3-40 所示。

图 3-40　计费服务器配置

（3）Portal 服务器配置

Portal 服务器配置下的协议版本可选择 V1 和 V2 两种，Portal 认证是将 Wi-Fi 或者 WLAN 作为网络接入控制使用。实现 Port 认证需要联网的终端设备认证通过后才能接入互联网，保证网络有效利用，避免使用 Wi-Fi 工具破解 Wi-Fi 密码造成网络阻塞等。将 PORTAL 认证和 Radius 认证相结合，可有效防止 Wi-Fi 密码盗用问题。Portal 服务器 IP 地址配置为 Portal Server 出接口（10GE-1/1）所在 VLAN 的 IP 地址 192.168.1.5，重定向 URL 会根据配置的服务器 IP 地址自动生成，无须配置。Portal 服务器端口号及 BRAS 侦听端口号要与 Portal 上的配置一致，Portal 服务器端口号的默认值为 50100，BRAS 侦听端口号的默认值为 2000，本端 IP 地址为 BRAS 的 loopback IP 地址，如图 3-41 所示。

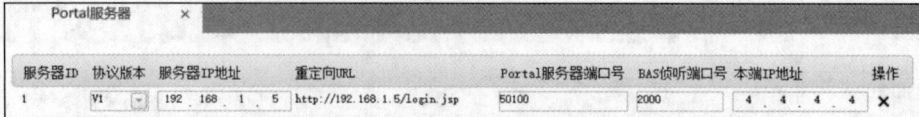

图 3-41　Portal 服务器配置

5. 域配置

通常只有需要认证和计费的 PPPoE 或 DHCP+Web 才需要进行域配置。具有相同认证、授权、计费属性的用户归属于同一个域。可以根据用户 AAA 特性的不同规划多个域，并指定关联的 AAA 服务器。专线用户或不涉及认证、计费的 DHCP 用户可不规划域。

通过配置域来限定终端用户的认证方式及计费方式等。域配置如图 3-42 所示。

图 3-42　域配置

6. 宽带虚接口配置

宽带虚接口是 BRAS 上的一个逻辑接口，以此接口作为用户的网关，可以同时关联多个物理接口。同时，宽带虚接口还具有用户上网控制的功能，例如设置用户的归属域、地址分配、访问控制等。在 IUV-TPS 仿真实训软件中，PPPoE、DHCP 等动态获取 IP 地址的用户，必须通过宽带虚接口来完成地址分配，并归属到域中。固定 IP 地址的业务，采用宽带虚接口作为网关，也可以增加灵活性和安全性。

宽带虚接口配置如图 3-43 所示。

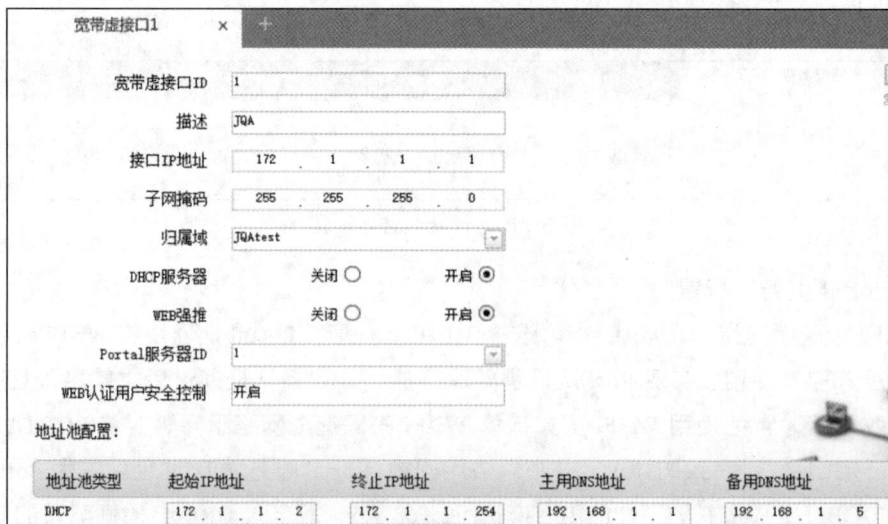

图 3-43　宽带虚接口配置

宽带虚接口配置中各项配置的解析如下。

宽带虚接口 ID：系统自动分配，默认从 1 开始递增。

接口 IP 地址：作为用户的网关地址。

子网掩码：确定接口 IP 地址的范围，必须能够包含地址池中地址的范围。

归属域：所有从此接口获取 IP 地址的用户，均归属到此域中，采用相同的 AAA 策略。

DHCP 服务器：只有作为 DHCP 服务器时开启，作为 PPPoE 和专线业务时关闭。

WEB 强推：只有 DHCP 业务需要采用 Web 认证时开启，其他情况关闭。

Portal 服务器 ID：WEB 强推开启后，此处为推送 Web 页面的服务器地址，此 Portal 服务器必须在服务器配置中先创建。

WEB 认证用户安全控制：在 WEB 强推开启时，此参数自动开启。当 WEB 认证用户安全控制开启时，只允许 DHCP 接入用户访问 WEB 强推的认证页面，而无法访问其他 IP 地址，实际上是一种访问控制。

地址池配置：地址池类型默认为 PPPoE 地址池，当 DHCP 服务器开启后，自动变为 DHCP 地址池。如果是固定 IP 终端的网关（如配置专线业务时，需配置其要绑定的宽带虚接口网关），可以不填写地址池各参数。

起始 IP 地址和终止 IP 地址必须与接口 IP 地址在同一网段。目前 IUV-TPS 仿真实训软件中 DNS 服务集成在 AAA Server 和 Portal Server 上，此处的 DNS 地址填写这两个服务器的 IP 地址。

宽带虚拟接口配置好后，需要进入步骤 3 的“OSPF 路由配置”→“OSPF 接口配置”中，将刚新增的宽带虚接口 1 的 OSPF 状态设置为启用，如图 3-44 所示。

OSPF接口配置 ×

接口ID	接口状态	ip地址	子网掩码	OSPF状态	OSPF区域	cost
40GE-1/1	up	192.168.1.18	255.255.255.252	启用	0	1
宽带虚接口1	up	172.1.1.1	255.255.255.0	启用	0	1
loopback 1	up	4.4.4.4	255.255.255.255	启用	0	1

图 3-44 启用宽带虚接口的 OSPF 功能

7. 限速模板配置

限速模板配置：只有当 BRAS 进行用户限速时才需要进行限速模板配置。

限速模板配置用来创建上行限速模板和下行限速模板，将 BRAS 与 AAA Server 相结合来实现对使用某一账号的用户进行限速。up 用作上行限速，峰值速率设置为 600kbit/s，down 用作下行限速，峰值速率设置为 900kbit/s，如图 3-45 所示。

限速模板配置 ×

限速模板ID	限速模板别名	承诺速率(kbit/s)	承诺突发量(kbit)	峰值速率(kbit/s)	峰值突发量(kbit)	操作
1	up	500	500	600	600	×
2	down	800	800	900	900	×

图 3-45 限速模板配置

8. 用户接入配置

用户接入配置分为两种，即动态用户接入配置和专线用户配置。

动态用户接入是用于 PPPoE 和 IPoE（DHCP+Web）封装类型业务接入的，用户在成功接入后动态获取 IP 地址；专线用户接入是用于固定 IP 地址的终端（需手动配置 IP 地址）接入的。本案例中用到的是动态用户接入，故只需对其进行配置即可。动态用户接入配置如图 3-46所示，专线用户配置如图 3-47 所示。

动态用户接入配置	×					
宽带子接口 ID		绑定宽带虚接口	封装类型	PPP认证方式	关联VLAN	操作
40GE-2/1 ▼ .1		1 ▼	IPoE ▼		156	✕

图 3-46　动态用户接入配置

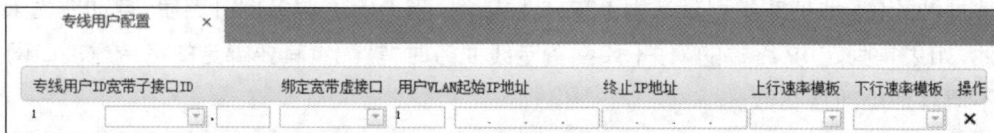

专线用户配置	×						
专线用户ID宽带子接口ID		绑定宽带虚接口	用户VLAN起始IP地址	终止IP地址	上行速率模板	下行速率模板	操作
1 ▼ .		1 ▼	. . .	. . .	▼	▼	✕

图 3-47　专线用户配置

至此，AAA Server、Portal Server、SW 和 BRAS 的配置已经完成，待其他配置完成后便可开通业务。

3.11.5　结果验证

进入"业务调测"→"业务验证"，选择"A 街区"，在"测试终端"中，找到 PC 测试终端，如图 3-48 所示。

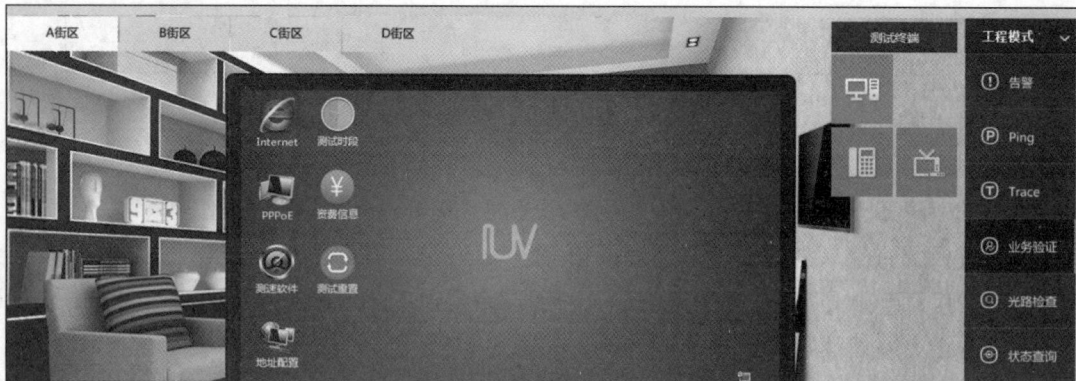

图 3-48　PC 桌面

单击图 3-48 中的 Internet 图标，弹出 Web 登录页面，在文本框内输入宽带账号——iuv，密码——123456，如图 3-49 所示。

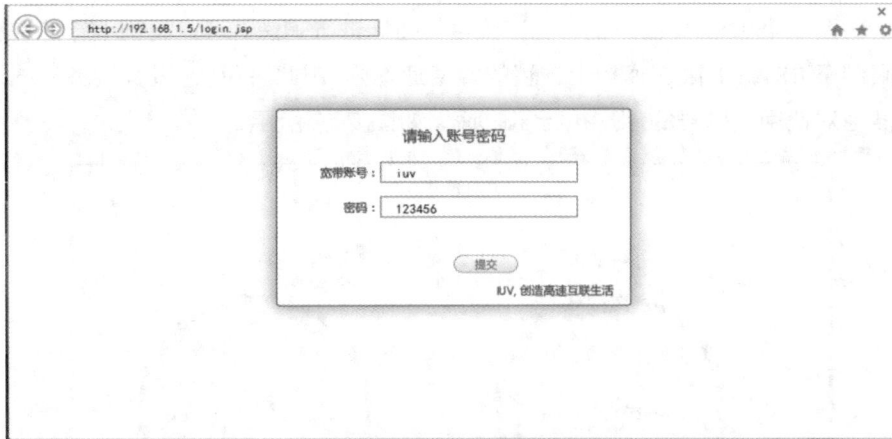

图 3-49　Web 登录页面

　　Web 用户名和密码验证成功后，会提示"正在尝试打开默认首页……"，并打开默认首页，如图 3-50 和图 3-51 所示。

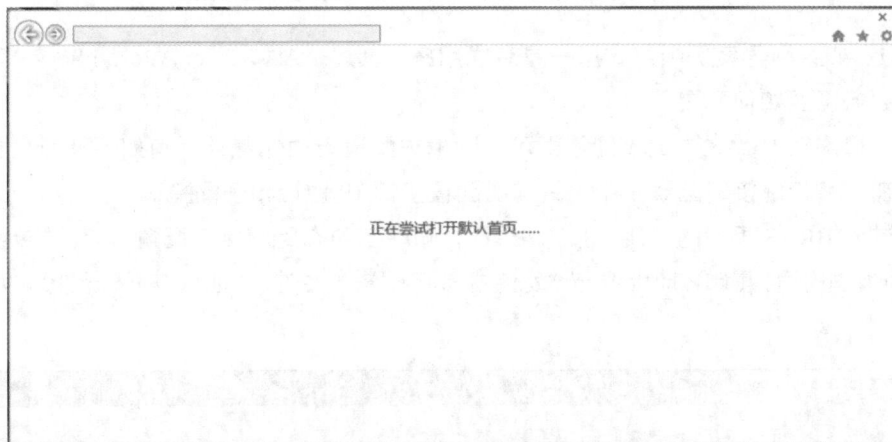

图 3-50　Web 验证成功后提示

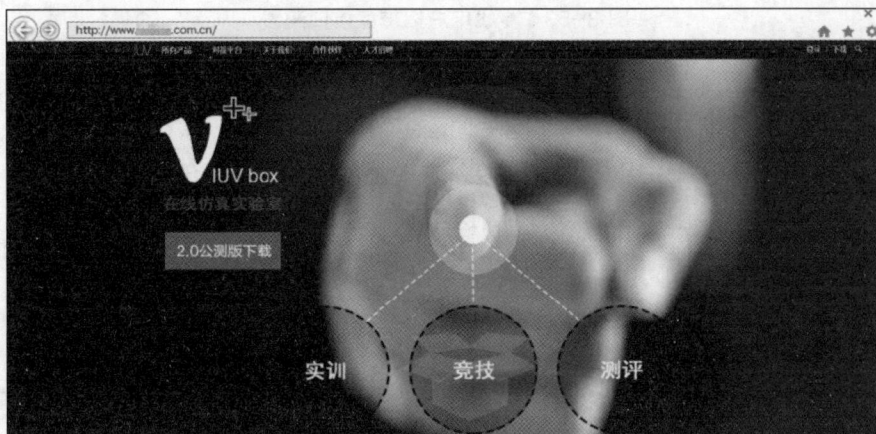

图 3-51　Web 验证成功后打开默认首页

此时单击图 3-48 中的桌面上的"测速软件"图标进行测速，可以看到上行速率和下行速率的值被限制于 BRAS 的限速模板上配置的峰值速率内。由此可见，通过 AAA Server 和 BRAS 的结合精准地对使用该账号的用户执行了限速，如图 3-52 所示。

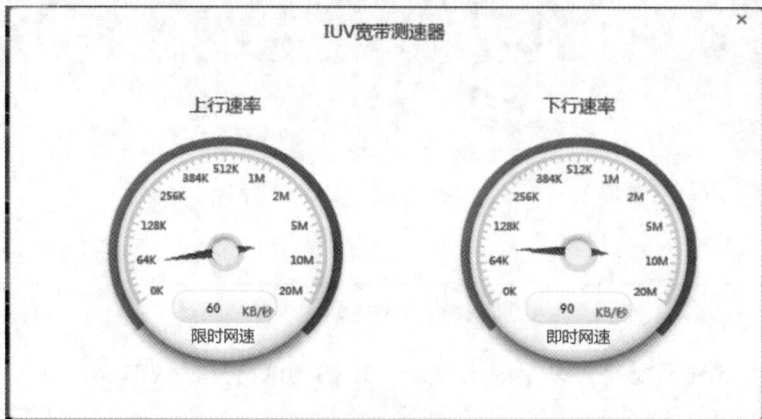

图 3-52　AAA Server 与 BRAS 的限速测试结果

思考 1：如果引导案例中终端用户是专线用户，上述 AAA Server、Portal Server 和 BRAS 等设备的业务需要如何配置？

提示：只需在 BRAS 中更改配置即可，除相关配置无须配置外，有如下几点需要注意。

（1）在"宽带虚接口配置"中，只需要配置接口 IP 地址和子网掩码。

（2）进入 BRAS 配置的"用户接入配置"，删除"动态用户接入配置"，在"专线用户配置"中，新增如下配置（IP 地址要与"宽带虚接口配置"中的 IP 地址在同一网段，如图 3-53 所示）。

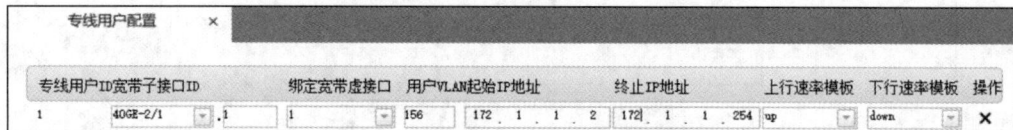

图 3-53　专线用户宽带虚接口配置

（3）进入"业务调测"→"业务验证"→"A 街区"，在测试终端 PC 桌面上找到"地址配置"，手动设置 IP 地址及子网掩码、网关地址（"宽带虚接口配置"中的 IP 地址）。

思考 2：如果终端用户采用 PPPoE 的接入方式上网，BRAS 又该如何配置？

提示：可参考 BRAS 配置中的步骤 6，这里不赘述。

【项目小结】

本项目从 AAA 概述、BRAS 原理及 Radius 协议等多个方面阐述了与网络中 BRAS 密切相关的 AAA，并对 AAA 的常用设备进行了介绍。最后，结合实训案例进一步深化对相关知识模块的理解。通过本项目内容的学习，读者能够掌握与 BRAS 相关的重要概念及业务配置。

【知识巩固】

一、单项选择题

1. Code=3 的 Radius 协议包属于（　　　）。

A．请求认证过程　　　　　　　　　　B．认证响应过程

C．请求计费过程　　　　　　　　　　D．认证拒绝过程

2. Radius Server 在实际组网中位置为（　　　）。

A．只能挂在网络接入服务器下

B．只能挂在网络接入服务器或其上端的设备中

C．可以挂在任意从网络接入服务器可以 ping 通的地方

D．以上都不对

3. 当前 BRAS 业务支持的动态用户主要有（　　　）。

A．IPoE 用户　　　B．IPTV 用户　　　　C．普通用户　　　D．不支持动态用户

二、判断题

1. 在本案例中 AAA Server 配置涉及物理接口配置、静态路由配置、系统设置、账号设置、DNS 配置等。（　　　）

2. Radius 服务器可以作为一个代理，以用户的身份与其他的 Radius 服务器或者其他类型的验证服务器进行通信。用户的漫游通常就是通过 Radius 代理实现的。（　　　）

3. BRAS 设备主要提供对 DSL 用户的计费、后台管理等功能；具有路由功能的 BRAS 设备位于骨干网的边缘层或城域网的汇聚层；提供大量宽带用户的接入，易于快速扩容和增加新功能，可支持 ADSL、LAN、无线接入等多种接入方式，满足各种不同类型的运营商和服务提供商的需求；具有简单、高效、统一的用户管理模式，提供灵活的多种认证、计费和管理方法。（　　　）

三、填空题

1. AAA 指的是＿＿＿＿＿＿、＿＿＿＿＿＿、＿＿＿＿＿＿。

2. 对于 BRAS 设备，它关键的功能特性包含以下几项：

＿＿＿＿＿＿＿＿＿＿＿＿＿＿＿＿＿＿＿、＿＿＿＿＿＿＿＿＿＿＿＿＿＿＿＿＿＿＿、
＿＿＿＿＿＿＿＿＿＿＿＿＿＿＿＿＿＿＿、＿＿＿＿＿＿＿＿＿＿＿＿＿＿＿＿＿＿＿。

3. Portal Web 服务器负责向客户端提供＿＿＿＿＿＿＿认证页面，并将客户端的＿＿＿＿＿＿＿信息（如用户名、密码等）提交给 Portal＿＿＿＿＿＿＿服务器。Portal 认证服务器用于接收 Portal 客户端认证请求的服务器端系统与接入设备交互认证＿＿＿＿＿＿＿的认证信息。Portal Web 服务器通常与 Portal 认证服务器是＿＿＿＿＿＿＿的，也可以是＿＿＿＿＿＿＿的服务器端系统。

4. 目前有多种 AAA 实现技术，每种技术都有其优缺点和不同的使用场景。比较流行的 AAA 实现技术有＿＿＿＿＿＿＿、＿＿＿＿＿＿＿、＿＿＿＿＿＿＿、＿＿＿＿＿＿＿等。

5. Portal 认证是 Wi-Fi 或者 WLAN 作为＿＿＿＿＿＿＿使用。实现 Portal 认证需要联网的终端设备＿＿＿＿＿＿＿后才能接入互联网，保证网络有效利用，避免使用 Wi-Fi 工具破解 Wi-Fi 密码

造成网络_____等。

四、简答题

1. 目前流行的 AAA 实现技术有哪些？
2. Radius 数据包结构是怎么样的？

【拓展知识】

表 3-10 项目 3 关键术语

缩略语	英文全称	中文全称
ACL	Access Control List	访问控制列表
CAR	Committed Access Rate	承诺访问速率
CBS	Committed Burst Size	承诺突发尺寸
CBWFQ	Class-Based Weighted Fair Queuing	基于类的加权公平队列
CQ	Customized Queue	定制队列
DSCP	Differentiated Services Code Point	区分服务码点
EBS	Excess Burst Size	超额突发尺寸
FIFO	First In First Out	先进先出
FTP	File Transfer Protocol	文件传送协议
GSM	Global System for Mobile Communications	全球移动通信系统
HTTPS	Hyper Text Transfer Protocol Secure	超文本传输安全协议
IPoE	IP over Ethernet	基于以太网的互联网协议
ISP	Internet Service Provider	因特网服务提供者
NAS	Network Attached Storage	网络附接存储
OSPF	Open Shortest Path First	开放最短路径优先
PBS	Peak Burst Size	峰值突发尺寸
PIR	Peak Information Rate	峰值信息速率
PQ	Priority Queue	优先队列
Radius	Remote Authentication Dial In User Service	远程身份认证拨号用户服务
RED	Random Early Detection	随机早期检测
TCP	Transmission Control Protocol	传输控制协议
VPDN	Virtual Private Dial Network	虚拟专有拨号网络
VSA	Vender-Specific Attribute	厂商特有属性
WFQ	Weighted Fair Queuing	加权公平队列
WRED	Weighted Random Early Detection	加权随机早期检测

项目4
VoIP原理及应用

04

【知识目标】

1. 了解 VoIP 基本原理。
2. 熟悉 H.248 协议。
3. 熟悉 SIP。
4. 了解 SS 设备。

【技能目标】

1. 掌握软交换设备 SS 的业务配置。
2. 能够配置基于 VoIP 的 BRAS 相关业务。
3. 具备配置 GPON 语音业务的能力。

【项目概述】

两个不同街区的用户需要开通 VoIP 语音业务，以便两个用户之间能够通过座机 1 和座机 2 互通电话，要求座机 1 是基于 SIP 的，座机 2 是基于 H.248 协议的。电话互通结构设计如图 4-1 所示。

1. 任务分析

要开通 VoIP 业务，首先需要弄清楚如下问题。

（1）VoIP 是什么？

（2）话机之间通话是通过什么机制来运转的？

（3）VoIP 业务需要用到哪些设备？

（4）业务是如何配置的？

2. 业务规划方案

某运营商在核心网机房部署 SS（Softswitch，软交换）设备，在中心机房、南城区汇聚机房、站点机房部署 RT、OTN、BRAS、OLT、Splitter、ONU 设备，这样既可以满足机房之间业务设备对接及路由器的连接需求，又可以保证整个链路的可靠性。

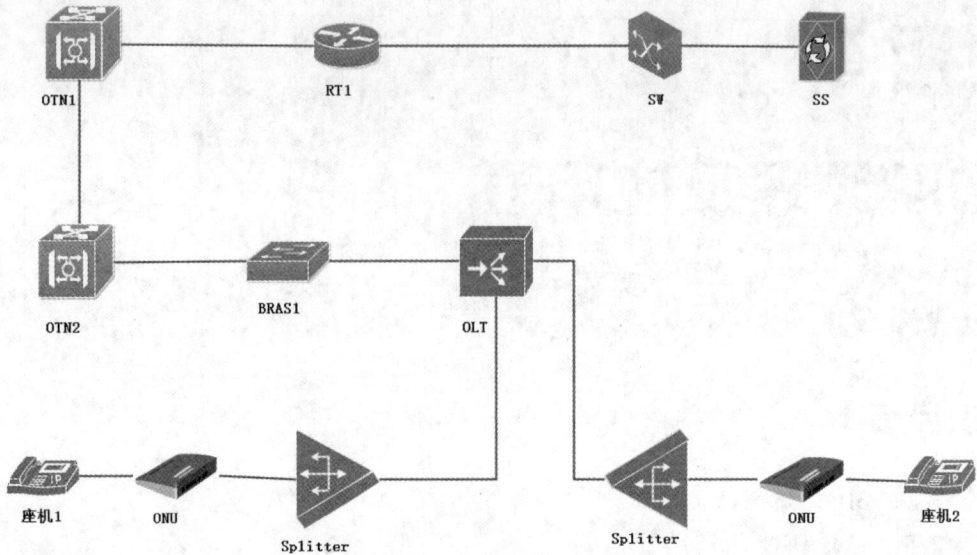

图 4-1　电话互通结构设计

3. 思考

SIP 和 H.248 协议的区别是什么？

【思维导图】

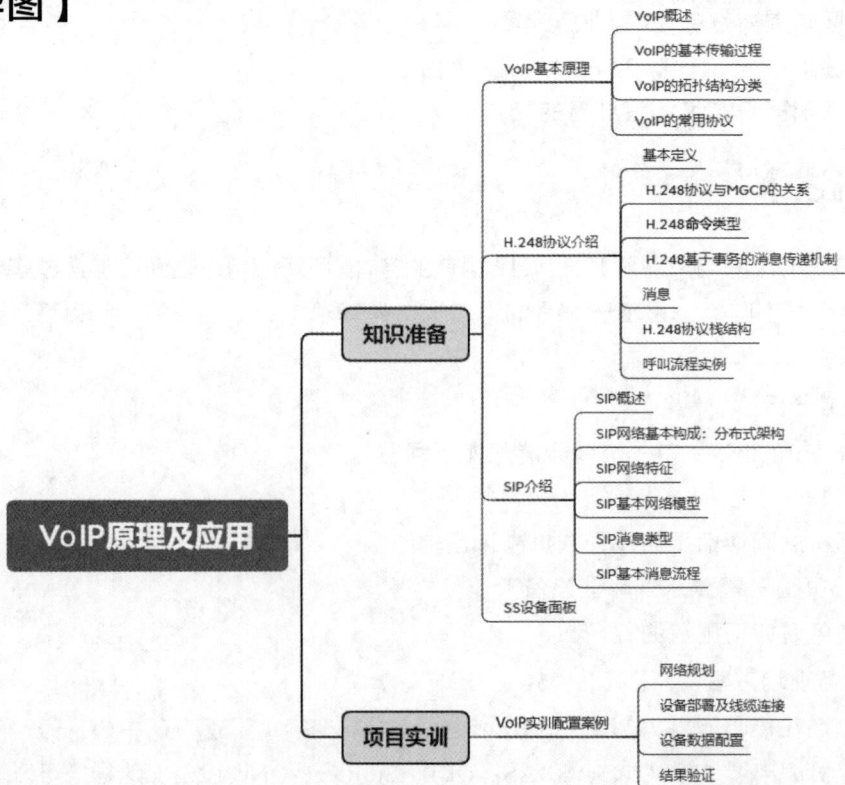

104

【知识准备】

VoIP 业务正以极快的速度扩张，全球 VoIP 知名服务商已达 1100 多家。其主要服务商有：Verizon（威瑞森通信公司）、Net2Phone（网络电话）等。传统运营商纷纷并购转型，新的 VoIP 服务商风起云涌。

4.1 VoIP 基本原理

通过语音压缩算法对语音数据进行压缩编码处理，然后将语音数据按照 TCP/IP 标准打包，经过 IP 网络把数据包发送到接收端，之后接收端将语音数据包串起来，经过解码、解压之后，恢复成原来的语音信号，从而达到利用互联网传送语音的目的。与 VoIP 相似的有 PSTN，它是一种日常生活中经常使用的电话网。由于 PSTN 是一种电路交换的方式，所以一条通路自建立直至释放，其全部带宽仅能被通路两端的设备使用，因此带宽利用率极低。

4.1.1 VoIP 概述

通过因特网进行语音通信是一个非常复杂的系统工程，其应用面很广，因此涉及的技术也特别多，其中最根本的技术是 VoIP 技术。可以说，因特网语音通信是 VoIP 技术的一个最典型的也是最有前景的应用领域之一。

4.1.2 VoIP 的基本传输过程

传统的电话网是以电路交换方式传输语音的，所要求的传输带宽为 64kbit/s。而所谓的 VoIP 是以 IP 分组交换网络为传输平台，对模拟的语音信号进行压缩、打包等一系列的特殊处理，使之可以采用无连接的 UDP 进行传输。

为了在一个 IP 网络上传输语音信号，要求几个元素和功能以最简单的网络形式由两个或多个具有 VoIP 功能的设备组成，这些设备通过一个 IP 网络连接。从图 4-2 中可以发现 VoIP 设备是如何把语音信号转换为 IP 数据流，并把这些 IP 数据流转发到 IP 目的地，IP 目的地又把它们转换回语音信号的。语音信号和 IP 数据流之间的网络必须支持 IP 传输，且可以是 IP 路由器和网络链路的任意组合。因此，图 4-2 所示的 VoIP 的模型结构包括如下 5 个阶段。

1. 模拟语音—数字语音转换

语音信号模拟波形，通过 IP 方式来传输语音，不管是实时业务还是非实时业务，都要首先对模拟语音信号进行数据转换，也就是对模拟语音信号进行 8 位或 16 位的量化，然后送入缓冲存储区中，缓冲器的大小可以根据延迟和编码的要求选择。许多低比特率的编码器是以帧为单位进行编码的，典型帧长为 10～30ms。考虑传输过程中的代价，语音包通常由 60ms、120ms 或 240ms 的语音数据组成。数字化可以使用各种语音编码方案来实现，目前采用的语

音编码标准主要为 ITU-T G.711。音源和目的地的语音编码器必须实现相同的算法，这样目的地的语音设备可以还原模拟语音信号。

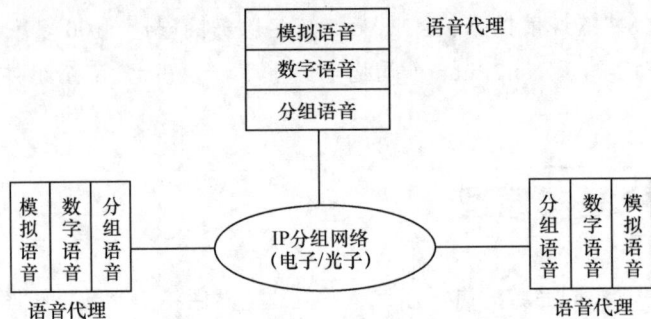

图 4-2　VoIP 的模型结构

2．数字语音—IP 数据流转换

一旦对语音信号进行数字编码，下一步就是对数字语音包以特定的帧长进行压缩编码转换为 IP 数据（分组语音）包。大部分的编码器都有特定的帧长，若一个编码器使用 15ms 的帧，则把第一步中的 60ms 的数字语音包分成 4 帧，并按顺序进行编码。每个帧头 120 个语音样点（抽样率为 8kHz）。编码后，将 4 个压缩的帧合成一个压缩的语音包并送入网络处理器。网络处理器为语音添加包头、时标和其他信息后通过网络传送到另一端点。语音网络简单地建立通信端点之间的物理连接（一条线路），并在端点之间传输编码的信号。IP 网络不像电路交换网络，它不形成连接，它要求把数据放在可变长的数据包或分组中，然后给每个数据包附带寻址和控制信息，并通过网络发送，一站一站地转发到目的地。

3．传送

在这个 IP 网络通道中，整个网络被看成一个从输入端接收语音包，然后在一定时间（t）内将其传送到网络对端的语音输出端。t 可以在某些范围内变化，它反映了网络传输中的抖动。网络中的中间节点检查每个 IP 数据包附带的寻址信息，并使用这个寻址信息把该数据包转发到目的地路径上的下一站。网络链路可以支持 IP 数据流的任何拓扑结构或访问方法。

4．IP 数据包—数字语音转换

目的地 VoIP 设备接收这个 IP 数据包并开始处理。网络提供一个可变长度的缓冲器，用来调节网络产生的抖动。该缓冲器可容纳许多语音包，用户可以选择缓冲器的大小。小的缓冲器产生延迟较小，但不能调节大的抖动。解码器将经过编码的分组语音包解压缩后产生新的分组语音包，分组语音包解压也可以按帧进行操作，分组语音包的长度和解码器的长度完全相同。若帧长度为 15ms，则 60ms 的分组语音包被分成 4 帧，然后它们被解码还原成 60ms 的数字语音数据流送入缓冲器。在数据包的处理过程中，去掉寻址和控制信息，保留原数据，然后把原数据提供给解码器。

5．数字语音—模拟语音转换

播放驱动器将缓冲器中的语音样点（共 480 个）取出送入声卡，通过扬声器按预定的频率（如 8kHz）播出。

简而言之，语音信号在 IP 网络上的传送要经过从模拟语音信号到数字语音信号的转换、数字语音封装成 IP 分组、IP 分组通过分组网络的传送、IP 分组的解包和数字语音还原到模拟语音信号等过程，如图 4-3 所示。

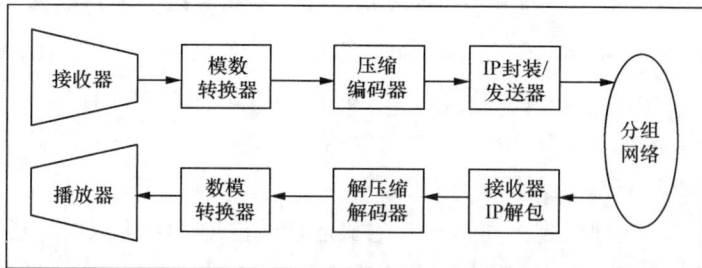

图 4-3　VoIP 的基本传输过程

4.1.3　VoIP 的拓扑结构分类

与所有通信系统一样，参与 VoIP 业务的设备也可以被划分为网络侧设备（如服务器、各种网关）和用户侧设备（如终端）两类。从 VoIP 终端设备是否参与为其他 VoIP 提供服务的角度来看，可以把 VoIP 的拓扑结构大致划分为集中式（只由网络设备提供服务，终端设备只是 VoIP 服务的消费者）和分布式（由网络设备和终端设备协同提供 VoIP 服务）两类。

1. 集中式 VoIP

（1）第一阶段：H.323 协议

目前全球大多数商用 VoIP 网络都是基于 H.323 协议构建的。H.323 协议是 ITU-T 为分组交换网络的多媒体通信系统设计的（目前主要用于 VoIP），主要由网关、网守及后台认证和计费等支撑系统组成。网关是完成协议转换和媒体编解码的主要设备，而网守则是完成网关之间的路由交换、用户认证和计费的控制层设备。

基于 H.323 协议的 VoIP 系统本身就是从电信级网络的角度出发而设计的，它有着传统电信网的多种优点，如易于构建大规模网络、网络的可运营和可管理性较好、不同厂商设备之间的互通性较好等。然而，在实际部署和实施时也遇到了一些问题，例如协议设计过于复杂、设备成本高、投资建设成本高和协议扩展性较差等。

（2）第二阶段：H.248/MGCP

在下一代网络（Next-Generation Network，NGN）的研究过程中，几年前出现了"以软交换为核心的下一代网络"的说法。所谓软交换，其核心思想是控制、承载和业务分离，采用软交换做控制，不同媒体网关做媒体处理来提供语音、文本、视频等多媒体业务（甚至支持移动性）。其核心协议是与媒体相关的控制协议，主流的协议是 ITU-T 制定的 H.248 协议和 IETF（Internet Engineering Task Force，互联网工程任务组）制定的媒体网关控制协议（Media Gateway Control Protocol，MGCP）。

软交换的主要作用是逐步把传统电话网络 IP 化，可以起到承上启下的作用，但当用户都以 IP 方式连接在网络上的时候，软交换就完成了其"历史使命"，因此软交换属于一种 VoIP

的过渡技术。

（3）第三阶段：SIP/IMS

在向 NGN 演进的过程中，SIP 越来越引起业务的关注，基于该协议开发的系统，用户终端无论在何处接入互联网，都可以通过域名找到其归属服务器来进行语音和视频等的通信。自 3GPP（3rd Generation Partnership Project，第三代合作伙伴计划）在 R5 的 IP 多媒体子系统（IP Multimedia Subsystem，IMS）中宣布以 SIP 为核心协议以来，ETSI（European Telecommunications Standards Institute，欧洲电信标准组织）和 ITU-T 又在其 NGN 体系中采用了 IMS，使得 SIP 正在成为人们关注的热点。

SIP 在消息发送和处理机制上具有一定的灵活性，使用 SIP 可以很方便地实现一些 VoIP 的补充业务，例如各种情况下的呼叫前转、呼叫转接、呼叫保持、即时消息等业务。

2. 分布式 VoIP

近年来，以 Skype 为代表的分布式 VoIP 开始快速兴起，给传统电信业务带来一股强烈的冲击波。Skype 主要提供 VoIP 及其增值业务，其推出的软件和应用包括 Skype、SkypeIn、SkypeOut、即时消息、电话会议及 Skype Voicemail 等。

Skype 具有很多优点，例如使用 P2P（Peer-to-Peer，点对点或端对端）技术对全部用户的计算机资源进行连接和管理（或共享）、良好的移动性支持、网络地址翻译/防火墙穿越能力和优异的语音编解码质量等。这些优点在 PC2PC 工作方式的 Skype 中得到很好的体现，但在 SkypeOut 提供的 Skype 到固定电话或者 Skype 到手机的通话中音质失真严重，影响了 Skype 到固定电话或手机的通话质量。

当然，Skype 也存在一些其他问题。例如其他 Skype 用户占用 PC 上的资源，包括网络带宽等，这将使得用户计算在接收呼叫时发生延迟。另外，可以利用 Skype 发送蠕虫病毒和其他网络病毒。这些不可管理性使得 Skype 只能通过免费的方式走向市场。

4.1.4　VoIP 的常用协议

VoIP 所涉及的协议分为两大类：信令协议和媒体协议。

（1）信令协议用于建立、维护和拆除一个呼叫连接，如 H.323、MGCP、H.248 和 SIP 等。

（2）媒体协议用于建立呼叫连接后语音数据流的传送，如 RTP、RTCP、T.38 和语音编解码协议等。

4.2 节和 4.3 节将介绍两个典型的信令协议——H.248 和 SIP。

VoIP 的常用协议

4.2　H.248 协议介绍

H.248 协议是 H.248/MeGaCo 协议的简称，它是在早期的 MGCP 基础上改进而成的。
248/MeGaCo 协议是用于连接媒体网关控制器（Media Gateway Controller，MGC）与 MG

的网关控制协议，应用于 MG 与软交换之间及软交换与 H.248/MeGaCo 终端之间，是软交换应支持的重要协议。

4.2.1 基本定义

H.248/MeGaCo 协议，简称 H.248 协议，是由 IETF、ITU-T 制定的 MGCP，用于 MGC 和 MG 之间的通信。它的主要功能是将呼叫和承载连接进行分离，通过对各种业务网关如中继网关（Trunk Gateway，TG）、接入网关（Access Gateway，AG）等的管理，实现分组网络和 PSTN 的业务互通。

H.248 协议由以下几部分组成。

1. 终端

终端是能够发送或接收一种或多种媒体流的逻辑实体，分为半永久终端和临时终端。物理用户端口是一种半永久终端，而 VoIP RTP 语音流是一种临时终端。每个终端都有唯一的终端 ID，用来标识这个终端。

还有一种特殊的 Root 终端，代表 MG 本身。

2. 关联域

关联域也称为上下文，表示一组终端之间的联系。例如在一次呼叫中，主叫的用户终端和主叫 RTP 流绑定成一个关联域；在呼叫结束后，用户终端和 RTP 终端从这个关联域中删除。

空关联域：包含所有那些与其他终端没有联系的终端，例如所有的空闲用户线被作为终端包含在空关联域中。在用户终端和 RTP 终端绑定之前，用户终端包含在空关联域中。

一个关联域中至少包含一个终端，否则此关联域将被删除。同时一个终端在任一时刻也只能属于一个关联域。

3. 终端 ID

终端可用终端 ID（Termination ID，TID），即用户电路 ID 进行标识，TID 由 MG 分配。

TID 可以使用 "ALL" 和 "CHOOSE"。"ALL" 表示多个终端，在文本格式的 H.248 信令跟踪中以 "*" 表示。这在 H.248 刚建链初始化端口的时候会用到。"CHOOSE" 则用来指示 MG 必须自己选择符合条件的终端，在文本格式的 H.248 信令跟踪中以 "$" 表示。这在 SS 让 AG 增加关联域的时候，让 AG 选择 RTP 流端口时会用到。

TID 类似 V5 接口的 L3 地址，不需要在 MG 侧配置用户号码，只需配置 TID，把用户物理位置与 TID 对应。MG 侧配置好用户 TID 后，告诉 SS，SS 侧要配置用户号码（把用户号码与用户 TID 对应），因为 TID 是唯一的，这样 MG 的物理端口就与用户号码对应了。

4. 终端特性

（1）属性：例如服务状态、媒体信道属性等。

（2）事件：例如摘机、挂机等。

（3）信号：例如拨号音、双音多频（Dual Tone Multi Frequency，DTMF）信号等。

（4）统计：采集并上报给 MGC 的统计数据。

5. 描述符

相关的终端特性被组合成描述符，H.248 V1 共定义了 19 个描述符，可以分为以下 7 类。

（1）终端状态和配备：TerminationState、Modem。

（2）媒体流相关属性：Media、Stream、Local、Remote、LocalControl、Mux。

（3）事件相关特性：Events、DigitMap、EventBuffer、ObservedEvents。

（4）信号特性：Signals。

（5）特性监视和管理：Audit、Statistics、Packages、ServiceChange。

（6）关联域特性：Topology。

（7）出错指示：Error。

4.2.2 H.248 协议与 MGCP 的关系

H.248 协议与 MGCP 都属于媒体网关控制协议，用于 MGC 和 MG 之间的通信。

H.248 协议定义及与 MGCP 的关系

H.248 和 MeGaCo 是同一种协议，它们是由 ITU-T 与 IETF 在 MGCP 的基础上共同制定的，ITU-T 称为 H.248 协议，而 IETF 称为 MeGaCo 协议。

由于 MGCP 在描述能力上的欠缺，限制了其在大型网关上的应用。对于大型网关，H.248 协议是一个好的选择。

与 MGCP 用户相比，H.248 协议除了支持文本编码方式外，还增加了二进制编码方式，此外，传输层协议也可选择 UDP、TCP、SCTP（Stream Control Transmission Protocol，流控制传输协议）等多种协议承载。

H.248 协议是 MGCP 的后继协议和替代者，随着 NGN 的不断发展，H.248 协议将得到越来越广泛的应用。

4.2.3 H.248 命令类型

H.248 协议定义了 8 个命令用于对协议连接模型中的逻辑实体（如关联域和终端）进行操作和管理。命令提供了实现对关联和终端进行完全控制的机制。

H.248 协议规定的命令大部分都用于 MGC 对 MG 的控制，通常 MGC 作为命令的始发者发起，MG 作为命令的响应者接收。但是 Notify 命令和 ServiceChange 命令除外，Notify 命令由 MG 发送给 MGC，而 ServiceChange 命令既可以由 MG 发起，也可以由 MGC 发起，如图 4-4 所示。

命令的解释如表 4-1 所示。

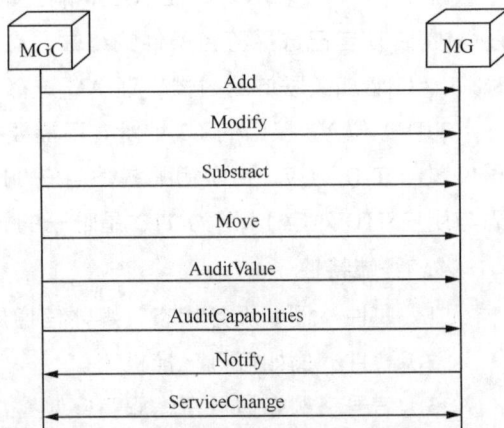

图 4-4 H.248 命令类型

表 4-1　命令的解释

命令	含义
Add	使用 Add 命令可以向一个关联域中添加一个终端。当使用 Add 命令向空关联域中添加一个终端时，默认创建了一个关联域
Modify	修改终端属性、事件和信号
Substract	删除终端与它所在关联域之间的关联，并返回终端处于该关联域期间的统计特性
Move	将终端从一个关联域转到另一个关联域
AuditValue	获取终端属性、事件、信号和统计的当前信息
AuditCapabilities	获取终端属性、事件、信号和统计的所有可能的信息值
Notify	向 MGC 报告 MG 中发生的事情
ServiceChange	MG 向 MGC 报告一个或一组终端将要退出或者进入服务，或 MGC 向 MG 报告即将开始或者已经完成重启

4.2.4　H.248 基于事务的消息传递机制

1. 事务

（1）MG 和 MGC 之间的一组命令组成了事务（Transaction）。

（2）事务由事务 ID 来标识。

（3）事务由一个或者多个动作（Action）组成。

（4）一个动作又由一系列命令（Command）组成。

（5）这些命令都局限在一个关联域内，因而每个动作通常指定一个关联域 ID（Context ID）来标识。

2. 事务 ID

事务由事务 ID（Transaction ID）标识，事务 ID 是由事务发起方分配并在发送方范围内的唯一值。例如 AG 发出的事务 ID 由 AG 分配，并且是唯一且递增的。SS 发出的事务 ID 由 SS 分配，也是唯一且递增的。AG 发出的事务 ID 与 SS 发出的事务 ID 没有关系。

3. 基于事务的三次握手机制

基于事务的三次握手机制如图 4-5 所示，每次事务都由 TransactionRequest（事务请求）→TransactionReply（事务应答）→TransactionResponseAck（事务应答确认）这 3 个消息保证事务的正确传送。在信令上看就是 T→P→K 这 3 个消息。如果 TransactionRequest 没有在规定的时间内完成，就会发送 TransactionPending（事务处理中）提示对方

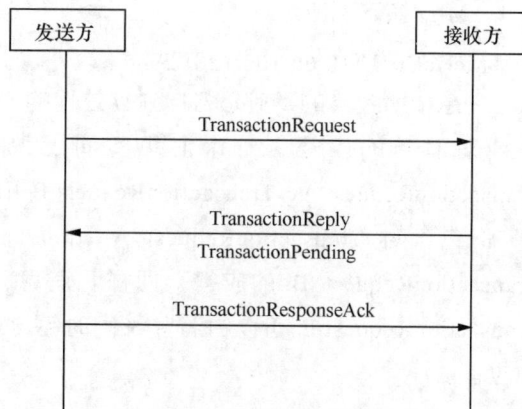

图 4-5　基于事务的三次握手机制

本端还在处理，避免让对方误以为没有成功送达消息。

通过三次握手机制，即使传输采用 UDP，也能保证事务的可靠传输。

4.2.5　消息

一个消息（Message）由多个事务组成，消息的组成如图 4-6 所示。

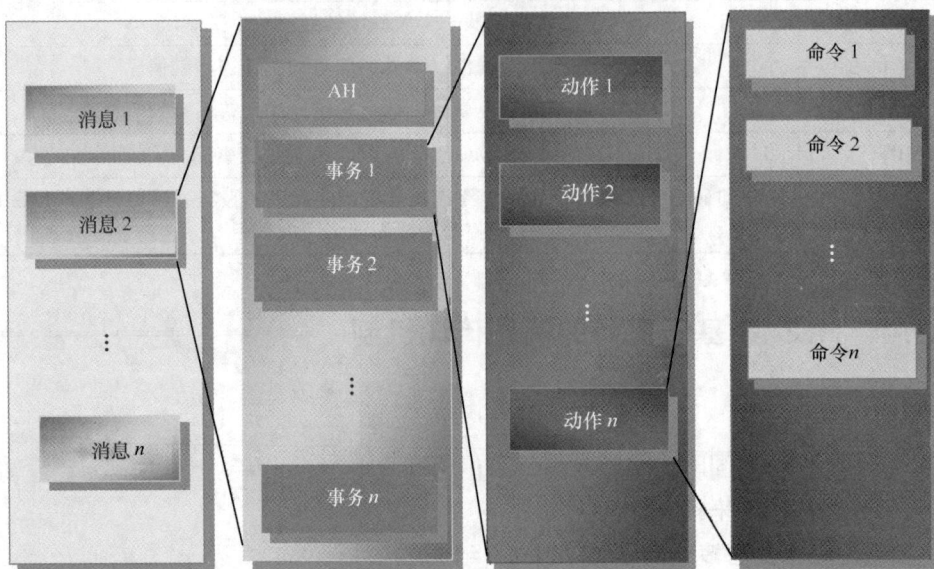

图 4-6　消息的组成

每个消息都有一个消息头，其中包含标识消息发送者的标识符。可以将消息发送者的名称（如域地址/域名/设备名）作为消息标识符（Message Identifier，MID）。H.248 协议建议使用域名作为默认的 MID。在一对 MGC 和 MG 具有控制关系期间，一个 H.248 实体（MG 或 MGC）在它作为发起方发送的消息中必须始终如一地使用同一个 MID。消息包括一个版本字段用于标识消息所遵从的协议版本。版本字段为 1 位或 2 位数，目前所采用的协议版本为版本 1。MID 如下例所示：

MeGaCo/1 [10.66.100.128]:2944

消息中所包含的事务是各自独立处理的。消息不规定任何顺序，也无所谓消息的应用程序或对消息的应答。一个消息实质上只是一个传输的机制。例如，消息 X 包括 TransactionRequest A、TransactionRequest B 和 TransactionRequest C，对它的响应可以是由消息 Y 包含对 TransactionRequest A 和 TransactionRequest C 的应答，由消息 Z 包含对 TransactionRequest B 的应答。同样，消息 L 包括 TransactionRequest D，消息 M 包括 TransactionRequest E，可以由消息 N 同时包含对 TransactionRequest D 和 TransactionRequest E 的应答。

4.2.6　H.248 协议栈结构

H.248 协议栈结构如图 4-7 所示。

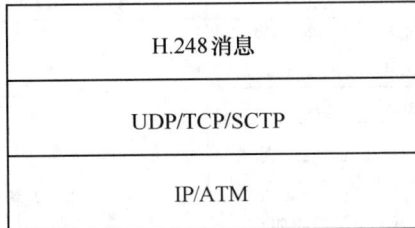

H.248 消息
UDP/TCP/SCTP
IP/ATM

图 4-7　H.248 协议栈结构

（1）网络层协议一般采用 IP，也可以采用 ATM 协议。

（2）传输层协议可以采用 UDP、TCP 和 SCTP，目前中兴公司采用的是 UDP。

（3）H.248 协议定义的通信端口号固定为 2944（文本方式编码）和 2945（二进制方式编码）。

4.2.7　呼叫流程实例

图 4-8 所示为同一 SS 下 MG 用户呼叫 MG 用户的 H.248 呼叫流程实例，其中省去了大部分的 Reply 和 TransactionResponseAck。图 4-9 所示为 H.248 呼叫结束实例。

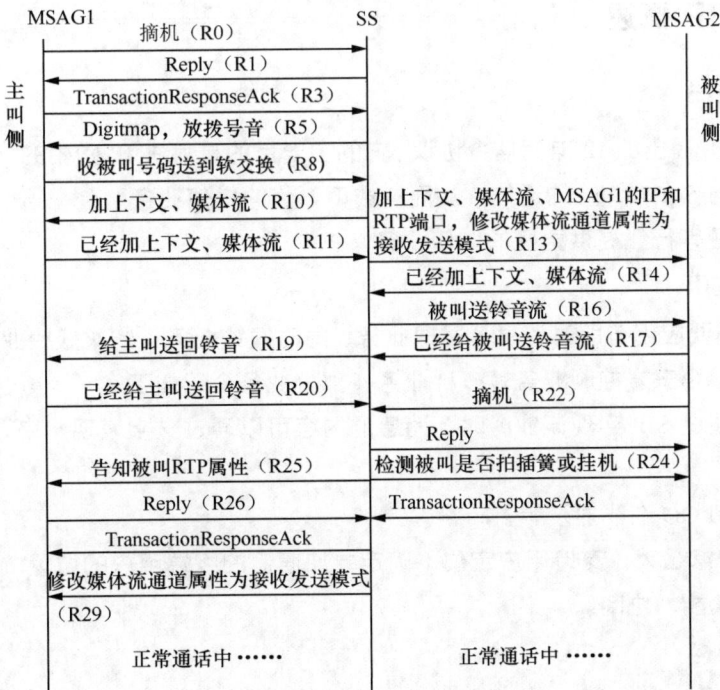

图 4-8　H.248 呼叫流程实例

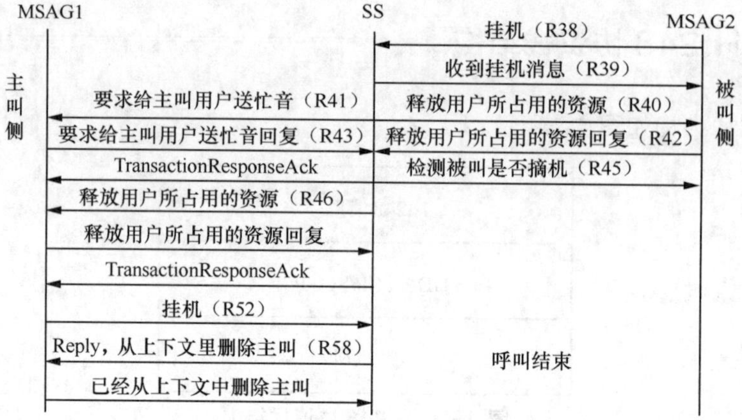

图 4-9 H.248 呼叫结束实例

4.3 SIP 介绍

SIP 作为应用层信令控制协议，为多种即时通信业务提供完整的会话创建和会话更改服务，由此，SIP 的安全性对于即时通信的安全起着至关重要的作用。SIP 出现于 20 世纪 90 年代中期，源于哥伦比亚大学亨宁 · 舒尔茨林内（Henning Schulzrinne）及其研究小组的研究。舒尔茨林内教授除与人共同提出通过 Internet 传输实时数据的 RTP 外，还与人合作编写了 RTSP 标准提案，用于控制音频、视频内容在 Web 上的流传输。

4.3.1 SIP 概述

1. 什么是 SIP

SIP 是由 IETF 提出的 IP 电话信令协议。它的主要目的是解决 IP 网中的信令控制，以及与 Softswitch 的通信，从而构成下一代的增值业务平台，给电信、银行、金融等行业提供更好的增值业务。

SIP 概念及结构

2. SIP 的应用

SIP 当前的主要应用有即时消息、呈现业务、同时振铃业务、依次振铃业务、用户漫游、用户号码可携带、第三方控制业务等多种业务，部分业务介绍如下。

即时消息：通过 SIP 实现该业务时，消息的内容可以通过文字表现出来，实现文字聊天业务。

呈现业务：如 QQ 在线显示等。

SIP 的功能非常强大，支持用户定位（确定参加通信的终端用户的位置，如 IP 地址等），可以进行用户通信能力协商。

3. SIP 的结构

SIP 的结构如图 4-10 所示，各功能模块说明如下。

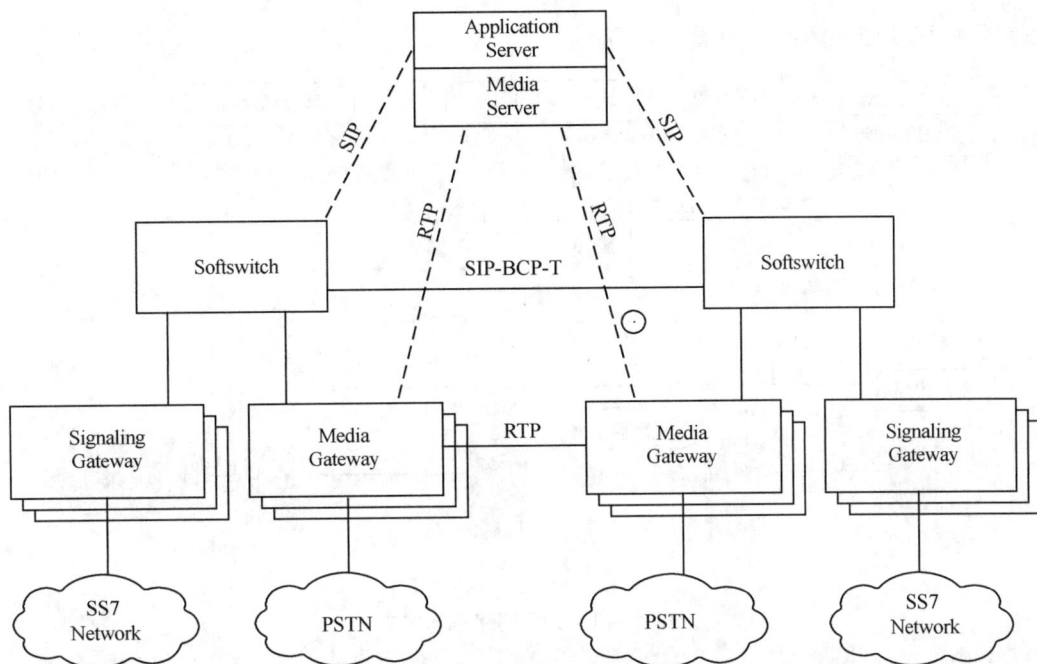

图 4-10　SIP 的结构

（1）Softswitch：主要实现连接、路由和呼叫控制、关守和带宽的管理及话务记录的生成。

（2）Media Gateway：提供电路交换网（即传统的 PSTN）与分组交换网络（如 IP、ATM 网）中信息转换（包括语音压缩、数据检测等）。

（3）Signaling Gateway：提供 PSTN 与 IP 网间的协议的转换。

（4）Application Server：运行和管理增值业务的平台，与 Softswitch 用 SIP 进行通信。

（5）Media Server：提供媒体和语音资源的平台，同时与 Media Gateway 进行 RTP 流的传输。

使用 SIP 作为 Softswitch 和 Application Server 之间的接口，可以实现呼叫控制的所有功能。同时 SIP 已被 Softswitch 接受为通用的接口标准，从而可以实现 Softswitch 之间的互联。

4.3.2　SIP 网络基本构成：分布式架构

SIP 是一个 C/S 协议。SIP 端系统包括用户代理客户端（User Agent Client，UAC）和用户代理服务器（User Agent Server，UAS），其中 UAC 的功能是向 UAS 发起 SIP 请求消息，UAS 的功能是对 UAC 发来的 SIP 请求返回相应的应答。在 SS（Softswitch）中，可以把控制中心 Softswitch 看成一个 SIP 端系统。

在 IP 电话系统中，与 PSTN 互通的网关也相当于一个端系统。

按逻辑功能区分，SIP 网络由 5 种部件组成：用户代理、代理服务器、重定向服务器、位置服务器和注册服务器，如图 4-11 所示。

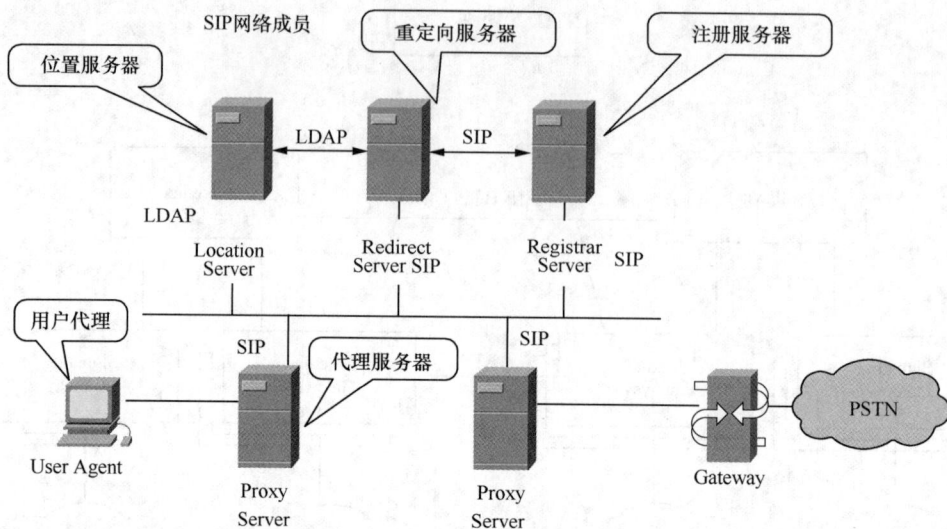

图 4-11　SIP 网络基本构成

除了以上部件，网络还需要提供位置目录服务，以便在呼叫接续过程中定位被叫方（服务器或用户端）的具体位置。这部分协议不是 SIP 的范畴，可选用轻量目录访问协议（Lightweight Directory Access Protocol，LDAP）等。

理论上，SIP 呼叫可以只有双方的用户代理参与，而不需要网络服务器。设置网络服务器，主要是满足服务提供者运营的需求。运营商通过网络服务器可以实现用户的认证、授权和计费等功能，并根据策略对用户呼叫进行有效的控制。同时可以引入一系列应用服务器，提供丰富的智能业务。

SIP 的组网很灵活，可根据情况定制。在网络服务器的分工方面：位于网络核心的服务器，处理大量请求，负责重定向等工作，它是无状态的，可独立地处理每个消息，而不必跟踪记录一个会话的全过程；位于网络边缘的服务器，处理局部有限数量的用户呼叫，它是有状态的，负责对每个会话进行授权和计费，需要跟踪记录一个会话的全过程。这样的协调工作既可保证对用户和会话的可管理性，又可使网络核心负担大大减轻，实现可伸缩性，基本可以接入无限量的用户。SIP 网络具有很强的重路由选择能力，具有很好的弹性和健壮性。

4.3.3　SIP 网络特征

SIP 可分为三大逻辑实体：SIP Proxy、SIP Server、SIP UA。

1. SIP Proxy

从逻辑上讲，代理主要的功能是将 SIP 信息包转发给目的用户。它最低限度要包括用户代理功能。在具体实现中，它还应该实现以下功能。

- 呼叫计费。包括强制路由选择。

- 防火墙（可选）。
- 通过查询 DNS，选择 SIP 服务器。
- 检测环路。在路径上包含 Fork Proxy Server，可能会有环路产生，必须检测。
- 非 SIP URI 解释功能。传递 SIP 包到适当的目的地址中。
- 丢弃 Via Header 中最上面一个不是自己地址的 SIP 包。
- 特定的 Proxy 将实现 IP 地址到 PSTN 之间的网关功能。提供 IP 地址、电话、E-mail 之间的交互。
- 根据传递要求，对 Via 和 Record Route 进行相应修改。
- 根据收到的 Cancel，立即发送 200 应答（快速应答）。
- 通过查询 Location Server 和 Redirect Server，查找目的用户的地址。

2. SIP Server

SIP Server 主要作为信息数据库，为 Proxy 提供服务。Server 主要分为 3 类。

（1）Location Server：存储 SIP 地址对一个或多个 IP 地址的映射，主要面向 Proxy Server 和 Redirect Server。

（2）Redirect Server：接收查询请求，通过 Location Server 找到对应的地址列表，把结果返回给用户。

（3）Registrar Server：接收 SIP 终端的 Register 请求，将 SIP 地址和 IP 地址组对写入 Location Server 的数据库中。

以上各种服务器可共存于一个设备，也可以分布在不同的物理实体中。

3. SIP UA

UA 是 SIP 的一个逻辑实体，它包括 UAC/UAS。UAC/UAS 角色只在同一个事务中保持不变。UA 的主要功能是通过发送 SIP 请求发起一个新的事务，发送 SIP Final answer 或者 SIP ACK 请求结束当前事务。实现中，应包含以下功能。

- 生成 record_set。
- UAS 按一定规则接受、拒绝或重定向 SIP 请求。
- UAC 能够选择适当的 protocal/port 接收应答和发送请求。
- 重发和重发终止，实现通信的可靠性。
- 能够解释互联网控制报文协议（Internet Control Message Protocol，ICMP），收到 ICMP 差错报文的错误之后，将它映射到相似的状态码（Status Code）处理过程。

4.3.4　SIP 基本网络模型

SIP 基本网络模型如图 4-12 所示。

（1）SIP UA 在主叫方发起呼叫后，首先去找代理服务器，其负责接收 UA 发来的请求，根据网络策略将请求发给相应的服务器，并根据收到的应答对用户做出响应。代理服务器可以根据需求对收到的消息进行改写后再发出。

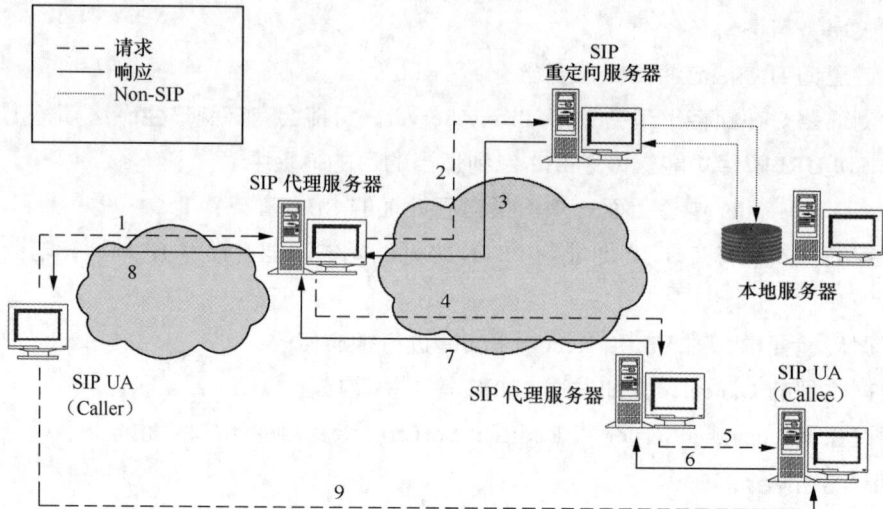

图 4-12　SIP 基本网络模型

（2）当主叫方（caller）找不到被叫方（callee），即被叫方发生了位置更新后，代理服务器向重定向服务器发送更新的位置请求，重定向服务器收到请求后，把请求中的原地址映射为 0 个或多个地址（一号多机），会直接返回被叫方的新位置（号码存在重定向服务器中）或通过位置服务器将被叫方新的位置返回给呼叫方（号码存在位置服务器中，位置服务器存储量大），呼叫方可以根据得到的新位置重新呼叫。

（3）主叫方成功找到被叫方后直接通过主叫方的策略服务器与被叫方的策略服务器建立连接从而成功实现双方呼叫。

4.3.5　SIP 消息类型

SIP 虽然主要为 IP 网络设计，但它并不关心承载网，它是应用层协议，可以运行于 TCP、UDP、SCTP 等各种传输层协议之上，也可以在 ATM、帧中继等承载网中工作。

1. SIP 消息基本模式

（1）SIP 是一个 C/S 协议。协议消息分为请求和响应两类；协议消息的目的是建立或终结会话。

（2）邀请是 SIP 的核心机制。

（3）响应消息分为两类：中间响应和最终响应。

2. SIP 请求消息

SIP 定义了以下几种方法。

（1）INVITE

INVITE 方法用于邀请用户或服务参加一个会话。在 INVITE 请求的消息体中可对被叫方被邀请参加的会话加以描述，如主叫方能接收的媒体类型、发出的媒体类型及一些参数；对 INVITE 请求的成功响应必须在响应的消息体中说明被叫方愿意接收哪一种媒体，或者说明被叫方发出的媒体。

服务器可以自动地用状态码 200（OK）响应来响应会议邀请。

（2）ACK

ACK 请求用于客户端向服务器证实它已经收到了对 INVITE 请求的最终响应。ACK 只和 INVITE 请求一起使用。对响应状态码为"2××"的最终响应的证实由客户端用户代理发出，对其他最终响应的证实由收到响应的第一个代理或第一个客户端用户代理发出"*"。

（3）OPTION

SIP IP 电话系统还提供了一种让用户在不打扰对方用户的情况下查询对方通信能力的手段。可查询的内容包括对方支持的请求方法、支持的内容类型、支持的扩展项、支持的编码等。

能力查询通过 OPTION 请求消息来实现。当 UA 想要查询对方的能力时，它构造一个 OPTION 请求消息，发送给对方。对方收到该请求消息后，将自己支持的能力通过响应消息回送给查询者。如果此时自己可以接受呼叫，就发送成功响应（状态码为 200）；如果此刻自己忙，就发送自身忙响应（状态码为 486）。因此，能力查询过程也可以用于查询对方的忙闲状态，看是否能够接受呼叫。对于代理服务器和重定向服务器只需转发此请求，不用显示其能力。

（4）BYE

UA 客户端用 BYE 请求向服务器表明它想释放（挂断）呼叫。

BYE 请求可以像 INVITE 请求那样被转发，可由主叫方发出也可由被叫方发出。呼叫的一方在释放呼叫前必须发出 BYE 请求，收到 BYE 请求的这方必须停止发送媒体流给发出 BYE 请求的一方。

（5）CANCEL

CANCEL 请求用于取消一个 Call-ID、To、From 和 Cseq 字段值相同的正在进行的请求，但取消不了已经完成的请求（如果服务器返回一个最终状态响应，则认为请求已完成）。

（6）REGISTER

REGISTER 用于客户端向 SIP 服务器注册列在 To 字段中的地址信息。

（7）INFO

INFO 是对 SIP 的扩展，用于传递会话产生的与会话相关的控制信息，如 ISDN 用户部分（ISDN User Part，ISUP）和 ISDN 信令消息，有关此方法的使用还有待标准化，详细内容参见 IETF RFC 2976。

3. SIP 响应消息

SIP 中用 3 位整数的状态码（Status Code）或原因码（Reason Code）来表示对请求做出的回答。状态码用于机器识别操作，原因短语（Reason-Phrase）是对状态码的简单文字描述，用于人工识别操作。其格式如下：

Status Code = 1××（Informational）

2××（Success）

3××（Redirection）

4××（Client Error）

5××（Server Error）

6××（Global Failure）

状态码的第一个数字定义响应的类别，在 SIP 2.0 中第一个数字有 6 个值，定义如下。

1××（Informational）：请求已经收到，继续处理请求。

2××（Success）：行动已经成功地处理，理解和接受。

3××（Redirection）：为完成呼叫请求，还需要采取进一步的动作。

4××（Client Error）：请求有语法错误或不能被服务器执行。客户端需修改请求后再重发请求。

5××（Server Error）：服务器出错，不能执行合法请求。

6××（Global Failure）：任何服务器都不能执行请求。

其中，1×× 响应为暂时响应，其他响应为最终响应。

SIP 响应消息状态码举例：

100   Trying（正在处理）

181   Call Is Being Forwarded（呼叫正在前向）

182   Queued（排队）

200   OK（会话成功）

301   Moved Permanently（永久移动）

302   Moved Temporarily（临时移动）

400   Bad Request（错误请求）

404   Not Found（未发现）

405   Not Allowed（不允许）

500   Internal Server Error（服务器内部错误）

504   Gateway Time-out（网关超时）

600   Busy Everywhere（全忙）

4.3.6　SIP 基本消息流程

1．SIP 建立通信的过程

通信建立主要是由终端注册、呼叫建立、释放呼叫组成的。

用 SIP 来建立通信通常需要 6 个步骤。

（1）登记、发起和定位用户。

（2）进行媒体协商，通常采用会话描述协议（Session Description Protocol，SDP）方式来携带媒体参数。

（3）由被叫方来决定是否接受该呼叫。

（4）呼叫媒体流建立并交互。

（5）呼叫更改或处理，如呼叫转移。

（6）呼叫终止。

2. 登记

登记（Registration）即注册。当 UA 要向注册服务器添加一个地址映射记录时，SIP 用户可通过一个 Register 请求消息同时增加多个地址映射记录，如图 4-13 所示。

刷新：当要刷新一个地址映射记录时，SIP 用户可以对某个特定的记录进行刷新，也可以同时刷新多个记录。

获取地址映射：注册服务器每次成功处理完 Register 请求消息后，它将返回一个状态码为 200 的成功响应。该响应的 Contact 头部将包含本用户注册的所有联系地址信息。SIP 用户可以从响应消息来获取用户的所有地址映射记录。

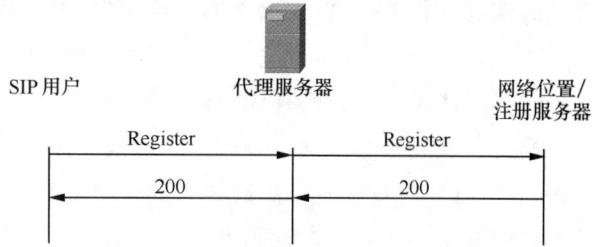

图 4-13　登记

UA 在注册服务器成功注册后，就可以接收呼叫请求了。其入向代理在接收到对该 UA 的呼叫请求时，根据对该用户地址映射信息的查询结果，将呼叫请求消息转发到 UA 的当前联系地址。如果不进行注册，入向代理将无法得知 UA 的当前位置。

3. 注册/注销流程

SIP 为用户定义了注册/注销流程，其目的是动态建立用户的逻辑地址和其当前联系地址之间的对应关系，以便实现呼叫路由和对用户移动性的支持。逻辑地址和联系地址的分离也方便了用户，它不论在何处、使用何种设备，都可以通过唯一的逻辑地址进行通信。逻辑地址用于标识用户，而联系地址则表明用户的当前位置。

注册/注销流程是通过 Register 消息和 200 响应来实现的。在注册/注销时，用户将其逻辑地址和当前联系地址通过 Register 消息发送给其注册服务器，注册服务器对该请求消息进行处理，并以 200 响应消息通知用户注册/注销成功，如图 4-14 所示。

（1）SIP 用户向其所属的注册服务器发起 Register 请求。

（2）注册服务器返回 401 响应，要求用户进行认证。

（3）SIP 用户发送带有认证信息的 Register 请求。

（4）注册成功。

SIP 用户的注销和注册更新流程基本与注册流程一致（见图 4-14）。

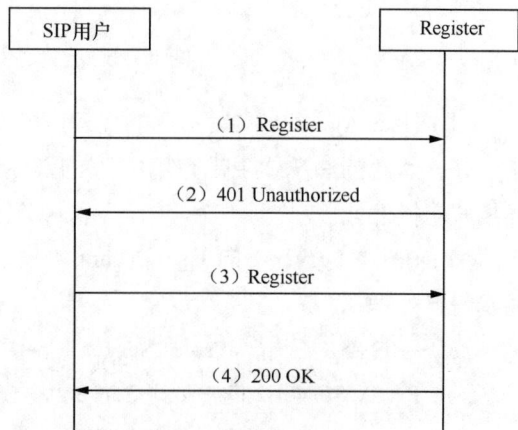

图 4-14　SIP 注册/注销流程

4. SIP 呼叫建立和释放

SIP IP 电话系统中的呼叫是通过 INVITE 请求、成功响应和 ACK 请求的三次握手来实现的，即当主叫方要发起呼叫时，它构造一个 INVITE 消息，并发送给被叫方。被叫方收到邀请后决定接受该呼叫，就回送一个成功响应（状态码为 200）。主叫方收到成功响应后，向对方发送 ACK 请求。被叫方收到 ACK 请求后，呼叫成功建立。

呼叫的终止通过 BYE 请求消息来实现。当参与呼叫的任一方要终止呼叫时，它就构造一个 BYE 请求消息，并发送给对方。对方收到 BYE 请求消息后，释放与此呼叫相关的资源，回送一个成功响应，表示呼叫已经终止。

当主、被叫双方已建立呼叫时，如果任一方想要修改当前的通信参数（如通信类型、编码等），可以通过发送一个对话内的 INVITE 请求消息（称为 re-INVITE）来实现。图 4-15 所示为代理方式的 SIP 正常呼叫流程。

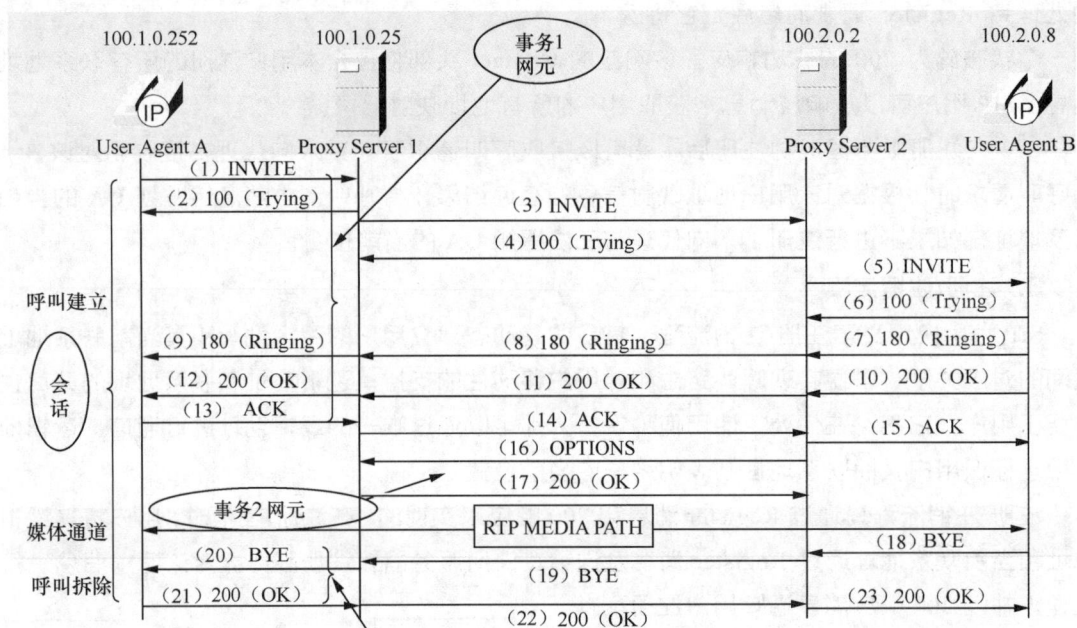

图 4-15 代理方式的 SIP 正常呼叫流程

（1）User Agent A 向其归属的代理服务器（软交换）Proxy Server 1 发起 INVITE 请求消息，在该消息的消息体中带有用户 A 的媒体属性 SDP（Session Description Protocol，会话描述格式）描述。

（2）Proxy Server 1 向 User Agent A 发送确认消息"100（Trying）"，表示正在对收到的请求进行处理。

（3）经过路由分析，Proxy Server 1 将请求转发到 Proxy Server 2。

（4）Proxy Server 2 向 Proxy Server 1 发送确认消息"100（Trying）"。

（5）Proxy Server 2 将 INVITE 请求消息转发到 User Agent B。

（6）User Agent B 向 Proxy Server 2 发送确认消息"100（Trying）"。

（7）终端 B 振铃，向其归属的代理服务器（软交换）Proxy Server 2 返回"180（Ringing）"响应。

（8）Proxy Server 2 向 Proxy Server 1 转发"180（Ringing）"。

（9）Proxy Server 1 向 User Agent A 转发"180（Ringing）"，User Agent A 所属的终端播放回铃音。

（10）用户摘机，终端 B 向其归属的代理服务器 Proxy Server 2 返回对 INVITE 请求消息的"200（OK）"响应，在该消息的消息体中带有 User Agent B 的媒体属性 SDP 描述。

（11）Proxy Server 2 向 Proxy Server 1 转发"200（OK）"。

（12）Proxy Server 1 向 User Agent A 转发"200（OK）"。

（13）User Agent A 向 Proxy Server 1 发送针对 200 响应的 ACK 请求消息。

（14）Proxy Server 1 向 Proxy Server 2 转发 ACK 请求消息。

（15）Proxy Server 2 向 User Agent B 转发 ACK 请求消息，User Agent A 与 B 之间建立双向 RTP MEDIA PATH。

（16）Proxy Server 2 向 Proxy Server 1 发送能力查询请求。

（17）Proxy Server 1 此时可以接受呼叫请求，向 Proxy Server 2 发送成功响应状态码 200。如果此时状态忙，就发送自身忙响应状态码 486。

（18）用户 B 挂机，User Agent B 向其归属的代理服务器 Proxy Server 2 发送 BYE 请求消息。

（19）Proxy Server 2 向 Proxy Server 1 转发 BYE 请求消息。

（20）Proxy Server 1 向 User Agent A 转发 BYE 请求消息。

（21）User Agent A 返回对 BYE 请求消息的"200（OK）"响应。

（22）Proxy Server 1 向 Proxy Server 2 转发"200（OK）"。

（23）Proxy Server 2 向 User Agent B 转发"200（OK）"，通话结束。

4.4 SS 设备面板

SS 设备面板如图 4-16 所示，在软件中主要是使用它的以太网接口板完成与承载网的连接。系统内部管理由主控板完成，各类协议、路由、业务等都由业务处理板负责，各单板间的通信由内部交换板实现。

图 4-16　SS 设备面板

【项目实训】

4.5 VoIP 实训配置案例

实训目的：掌握 SS 和 BRAS 上基于 VoIP 的配置，并能够通过 OLT 配置 ONU 的 VoIP 业务（SIP 和 H.248 协议）。

实训设备：SS、SW、RT、OTN、BRAS、OLT、Splitter、ONU、Phone 等。

实训内容：根据本项目概述中的引导案例完成网络规划、设备部署及线缆连接，并完成各设备的数据配置，最后对业务进行验证。

4.5.1 网络规划

根据引导案例的描述可设计出图 4-17 所示的 VoIP 业务网络拓扑。

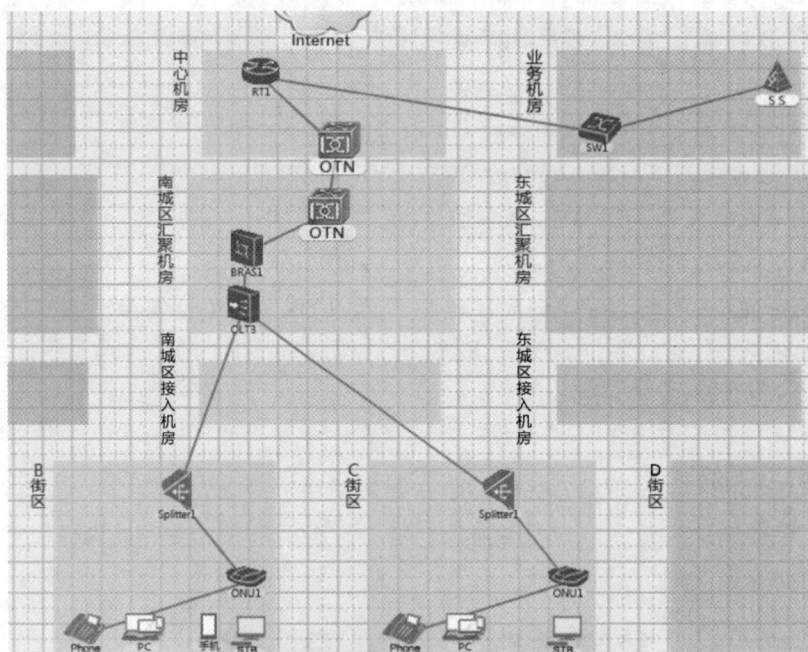

图 4-17 VoIP 业务网络拓扑

设备选型及 IP 地址规划如表 4-2 所示。业务数据规划如表 4-3 所示。

表 4-2 设备选型及 IP 地址规划

机房名称	设备类型	本端接口	VLAN 类型	VLAN	IP 地址	对端设备
业务机房	SS	GE-7/1	—	—	10.1.1.1/30	业务机房 SW
		loopback1	—	—	1.1.1.1/32	—

续表

机房名称	设备类型	本端接口	VLAN 类型	VLAN	IP 地址	对端设备
业务机房	小型 SW	loopback1	—	—	2.2.2.2/32	—
		GE-1/5	access	10	10.1.1.2/30	业务机房 SS
		10GE-1/1	access	11	11.1.1.2/30	中心机房 RT
中心机房	大型 RT	loopback1	—	—	3.3.3.3/32	
		10GE-11/1	—	—	11.1.1.1/30	业务机房 SW
		40GE-6/1	—	—	12.1.1.1/30	南城区汇聚机房 BRAS
南城区汇聚机房	大型 BRAS	loopback1	—	—	4.4.4.4/32	—
		40GE-2/1	—	—	12.1.1.2/30	中心机房 RT
		40GE-1/1	—	—	\	南城区汇聚机房 OLT
	大型 OLT	40GE-1/1	trunk	10、11	\	南城区汇聚机房 BRAS
		GPON-3/1	—	—	—	B 街区 Splitter IN
		GPON-4/1	—	—	—	C 街区 Splitter IN
B 街区	ONU	Phone1 口	—	—	13.13.13.10/24	座机 1
C 街区	ONU	Phone1 口	—	—	14.14.14.10/24	座机 2

注：表 4-2 中—表示不涉及，\表示无须配置。由于 OTN 只负责中间传输，操作比较简单，此处规划及后续线缆连接、配置等不描述。

表 4-3　业务数据规划

设备类型	街区	描述	参数
ONU	B 街区	ONU 端口	POST_0/1
	C 街区		POST_0/1
OLT	B 街区	上联端口 VLAN	10
		关联 GPON 接口	GPON-3/1
		上行带宽	128kbit/s
		下行带宽	128kbit/s
		SIP 代理服务器地址	1.1.1.1
	C 街区	上联端口 VLAN	11
		关联 GPON 接口	GPON-4/1
		下行带宽	128kbit/s
		上行带宽	128kbit/s
		H.248 服务器地址	1.1.1.1

续表

设备类型	街区	描述		参数
BRAS	B 街区	网关	\	13.13.13.1
		宽带虚接口 1 地址池	40GE-1/1.1	13.13.13.2～13.13.13.99
	C 街区	网关	\	14.14.14.1
		宽带虚接口 2 地址池	40GE-1/1.2	14.14.14.2～14.14.14.99
SS	B 街区	IAD	SIP	13.13.13.10
		电话号码		12340000
	C 街区	IAD	H.248 协议	14.14.14.10
		电话号码		56780000

注：表 4-3 中\表示无须配置。

4.5.2 设备部署及线缆连接

设备部署和线缆连接相信大家已经很熟悉，这里仅简单介绍业务机房 SS 的部署、街区座机与 ONU 连接，其他部分不赘述。

1. 部署 SS 设备

进入"设备配置"→"业务机房"，如图 4-18 所示，图中 4 个箭头所指示的机柜皆可部署设备，从左到右依次是 ODF、SS 机柜、EPG/CDN/MiddleWare 机柜、RT/SW 机柜。

图 4-18　业务机房 1

单击第二个机柜（SS 机柜），打开机柜，从右边"设备池"中将 SS 拖入机柜即可，如图 4-19 所示。

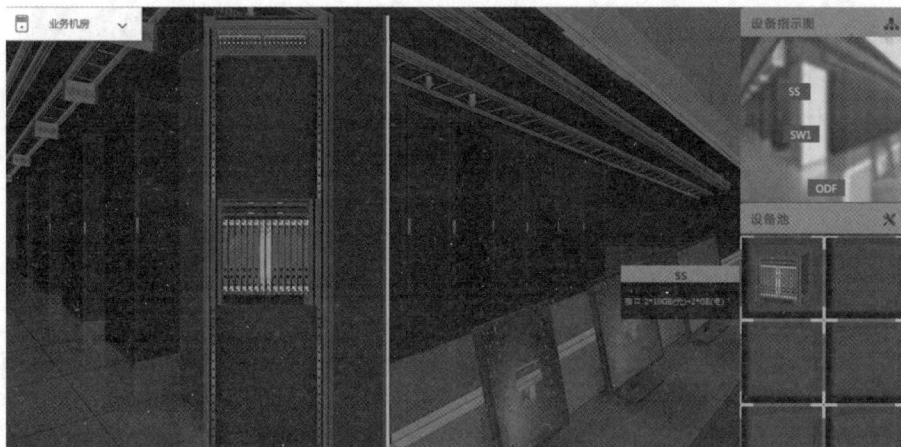

图 4-19　业务机房 2

2．座机与 ONU 的连接

进入"设备配置"→"街区 B"，完成 ONU 的部署后，单击"设备指示图"中的 ONU 图标，弹出 ONU 面板，在"线缆池"中找到"RJ11 电话线"（见图 4-20），将 ONU 面板上的 Phone1 口（注意，OLT 上"GPON 语音业务配置"时要配置对应的 Port ID：POTS_0/1）与座机上的接口连接起来即可。ONU 的 Phone1 口连接如图 4-21 所示。

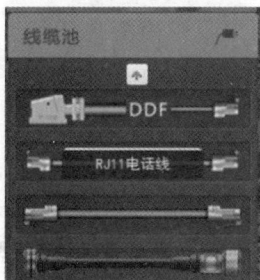

图 4-20　RJ11 电话线

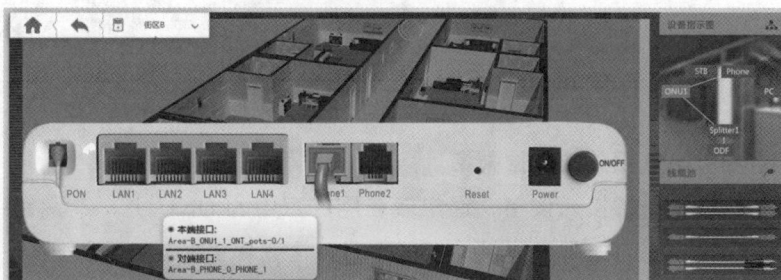

图 4-21　ONU 的 Phone1 口连接

按同样的步骤可完成 C 街区 ONU 的 Phone1 口与座机接口之间的连接。

4.5.3　设备数据配置

RT 和 OTN 的数据配置无特别的注意事项，按照以往方法配置即可。为保证设备间互通，网络中 SW、RT 与 BRAS 这 3 种设备需启用 OSPF 协议。接下来我们将从 SS 配置、SW 配置、BRAS 配置和 OLT 配置 4 个部分来介绍 VoIP 的业务配置。

1．SS 配置

SS 配置主要包括物理接口配置、loopback 接口配置、静态路由配置、综合接入设备（Integrated Access Device，IAD）相关的数据配置 4 个部分。

（1）物理接口配置

进入"数据配置"→"业务机房"→"SS"，进行物理接口配置，如图 4-22 所示。

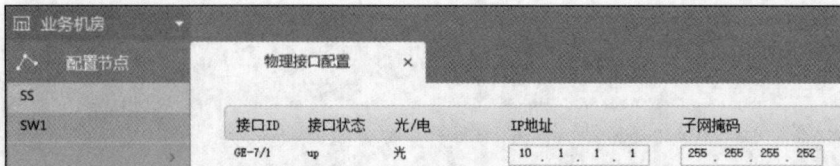

图 4-22　SS 物理接口配置

（2）loopback 接口配置

SS loopback 接口配置如图 4-23 所示。

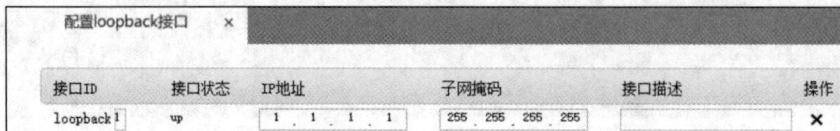

图 4-23　SS loopback 接口配置

（3）静态路由配置

SS 无法配置 OSPF 等协议，但是其要与 BRAS 等设备进行通信，故需要配置一条目的地址为 0.0.0.0、下一跳地址为 SW 接口 IP 地址的静态路由，如图 4-24 所示。

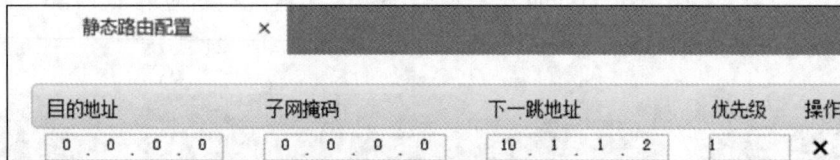

图 4-24　SS 静态路由配置

（4）IAD 相关的数据配置

IAD 是一种接入设备，通常接在用户家中的 ONU 上，本案例中的座机就属于 IAD 的一种。IAD 能同时为用户提供传统的 PSTN 语音服务、VoIP 语音服务及数据服务。IAD 数据配置步骤依次为：节点配置→本局局码配置→本局用户配置→IAD 对接配置。

① 节点配置。

节点号即用户（座机）的节点号。分别对 SIP 和 H.248 协议的座机配置 IAD 节点。

配置接入设备座机 1 的节点号为 1，协议类型为 SIP，设备 IP 地址设置为 13.13.13.10。本端端口号、对端端口号和端口类别 3 个参数无须配置自动生成。

配置接入设备座机 2 的节点号为 2，协议类型为 H.248，设备 IP 地址设置为 14.14.14.10。本端端口号、对端端口号和端口类别 3 个参数无须配置自动生成。

SS 节点配置如图 4-25 所示。

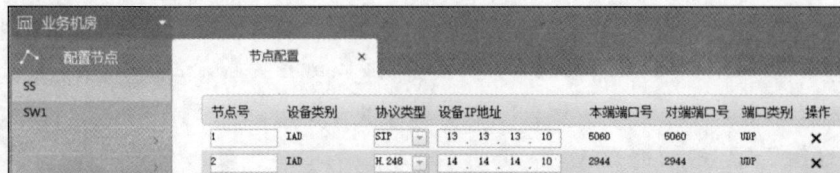

图 4-25　SS 节点配置

② 本局局码配置。

进入"号码分析"→"本局局码"，单击"+"新增本局局码。需要手动配置的有两项：号码分析选择子、分析字冠。

号码分析选择子是号码分析表的入口或索引，一个号码分析选择子由多个号码分析器组成。该局码用户拨打电话时，SS 采用这个号码分析选择子进行号码分析。如果不配置，则用户无法正常呼叫。

分析字冠指需要分析的本局局码，可以自定义配置，标准配置是取用电话号码的任意前5 位。依赖局码自动根据分析字冠生成，其值与分析字冠相同。

将 SIP 的号码分析选择子设置为 1，分析字冠设置为 12340；H.248 的号码分析选择子设置为 2，分析字冠设置为 56780。SS 本局局码配置如图 4-26 所示。

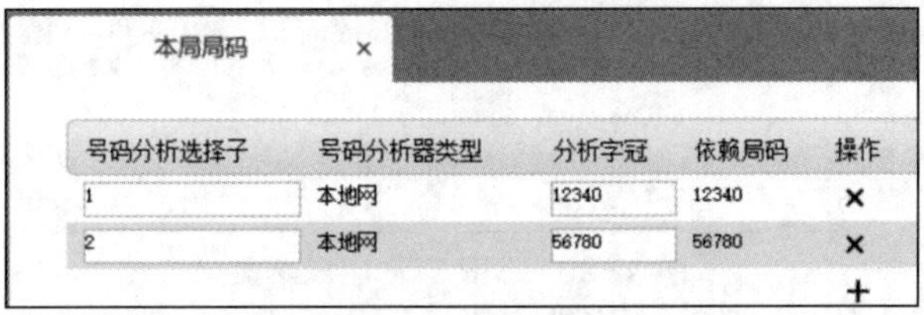

本局局码 ✕				
号码分析选择子	号码分析器类型	分析字冠	依赖局码	操作
1	本地网	12340	12340	✕
2	本地网	56780	56780	✕
				+

图 4-26　SS 本局局码配置

③ 本局用户配置。

进入"用户放号"→"本局用户"，单击"+"新增本局用户。网络类型默认值为 0-当前网；区域号即固话号码所在区域号，此处采用固定值 755 且不可更改；用户号码需要设置为一个范围，即起始用户号码到结束用户号码，为本局可用的号码资源；网关节点号与① 中"节点配置"的节点号等同，因此配置时要注意前后一致。

SIP 用户号码设置为 12340000～12340001，号码分析选择子设置为 1（见本局局码配置），网关节点号选择 1。

H.248 用户号码设置为 56780000～56780001，号码分析选择子设置为 2（见本局局码配置），网关节点号选择 2。详细配置如图 4-27 所示。

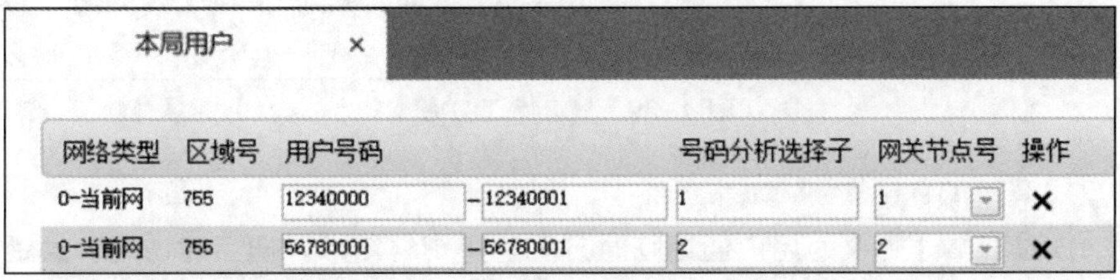

本局用户 ✕						
网络类型	区域号	用户号码		号码分析选择子	网关节点号	操作
0-当前网	755	12340000	－12340001	1	1 ▾	✕
0-当前网	755	56780000	－56780001	2	2 ▾	✕

图 4-27　SS 本局用户配置

④ IAD 对接配置。

进入"IAD 对接配置"，IAD 对接配置涉及 SIP 登记用户配置、H.248 TID 配置、H.248 RTP TID 配置。

- SIP 登记用户配置。

用户账号：SIP 用户在本登记域的唯一标识，目前使用"sip:电话号码@本 SS 的 IP 地址"格式来表示。如 sip:88881112@10.9.2.11。

认证密码：用户账号对应的密码。

用户节点：账号归属节点。

网络类型：默认为"0-当前网"，不可修改。

区域号：本软件使用 755。

用户号码：用户账号对应的用户号码，建议与用户账号中的电话号码保持一致。

用户数量：填入批量放号用户的数量，用户号码和用户账号都会递增产生。如图 4-28 所示，用户数量设置为 2，则自动生成两个用户账号 sip:12340000@1.1.1.1 和 sip:12340001@1.1.1.1，以及两个用户号码 12340000 和 12340001。

图 4-28　SIP 登记用户配置

- H.248 TID 配置。

TID 即用户电路 ID，是 H.248 协议中的用户标识符。H.248 TID 配置如图 4-29 所示。

用户 TID：每个用户分配唯一的 TID。软件中要求以连续的 4 位数字结尾。

TID 资源类型：默认值为"号码表示用户电路"，用户 TID 可与用户号码一一对应。

用户节点：用户 TID 归属的节点。

用户号码：TID 对应的电话号码。

TID 数量：填入用户 TID 的数量，用户 TID 和用户号码都会递增产生。如图 4-29 所示，TID 数量设置为 2，即用户 TID 产生 A0001～A0002，用户号码产生 56780000～56780001。

图 4-29　H.248 TID 配置

- H.248 RTP TID 配置。

RTP TID 是 H.248 协议为用户通话临时分配的逻辑终结点，通话时占用，通话结束时则释放，它与用户 TID 没有固定的对应关系。

RTP TID：软件中要求以连续的 4 位数字结尾。

用户节点：为某个用户节点分配的 RTP 资源。用户 TID 归属于某个节点后，需要为该节点分配 RTP TID。

TID 数量：填入 RIP TID 的数量，RTP TID 会递增产生。具体配置如图 4-30 所示。

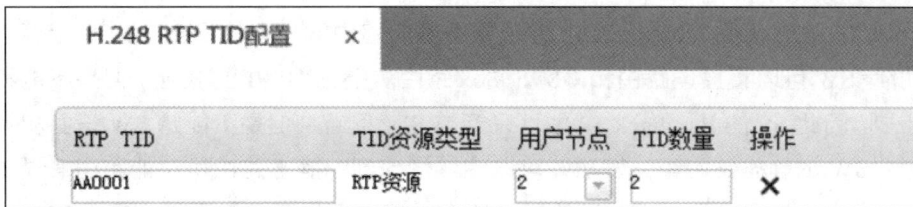

图 4-30　H.248 RTP TID 配置

2. SW 配置

SW 配置主要包括物理接口配置、loopback 接口配置、VLAN 三层接口配置和静态路由配置，分别如图 4-31~图 4-34 所示。

接口ID	接口状态	光/电	VLAN模式	关联VLAN	接口描述
10GE-1/1	up	光	access	11	
10GE-1/2	down	光	access	1	
10GE-1/3	down	光	access	1	
10GE-1/4	down	光	access	1	
GE-1/5	up	光	access	10	

图 4-31　SW 物理接口配置

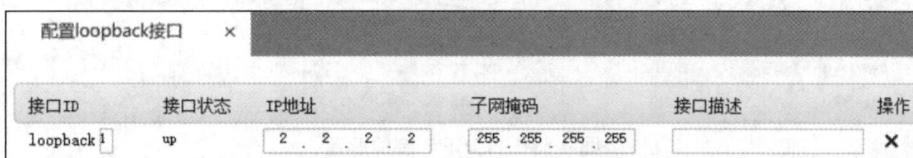

接口ID	接口状态	IP地址	子网掩码	接口描述	操作
loopback 1	up	2 . 2 . 2 . 2	255 . 255 . 255 . 255		✕

图 4-32　SW loopback 接口配置

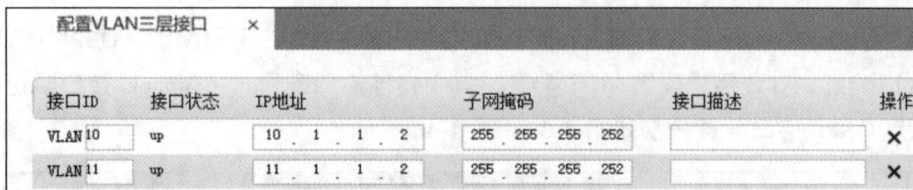

接口ID	接口状态	IP地址	子网掩码	接口描述	操作
VLAN 10	up	10 . 1 . 1 . 2	255 . 255 . 255 . 252		✕
VLAN 11	up	11 . 1 . 1 . 2	255 . 255 . 255 . 252		✕

图 4-33　SW VLAN 三层接口配置

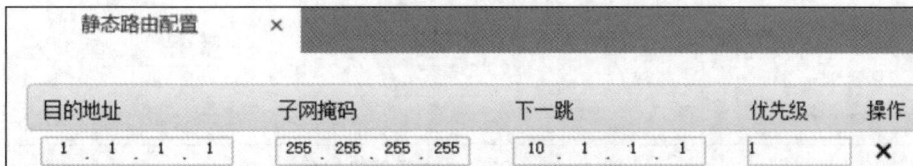

目的地址	子网掩码	下一跳	优先级	操作
1 . 1 . 1 . 1	255 . 255 . 255 . 255	10 . 1 . 1 . 1	1	✕

图 4-34　SW 静态路由配置

SW 的 OSPF 全局配置与以前的配置稍有不同，这里启用了静态路由重分发（见图 4-35），否则 SS 将不能与除 SW 外的其他设备互通。这是因为 SS 上配置了两个 IP 地址，一个是 loopback IP 地址，用作 VoIP 语音业务；另一个是接口 IP 地址，这两个 IP 地址都被 SW 学习到了。在 SW 的路由表中，loopback IP 地址属于静态路由学习到的，接口 IP 地址属于直连路由学习到的。SW 可以将直连路由和 OSPF 协议路由广播到 OSPF 广播域，但是不能将静态路由广播出去，因此 SS 的 loopback IP 地址只能与 SW 互通，但是不能跨 SW 设备和其他设备互通。使能 SW 的静态路由重分发功能可以使其学习到的静态路由协议的路由通过 OSPF 路由协议广播出去，从而达到 SS 与网络中的所有设备都可以连通的目的。简而言之，路由重分发就是使得 SW 或 RT 上的每种路由协议可以取路由表中的所有或部分其他协议的路由来进行广播。OSPF 配置如图 4-35 和图 4-36 所示。

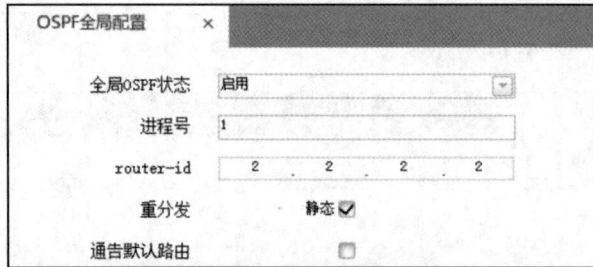

图 4-35　OSPF 全局配置

图 4-36　OSPF 接口配置

3. BRAS 配置

BRAS 配置涉及物理接口配置、loopback 接口配置、OSPF 全局配置、OSPF 接口配置、宽带虚接口配置、专线用户配置 6 个配置。其中物理接口配置、loopback 接口配置、OSPF 全局配置、OSPF 接口配置分别如图 4-37～图 4-40 所示。

图 4-37　BRAS 物理接口配置

图 4-38　BRAS loopback 接口配置

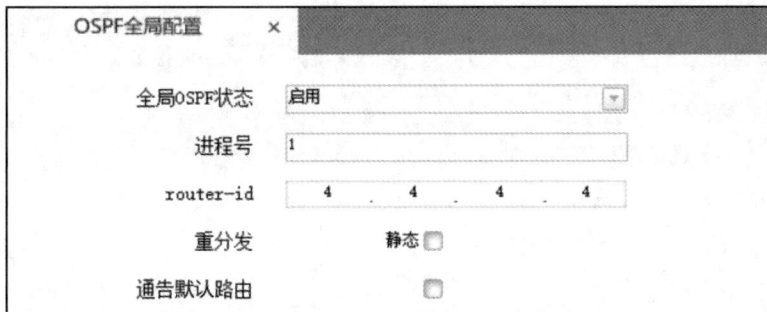

图 4-39　BRAS OSPF 全局配置

图 4-40　BRAS OSPF 接口配置

注意：如果在配置 OSPF 接口前还没有配置宽带虚接口 1 和宽带虚接口 2，那么图 4-36 中是看不到这两个接口的，必须在配置宽带虚接口后，再到 OSPF 接口配置中将这两个接口的 OSPF 状态设置为启用。

宽带虚接口作为终端的网关，需要配置两个，分别用于 VoIP SIP 业务和 H.248 业务。宽带虚接口 1 用于 VoIP SIP 业务，宽带虚接口 2 用于 VoIP H.248 业务。具体配置分别如图 4-41 和图 4-42 所示。

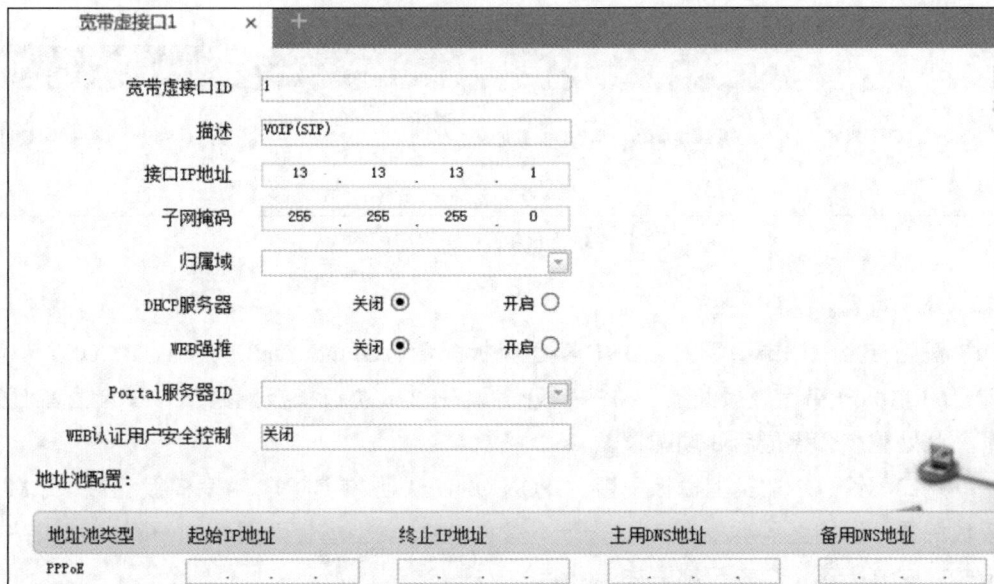

图 4-41　BRAS 宽带虚接口 1 配置

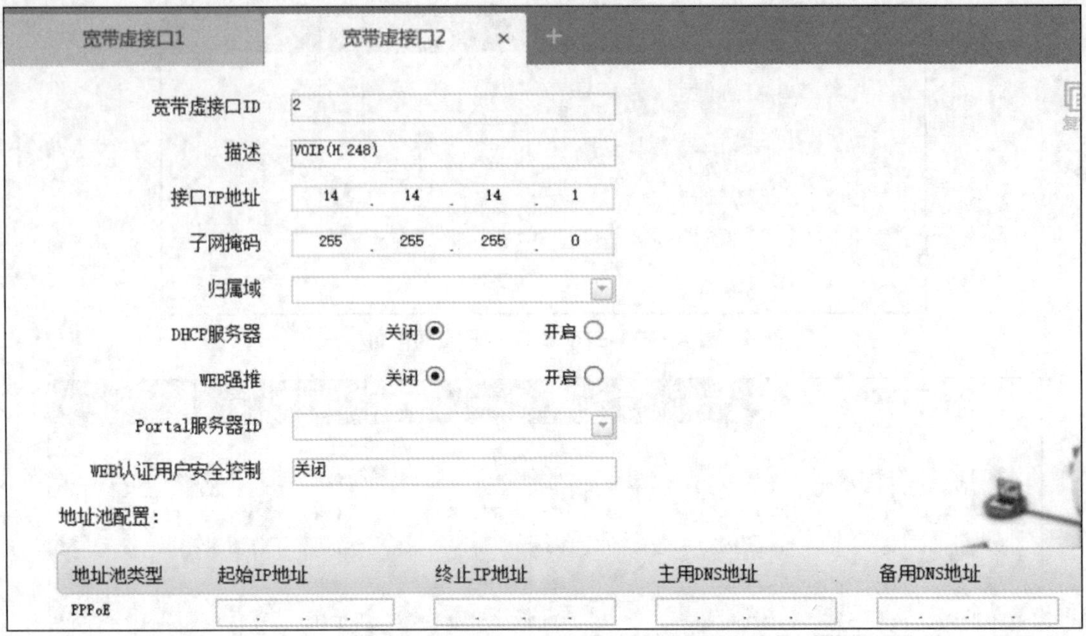

图 4-42　BRAS 宽带虚接口 2 配置

专线用户配置同样需要配置两条，专线用户 1 用于 SIP 业务，专线用户 2 用于 H.248 业务。由于只有一条物理接口，此处需要启用 40GE-1/1 的子接口 1 和接口 2，分别通过用户 VLAN 10 和用户 VLAN 11 来标识。VLAN 10 为 SIP 语音业务用户标识，VLAN 11 为 H.248 语音业务用户标识（OLT 上 GPON 语音业务配置中同一协议的语音业务用户的 VLAN 要相同，否则业务无法正常），分别将其绑定到宽带虚接口 1 和宽带虚接口 2。这里需要注意的是 SIP 和 H.248 协议座机的 IP 地址必须在其对应的专线用户 IP 地址的范围内。具体配置如图 4-43 所示。

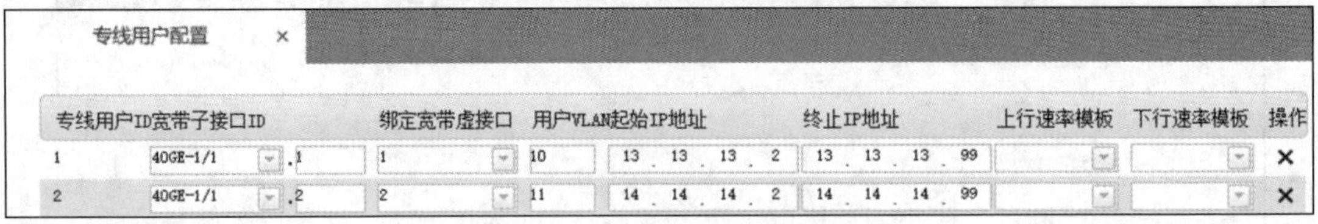

图 4-43　BRAS 专线用户配置

4. OLT 配置

OLT 配置涉及上联端口配置、ONU 类型模板配置、GPON ONU 认证、T-CONT 带宽模板配置、GEM Port 带宽模板配置、SIP 模板配置、H.248 协议模板配置和 GPON 语音业务配置 8 项，此处重点介绍最后 3 项配置。

上联端口配置、ONU 类型模板配置、GPON ONU 认证、T-CONT 带宽模板配置、GEM Port 带宽模板配置分别如图 4-44～图 4-48 所示。其中 ONU 类型模板配置中的 ONU 类型名称中，B 表示部署在 B 街区，C 表示部署在 C 街区。

图 4-44　上联端口配置

接口ID	接口状态	光/电	VLAN模式	关联VLAN	接口描述
40GE-1/1	up	光	trunk	10, 11	

图 4-44　上联端口配置

ONU类型名称	最大TCONT数	最大GEM Port数	用户端口数	用户POTS端口数	操作
B	32	32	4	2	×
C	32	32	4	2	×

图 4-45　ONU 类型模板配置

ONU ID	ONU类型	ONU状态	SN	关联GPON接口
1	B	working	IUVB00000001	GPON-3/1
2	C	working	IUVC00000001	GPON-4/1

图 4-46　GPON ONU 认证

模板名称	带宽类型	固定带宽(kbit/s)	保证带宽(kbit/s)	最大带宽(kbit/s)	操作
VOIP	1 固定带宽	128	N/A	N/A	×

图 4-47　T-CONT 带宽模板配置

模板名称	承诺速率(kbit/s)	承诺突发量(kbit)	峰值速率(kbit/s)	峰值突发量(kbit)	操作
VOIP	128	128	128	128	×

图 4-48　GEM Port 带宽模板配置

在 SIP 模板配置中，代理服务器地址为 SS 的 loopback IP 地址，如图 4-49 所示。

模板名称	代理服务器地址	注册服务器地址	操作
SIP	1.1.1.1	1.1.1.1	×

图 4-49　SIP 模板配置

在 H.248 协议模板配置中，代理服务器地址为 SS 的 loopback IP 地址，RTP TID 和 RTP TID

数量要与 SS 配置中"H.248 RTP TID 配置"的 RTP TID 和 RTP TID 数量的值相同，如图 4-50 所示。

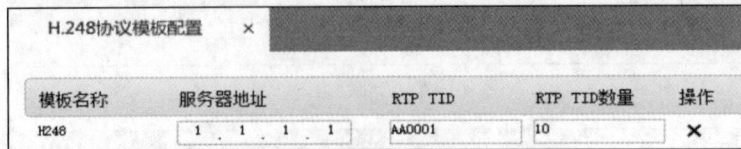

图 4-50　H.248 协议模板配置

在 GPON 语音业务配置中，分别对 B 街区和 C 街区的 ONU 配置语音业务，这里需要注意的是"VoIP 协议类型"确定后，设置的"ONU IP 地址"要能在 SS"节点配置"中相同"协议类型"的列表中找到相同的 IP 地址。"ONU 默认网关"地址为 BRAS 上配置的宽带虚接口的 IP 地址，"VLAN ID"要与 BRAS 的"专线用户配置"中对应的用户 VLAN 相同。B 街区和 C 街区的 ONU 配置分别如图 4-51 和图 4-52 所示。

图 4-51　GPON 语音业务配置（B 街区的 ONU 配置）

GPON语音业务配置 ✕

| GPON接口 | 所有PON接口 ▾ | | | |

ONU ID	ONU类型	ONU状态	SN	关联GPON接口
1	B	working	IUVB00000001	GPON-3/1
2	C	working	IUVC00000001	GPON-4/1

GPON ONU接口配置

配置 T-CONT

T-CONT索引	T-CONT名称	T-CONT带宽模板	操作
1	1	VOIP ▾	✕
			+

配置 Gem Port

Gem Port索引	Gem Port名称	GEM Port带宽模板	T-CONT索引	操作
1	1	VOIP ▾	1 ▾	✕
				+

配置业务接口

Service-port ID	Gem Port索引	User VLAN ID	SP VLAN ID	操作
1	1 ▾	11	11	✕
				+

ONU远程配置

配置业务通道

名称	业务类型	Gem Port索引	优先级	VLAN ID	操作
1	VoIP	1 ▾	0 ▾	11	✕
					+

VoIP协议配置

VoIP协议类型	H.248 ▾
VoIP 协议模板	H248 ▾
ONU IP地址	14 . 14 . 14 . 10
ONU 子网掩码	255 . 255 . 255 . 0
ONU 默认网关	14 . 14 . 14 . 1
VLAN ID	11
优先级	0 ▾

配置ONU POTS端口

Port ID	用户名	密码	用户TID	操作
POTS_0/1 ▾			A0001	✕
				+

图 4-52　GPON 语音业务配置（C 街区的 ONU 配置）

至此，基于 SIP 和 H.248 协议的 VoIP 业务已经配置完成。

4.5.4　结果验证

进入"业务调测"→"业务验证"，选择"B 街区"，在测试终端下，单击座机测试端▣图标，屏幕中会出现两个座机，正中央较大的为 B 街区的主叫座机，右上角较小的为 C 街区的被叫座机，如图 4-53 所示。

单击主叫座机上的"摘机"按钮，主叫座机上提示"请输入要呼叫的号码"，如图 4-54 所示。

图 4-53　座机测试界面

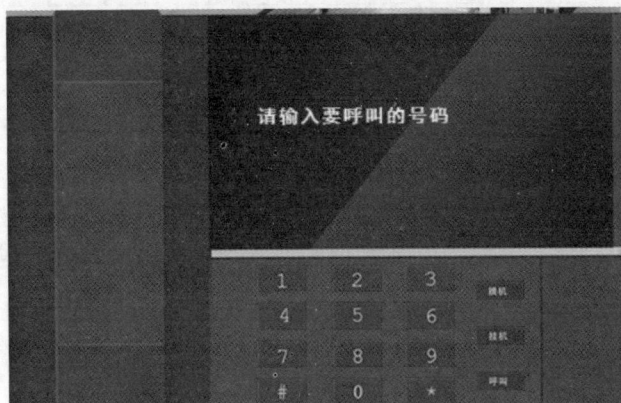

图 4-54　摘机提示

在主叫座机上输入 C 街区被叫座机的电话号码 56780000，单击"呼叫"按钮，主叫座机显示"听到回铃音.等待被叫摘机"，同时看到被叫座机在震动，单击被叫座机上的"摘机"按钮，主叫座机上显示"正在通话中..."，分别如图 4-55、图 4-56、图 4-57 所示。

图 4-55　请输入要呼叫的号码

图 4-56　呼叫中

图 4-57　正在通话中

单击主叫座机上的"挂机"按钮，结束通话。通话流程测试正常，业务验证通过。

【项目小结】

本项目介绍了 VoIP 基本原理及 VoIP 中两个具有代表性的信令协议——H.248 和 SIP，并在介绍原理知识后对案例进行了规划及配置指导。通过学习本项目内容，读者能够对 VoIP 业务的开通有完整的认知与理解。

【知识巩固】

一、单项选择题

1. 下列哪一项不属于 SIP 的逻辑实体？（　　　）

A．SIP Proxy　　　　　B．SIP Server　　　　　C．Registrar　　　　　D．UA

2. 下列哪一项不属于 VoIP 使用的协议？（　　　）

A. SIP B. PPPoE C. H.323 D. MGCP

3. Session Initiation Protocol 指的是什么协议？（　　　）

A. 会话连接协议　　　　　　　　B. 会话描述协议

C. 会话发起协议　　　　　　　　D. 会话安装协议

4. 下列哪一项 H.248 命令类型是由 MG 作为命令的始发者发起、MGC 作为命令的响应者接收的？（　　　）

A. Add B. Move C. Notify D. Modify

5. 下列哪一项不属于 SIP 请求信息的方法？（　　　）

A. INVITE B. CANCEL

C. INFO D. SIP PROXY

二、填空题

1. H.248 协议用于_____和_____之间的通信，主要功能是将_____和_____连接进行分离。

2. VoIP 所涉及的协议分为两大类：_____和_____。

3. SIP 是由 IETF 提出的 VoIP 信令协议。它的主要目的是解决 IP 网中的_____，以及与_____的通信，从而构成下一代的增值业务平台，为电信、银行、金融等行业提供更好的增值业务。

4. 用 SIP 来建立通信通常需要 6 个步骤：_____；进行媒体协商，通常采用 SDP 方式来携带媒体参数；由被叫方来决定是否接受该呼叫；_____；_____；_____。

三、简答题

1. 属于 VoIP 系统的设备有哪些？

2. SIP 为用户定义了注册/注销流程，其中注册成功的流程是怎样的？

【拓展知识】

表 4-4　项目 4 关键术语

缩略语	英文全称	中文全称
3GPP	3rd Generation Partnership Project	第三代合作伙伴计划
AG	Access Gateway	接入网关
DTMF	Dual Tone Multi Frequency	多音双频
ETSI	European Telecommunications Standards Institute	欧洲电信标准组织
IAD	Integrated Access Device	综合接入设备
ICMP	Internet Control Message Protocol	互联网控制报文协议
IETF	Internet Engineering Task Force	互联网工程任务组

续表

缩略语	英文全称	中文全称
IMS	IP Multimedia Subsystem	IP 多媒体子系统
ISDN	Integrated Services Digital Network	综合业务数字网
LDAP	Lightweight Directory Access Protocol	轻量目录访问协议
MGC	Media Gateway Controller	媒体网关控制器
MGCP	Media Gateway Control Protocol	媒体网关控制协议
SCTP	Stream Control Transmission Protocol	流控制传输协议
SDP	Session Description Protocol	会话描述协议
TG	Trunk Gateway	中继网关
TID	Termination ID	终端 ID
UAC	User Agent Client	用户代理客户端
UAS	User Agent Server	用户代理服务器

项目5
IPTV原理及应用

05

【知识目标】

1. 了解组播的概念及应用场景。
2. 熟悉组播 IP、MAC 地址结构。
3. 学习 IGMP 原理。
4. 掌握 IPTV 的网络结构、系统组成。
5. 熟悉 IPTV 的业务流程。
6. 熟悉 CDN、EPG 及机顶盒相关原理。

【技能目标】

1. 具备规划组播网络的能力。
2. 具备配置 IP 组播路由的能力。
3. 熟悉 MW、EPG、CDN Node 的基本配置。
4. 掌握 IGMP、PIM-SM 路由协议的基础。
5. 掌握 IPTV 业务的基本配置流程。

【项目概述】

　　随着 IPTV、视频会议、多媒体远程教育、视频点播、网络音频等业务的普及，网络带宽、服务器等的负载面临着日益严峻的挑战。IPTV 即互联网电视，是一种利用宽带有线电视网，集互联网、多媒体、通信等多种技术于一体，向家庭用户提供包括数字电视在内的多种交互式服务的新技术。某地要开通首站 IPTV 业务，工程师小李在接到任务后，开始了对网络的分析和业务规划，项目拓扑如图 5-1 所示。

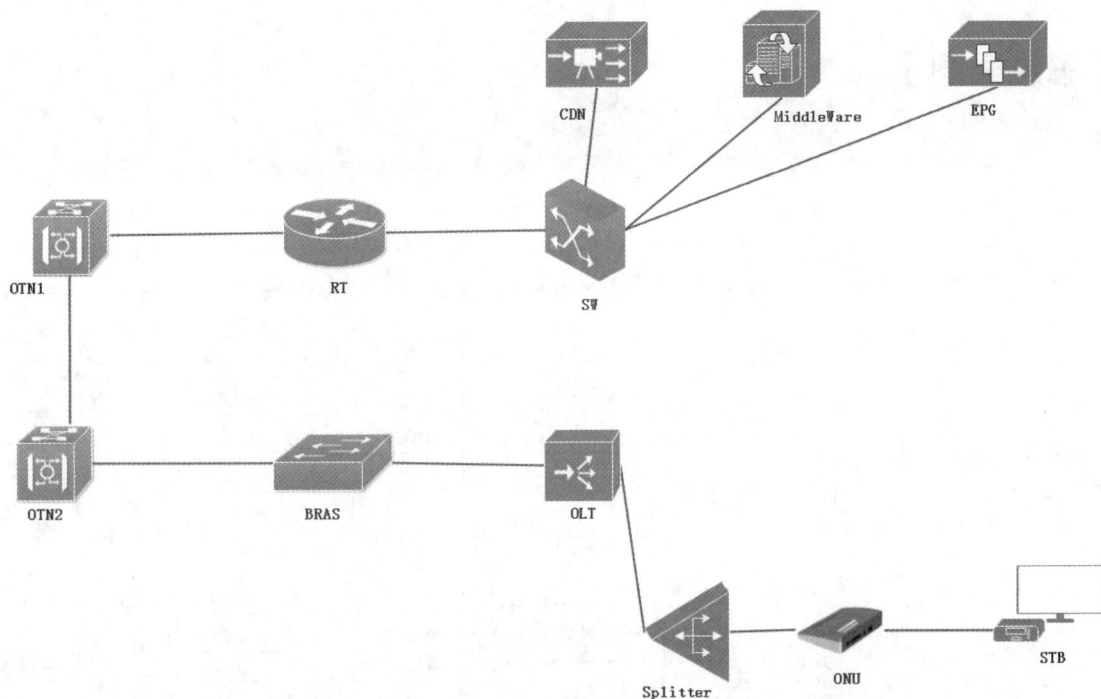

图 5-1　项目拓扑

1. 任务分析

由于此处是开通 IPTV 的首站业务,业务机房的内容分发网络(Content Delivery Network, CDN)、中间件（Middle Ware，MW）和电子节目指南（Electronic Program Guide，EPG）都需要从零开始规划和部署。如果不了解此三者的区别与联系，以及不清楚三者如何协同中间设备和接入端 STB 实现 IPTV 业务的工作机制，那么作为该项目的工程师可能要面临极大的挑战。本项目将详细介绍 IPTV 的构成、典型流程、各组件的功能和作用等。

2. 业务规划方案

某运营商在业务机房部署 CDN、MW、EPG 设备，在中心机房、南城区汇聚机房和南城区接入机房部署 RT、OTN、BRAS、OLT、Splitter、ONU 设备，这样既可以满足机房之间业务设备对接及路由器的连接需求，又可以保证整个链路的可靠性。

3. 思考

互联网组管理协议（Internet Group Management Protocol，IGMP）、稀疏模式独立组播协议（Protocol Independent Multicast-Sparse Mode，PIM-SM）两种协议的区别在哪里? 在配置的时候，哪个关键地方必须启用 IGMP?

【思维导图】

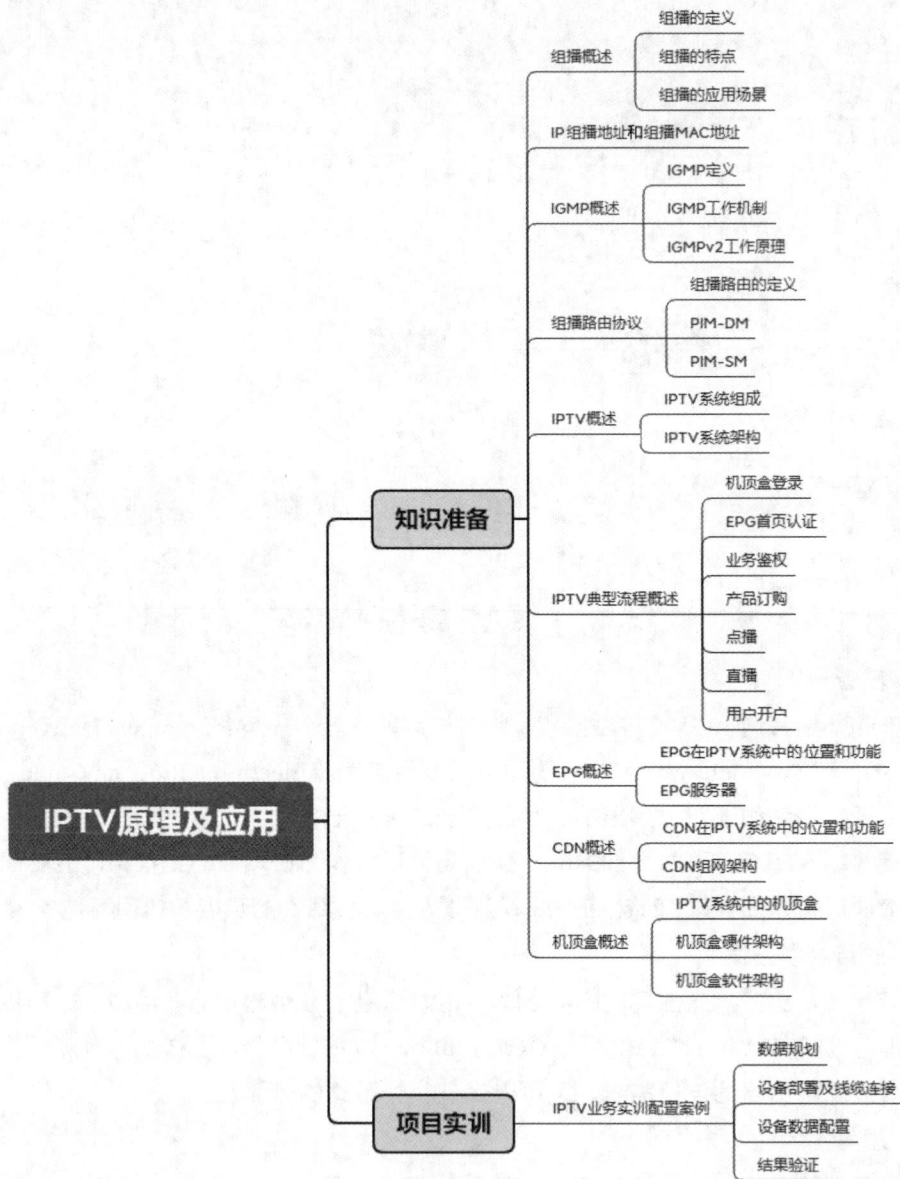

【知识准备】

////// **5.1** 组播概述

    组播作为一种与单播和广播并列的通信方式，能够有效地解决单点发送、多点接收的问题，从而实现网络中点对多点的高效数据传送，能够节约大量网络带宽、降低网络负载。

5.1.1 组播的定义

IP 网络的 3 种基本的通信方式分别是单播、广播和组播。

1. 单播

单播是一种点对点的通信方式，它要求在每一个发送者和每一个接收者之间实现点对点网络连接。单播方式也可以实现点对多点的通信，但它是通过建立多个点对点的连接来达到点对多点的通信目的的。这种方式将在源点与各个接收点间建立连接，从服务器开始，就会有多份数据流分别流向分散的接收点。这种方式将加重服务器的负荷，对服务器性能的要求很高；同时将使网络中出现大量流量，消耗带宽资源，导致网络拥塞。

2. 广播

广播是一种点对多点的通信方式，如果是在 IP 子网内的广播数据包，主机是被动的接收者，无论子网内部的主机是否愿意接收该数据包，所有在子网内部的主机都会收到该数据包。广播的使用范围非常小，只在本地子网内有效，通过路由器和交换机网络设备控制广播传输。

3. 组播

组播介于单播和广播之间，属于点对多点的通信方式。主机有选择的权利，只有当主机加入组时，组播数据才会发给主机。当主机向一组主机发送信息时，存在于某个组的所有主机都可以接收到信息。单播与组播的对比如图 5-2 所示，发送方仅发送一份数据包，此后数据包只有在需要的地方才会被复制分发，每一网段中都只保持一份数据流（见图 5-2），这样就可以减轻服务器的负担，节省网络带宽。

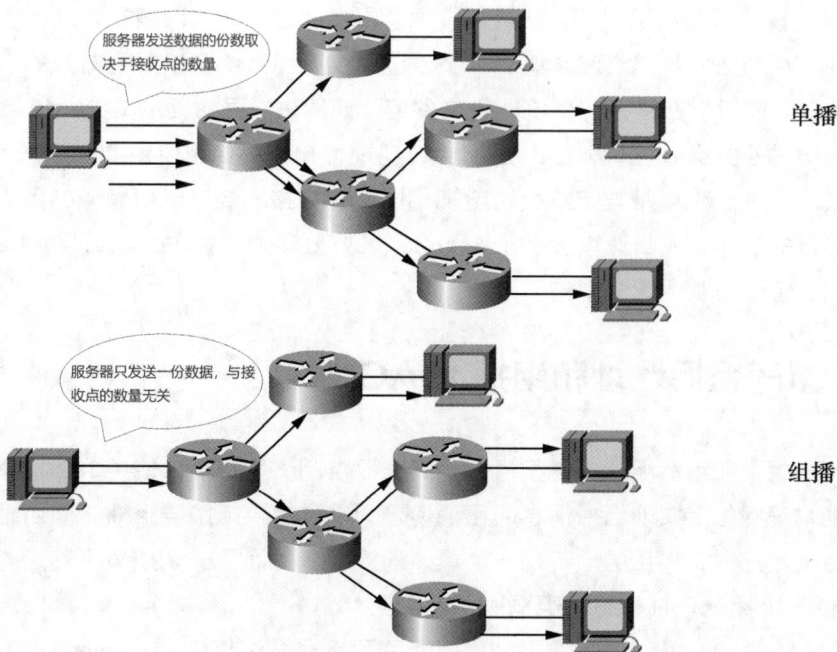

图 5-2　单播与组播对比

5.1.2　组播的特点

IP 组播技术有以下特点。

（1）支持动态的主机成员资格。

（2）支持所有的主机组，而不管其位置和成员数量。

（3）支持多个应用使用同一个组播地址。

但是需要指出的是，IP 组播是基于 UDP 的，所以 IP 组播可能会有信息传送不可靠、信息包重复、信息包不按序到达、无流量控制等缺点，组播的可靠性由接收方和网络中的 QoS 负责。

5.1.3　组播的应用场景

随着宽带多媒体网络的不断发展，各种宽带网络应用层出不穷。IPTV、IP 会议电视等组播应用将会给人们的生活带来更多的便利和乐趣。

1．IPTV

IPTV 业务和传统电视业务类似，不同之处是电视节目的接收端不再是传统的电视机，而是计算机或机顶盒加电视机；网络节目的传输不是使用传统的 HFC 网络，而是使用互联网。IPTV 与传统电视相比，优势在于电视频道的极大丰富，电视节目覆盖区域的扩大，电视台运营成本的下降。

2．IP 会议电视

IP 会议电视业务是利用电视、计算机技术及设备，通过通信网络在两地或多地之间召开会议的一种可视通信业务。出席会议的人员通过会议电视系统可以听到对方的声音并在屏幕上看到与会者，还可以通过控制系统传送文件等，如同进行面对面的交流。IP 会议电视业务和传统会议电视业务类似，不同之处是 IP 会议电视传输不再使用传统会议电视专用网络，而是使用互联网。IP 会议电视与传统会议电视相比，优势在于会议电视频道的极大丰富，会议电视覆盖区域的扩大，线路速率没有了 64kbit/s、128kbit/s、384kbit/s、2.048Mbit/s、6Mbit/s 的速率限制，会议电视运营成本的下降。

5.2　IP 组播地址和组播 MAC 地址

为了使组播源和组播组成员进行通信，需要提供网络层组播，使用 IP 组播地址。同时，为了在本地物理网络上实现组播信息的正确传输，需要提供链路层组播，使用组播 MAC 地址。传输组播数据时，其目的地不是一个具体的接收者，而是一个成员不确定的组，所以需要一种技术将 IP 组播地址映射为组播 MAC 地址。

IP 地址可分为 A、B、C、D、E 这 5 类。互联网编号分配机构（Internet Assigned Numbers

Authority，IANA）把 D 类地址分配给 IP 组播。D 类地址都以 0x1110 开始，即 IP 组播地址的范围为 224.0.0.0 ~ 239.255.255.255。

然而，并不是所有的 D 类地址都可以分配给用户使用，IANA 预留了两个地址范围：224.0.0.0 ~ 224.0.0.255 和 239.0.0.0 ~ 239.255.255.255。

IANA 将 224.0.0.0 ~ 224.0.0.255 的地址叫作链路本地目标地址，这些地址是保留给本地网段上的网络协议使用的。路由器不转发使用这些地址的数据包，因为这些数据包的 TTL（Time To Live，存活时间）值被设置为 1。网络协议使用这些地址来自动发现路由器并交流重要的路由选择信息。如 224.0.0.1 表示所有组播成员（包括路由器），224.0.0.2 表示所有组播路由器，OSPF 使用 224.0.0.5 和 224.0.0.6 来交换链路状态信息。

239.0.0.0 ~ 239.255.255.255 被称为管理范围地址。IETF 发布的 RFC 2365（Administratively Scoped IP Multicast，管理范围内的 IP 组播）规定，使用这些地址的组播被限定在本地，与互联网相连的边缘路由器不会把这种组播帧转发到互联网的外面。边缘路由器通常使用 ACL 来阻止组播帧向外网的转发。

在 IP 组播地址范围中除去链路本地目标地址和管理范围地址后，可以分配给用户使用的是 224.0.1.0 ~ 235.255.255.255。

5.3 IGMP 概述

IGMP 是 TCP/IP 协议簇中负责 IP 组播成员管理的协议，它用来在 IP 主机和与其直接相邻的组播路由器之间建立、维护组播组成员关系。IP 主机通过发送 IGMP 报文宣布加入某组播组；本地组播路由器通过周期性地发送 IGMP 报文轮询本地网络上的主机，确定本地组播组成员信息。

5.3.1 IGMP 定义

IGMP 运行于主机和与主机直接相连的组播路由器之间，主机通过此协议告诉本地路由器希望加入并接收某个特定组播组的信息，同时路由器通过此协议周期性地查询局域网内某个已知组的成员是否处于活动状态（即该网段是否仍有属于某个组播组的成员），实现所连网络组成员关系的收集与维护。

IGMP 有 3 个版本：IGMPv1 由 RFC 1112 定义；IGMPv2 由 RFC 2236 定义，目前使用非常广泛；IGMPv3 由 RFC 3376 定义，目前仍然使用得很少。IGMPv1 中定义了基本的组成员查询和报告过程，IGMPv2 在此基础上添加了组成员快速离开的机制，IGMPv3 中增加的主要功能是成员可以指定接收或不接收某些组播源的报文。

通过 IGMP 机制，组播路由器上会形成一张表，这张表中记录了路由器的各个端口及在端口所对应的子网上都有哪些组的成员。当路由器接收到某个组 G 的数据报文后，只向那些有 G 的成员的端口上转发数据报文。至于数据报文在路由器之间如何转发则由路由协议决定，

IGMP 并不负责。

5.3.2　IGMP 工作机制

主机使用 IGMP 通知子网组播路由器，希望加入组播组；路由器使用 IGMP 查询本地子网中是否有属于某个组播组的主机。IGMP 工作机制如图 5-3 所示。

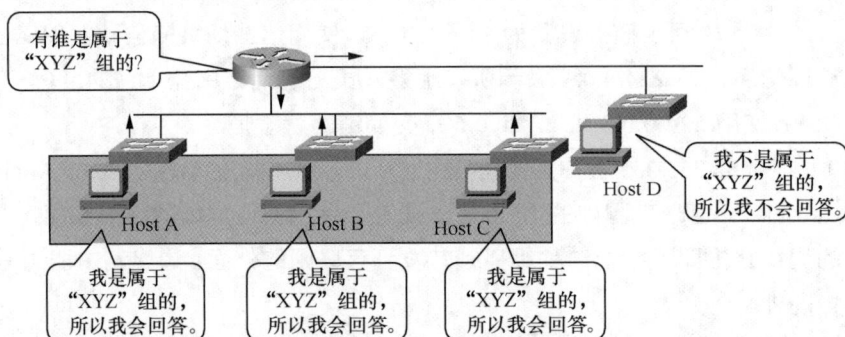

图 5-3　IGMP 工作机制

1. 加入组播组

当某个主机加入一个组播组时，它通过"成员资格报告"消息通知它所在的 IP 子网的组播路由器，同时将自己的 IP 模块做相应的准备，以便开始接收来自该组播组传来的数据。如果这台主机是它所在的 IP 子网中第一台加入该组播组的主机，通过路由信息的交换，组播路由器加入组播分布树。

2. 退出组播组

在 IGMPv1 中，当主机想离开某一个组播组时，可自行退出。组播路由器定时（如 120s）使用"成员资格查询"消息向 IP 子网中的所有主机的组地址（224.0.0.1）查询，如果某一组播组在 IP 子网中已经没有任何成员，那么组播路由器在确认这一事件后，将不再在子网中转发该组播组的数据。与此同时，通过路由信息交换，从特定的组播分布树中删除相应的组播路由器。这种不通知任何人而悄悄离开的方法，使得组播路由器知道 IP 子网中已经没有任何成员的事件延时了。所以在 IGMPv2 中，当每一个主机离开某一个组播组时，需要通知子网组播路由器，组播路由器立即向 IP 子网中的所有组播组询问，从而减少了系统处理停止组播的延时。

5.3.3　IGMPv2 工作原理

1. IGMPv2 的消息格式

IGMPv2 的消息格式如图 5-4 所示。

IGMP 消息封装在 IP 报文内传送，协议号为 2。

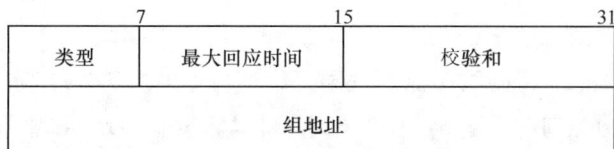

图 5-4　IGMPv2 的消息格式

（1）类型。路由器和主机之间交互的 IGMP 消息有 4 种类型。

① 0x11 表示组播组成员资格查询，根据组地址的不同可以分为两种类型：组地址为全 0 表示常规查询；组地址中写明地址表示对指定组进行成员资格查询。

② 0x12 表示版本 1 组播组报告消息，说明 IGMPv2 和 IGMPv1 兼容。

③ 0x16 表示版本 2 组播组查询报告消息。

④ 0x17 表示离开组播组。

（2）最大回应时间：描述了主机发送一个响应消息前的最大允许时延，仅对组播组查询消息有意义。

（3）校验和：用于验证数据包的完整性。数据包在处理之前，先确认校验和。

（4）组地址：常规查询时，组播组地址被置为 0；指定组查询时，组播组地址被置为查询的组播组地址；在报告消息中，组播组地址为主机的组地址。

2. 路由器与主机之间的 IGMPv2 交互过程

IGMPv2 交互的具体过程如下。

主机想加入某个组时，主动发送组成员关系报告；路由器收到组成员关系报告后，如果是新组的报告则向该网段转发组播数据，如果组已存在则刷新组状态。如主机 H2 和 H3 想要收到组 224.1.1.1 的组播信息流，便直接发送"Report"消息，表示它想加入 224.1.1.1 组，这个消息和 IGMPv1 的相同，如图 5-5 所示。

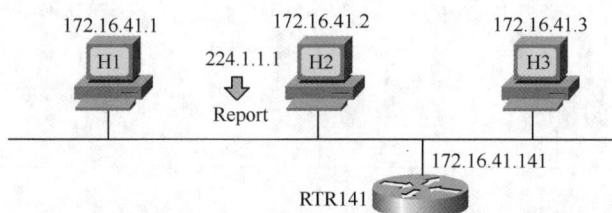

图 5-5　IGMPv2 加入组

路由器需要定时发送常规查询消息，然后根据收到的组成员关系报告来确定某个特定组是否有主机存在；主机收到查询消息后，如果主机正属于某个组，则需要以组成员关系报告响应组播路由器的组成员关系查询，报告中包含主机加入组的组地址。IGMPv2 定期查询过程如图 5-6 所示。路由

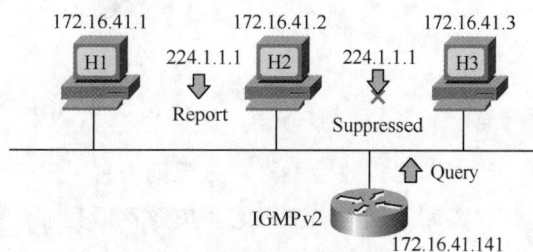

图 5-6　IGMPv2 定期查询过程

器若长时间没收到关于某组的报告，将删除该组，不再向该网段转发组播数据。

当主机想离开某组时，将向路由器发送离开组消息（见图 5-7 中的#1）；路由器收到离开组消息时，发出指定组查询（见图 5-7 中的#2），以确定某个特定组是否已无成员。如果路由器收到报告消息（见图 5-7 中的#3），则刷新组状态；如果在一段时间内路由器没有收到该组的报告，说明组中已经没有成员，则删除该组。

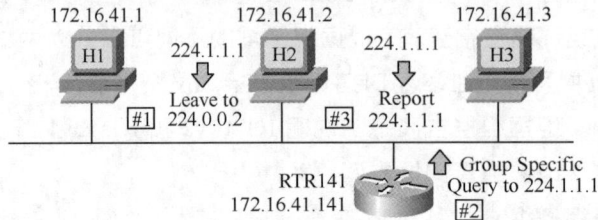

图 5-7　IGMPv2 离开组

3. 查询器

如果有多台组播路由器连接在同一个共享网段上，多台组播路由器都发出常规查询消息是没有必要的。

为了减少网段上的查询消息，我们规定将由一台特殊的路由器（查询器）来发送查询消息，其他路由器监听并接收查询消息。查询器由接在同一个 LAN 上的路由器中选举产生。

任何路由器启动组播服务时，它都默认自己为查询器，并发送常规查询消息。查询器在收到更小源 IP 地址的查询消息后就停止发送常规查询消息，变成非查询器。具体选举过程如图 5-8 所示。

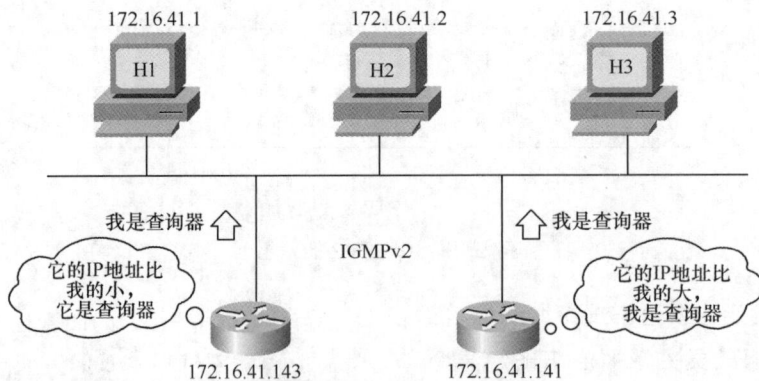

图 5-8　IGMPv2 查询器选举

当查询器失效后不再发送查询消息，非查询器将变成查询器重新发送查询消息。

非查询器如何知道查询器失效？所有非查询器都启动一个查询定时器。无论何时，非查询器只要收到普遍查询消息就会重新启动定时器。当定时器超时时，非查询器立即发送查询消息，变成查询器。

4. 报告消息抑制

当组播路由器发出查询消息时，连接在共享网段上的同一组的多台主机有可能同时响应组查询消息。

同一组的多台主机响应路由器的查询消息是没有必要的，而且会形成组成员报告消息的"风暴"。IGMP 定义了报告消息抑制的机制，可以有效地防止同一组的多台主机响应组查询消息。

报告消息抑制的工作原理：当主机收到查询消息时并不会立即发送响应报告，而是启动定时器，延迟一个随机长短的时间才发送响应报告。在这段随机的时间内，主机只要收到自己所属组的任意一台主机发出的组成员关系报告（这台主机计时器计时结束），就不再发送组成员关系报告。这样，每一个组中只有一台主机发送响应报告，避免了"报告风暴"，如图 5-9 所示。

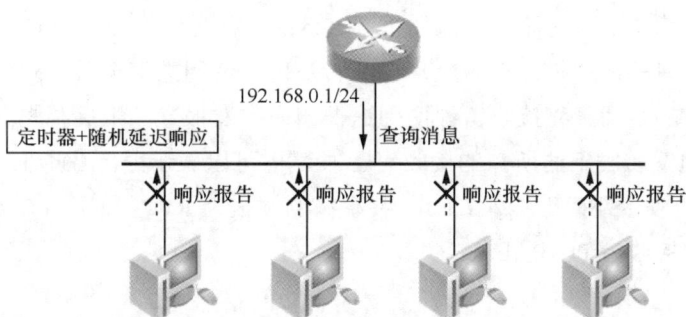

图 5-9 报告消息抑制

5.4 组播路由协议

要想在一个实际网络中实现组播数据包的转发，必须在各个互连设备上运行可互操作的组播路由协议。

5.4.1 组播路由的定义

具有组播功能的路由器通过组播转发树来控制 IP 组播流在网络中的传送，以便将通信流传送给接收者。

组播转发树可以分为两大类：源树和共享树。

1. 源树

源树是指以组播源作为树根，将组播源到每一个接收者的最短路径结合起来构成的转发树。由于源树使用的是从组播源到接收者的最短路径，因此其也称为最短路径树（Shortest Path Tree，SPT）。对于某个组，网络要为任何一个向该组发送报文的组播源建立一棵树。图 5-10 所示，是组播组 224.2.1.1 的源树，树根是 PC-A，接收者为 PC-B 和 PC-C。通常我们使用(S,G)来表示源树，源树的两个要素是 S（信源）和 G（组播组）。

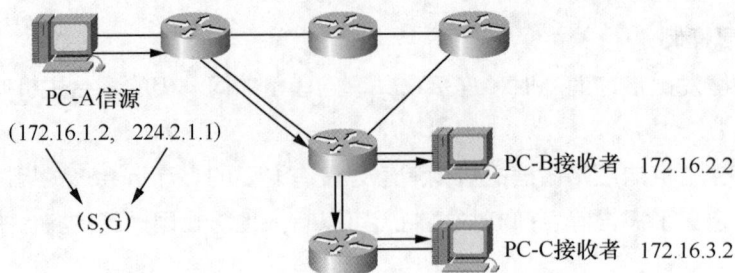

PC-A信源

(172.16.1.2，224.2.1.1)

(S,G)

PC-B接收者　172.16.2.2

PC-C接收者　172.16.3.2

图 5-10　源树

源树在信源和接收者之间转发的路径始终是最优路径，其在某种程度上降低了跨越多台路由器导致的网络时延。但代价是路由器需要保存每个信源的路径信息，当信源数量足够多时，会大量占用路由器的资源。

2. 共享树

共享树以某个路由器作为路由树的树根，该路由器称为汇集点（Rendezvous Point，RP），将 RP 到所有接收者的最短路径结合起来构成转发树。使用共享树时，对应某个组，网络中只有一棵树。所有的组播源和接收者都使用这棵树来收发报文，组播源先向树根发送数据报文，之后报文又向下转发到达所有的接收者。共享树可以表示为(*,G)，其中*表示所有的信源，G 在图 5-11 中表示组播组 224.2.1.1，共享树的树根为 RTC，信源 PC-A 和 PC-D 沿共享树将组播流传送到接收者 PC-B 和 PC-C。

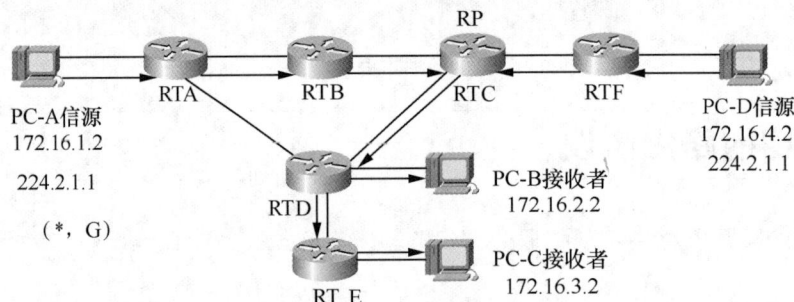

RP

PC-A信源
172.16.1.2
224.2.1.1

RTA　　RTB　　RTC　　RTF

PC-D信源
172.16.4.2
224.2.1.1

RTD

(*，G)

PC-B接收者
172.16.2.2

RT E

PC-C接收者
172.16.3.2

图 5-11　共享树

同一个组播组的信源共享一个转发树，因而降低了对路由器的内存的需求。在单一的共享树的环境中，接收者从 RP 接收和直接从信源接收相比，可能路径不是最优的，会引入一定的网络时延。

组播协议分为主机—路由器协议和路由器—路由器协议。主机—路由器协议负责告诉路由器组成员关系信息，至于组播数据在路由器之间如何转发则由组播路由协议决定。组播路由协议可分为两类：密集模式协议和稀疏模式协议。密集模式协议包括距离向量组播路由协议（Distance Vector Multicast Routing Protocol，DVMRP）、密集模式独立组播协议（Protocol Independent Multicast-Dense Mode，PIM-DM）等；稀疏模式协议包括 PIM-SM、基于核的树（Core-Based Tree，CBT）的组播路由协议等。其中应用非常广泛的是 PIM-SM。下面分别介绍各个协议的工作原理。

5.4.2 PIM-DM

从字面上理解，PIM 是与协议无关的组播协议。与协议无关并不是说 PIM 与单播路由协议一点儿关系都没有，只是表示 PIM 不依赖于某种具体的 IP 路由选择协议。PIM 需要利用单播路由表来进行逆向路径转发（Reverse Path Forwarding，RPF）检查，形成单播路由表的可以是包括静态路由在内的任何路由协议。

PIM 报文基于 UDP，其端口号是 103。PIM 还有专门的组播地址 224.0.0.13，表示所有的 PIM 路由器。

组成员密集环境，表示在某一个范围内组成员众多。对于这种环境，将采用 PIM-DM 来解决。

1. PIM-DM 转发

PIM-DM 认为在网络中组成员密集，在运行 PIM-DM 的网络环境中，路由器将默认所有接口上都有接收者。

PIM-DM 以信源作为组播转发树的树根，转发路径作为树枝。当组播数据到达路由器后，路由器立即建立转发表。

转发表的入接口应该是路由器依据单播到数据源的接口，如果不是，则丢弃组播包；出接口包括除入接口外的所有接口，如果数据 RPF 检查成功，它将根据转发表向除入接口外的所有接口转发。

2. PIM-DM 剪枝

如果路由器所有出接口上都没有接收者，组播包再送至此路由器是没有必要的。发出的剪枝消息将清空转发表的出接口列表，并向其上游路由器发送剪枝消息，以使组播包不再流向本路由器，如图 5-12 所示。上游路由器收到剪枝消息后，从转发表出接口列表中删除接收到剪枝消息的接口，组播数据就不再从该接口转发出去。

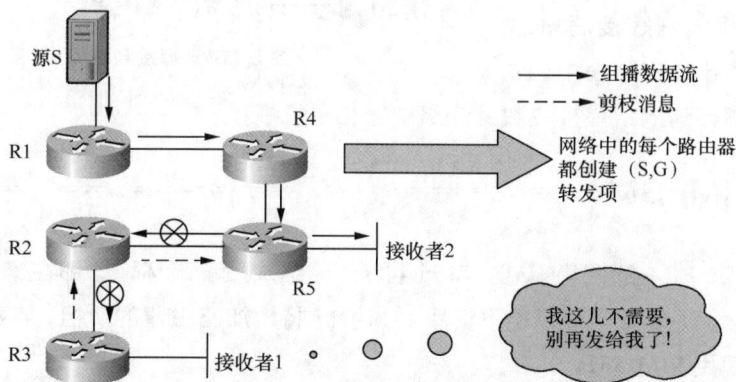

图 5-12　扩散-剪枝 1

组播转发树剪枝后的状态只能维持一段时间。经过一段时间后，上游路由器重新将曾经收到剪枝消息的出口添加到转发表的出接口列表中。这样组播数据又能流向先前被剪枝的下游路由器（这种方式叫作扩散）。然后，下游路由器再次发出剪枝消息。如图 5-13 所示，图中(S,G,UP,DOWN)中的 UP 代表组播流入接口，DOWN 代表出接口。

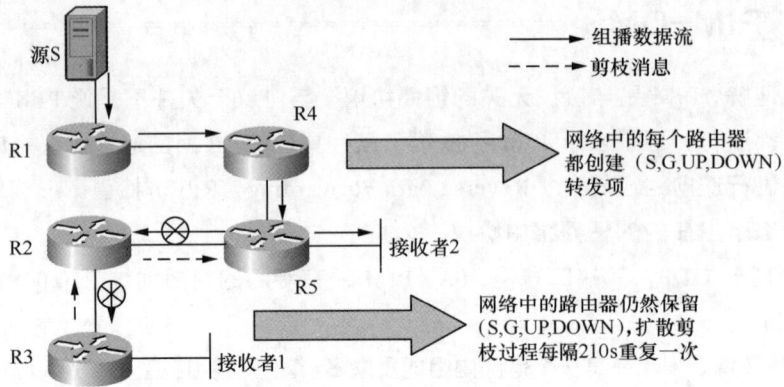

图 5-13　扩散-剪枝 2

周而复始，PIM-DM 组播转发树将不停地处于扩散和剪枝的过程中。

3. PIM-DM 嫁接

在 PIM-DM 剪枝期间，如果路由器下面连接的主机想加入组播组，不需要等到紧接着的扩散时期。

如图 5-14 所示，路由器将迅速向上游的路由器发送嫁接消息，要求上游路由器把本路由器加入转发表中。上游路由器收到嫁接消息后，会给下游路由器一个嫁接的回应。回应的目的是告诉下游路由器已经收到嫁接消息。PIM 使用 UDP 方式传递，嫁接回应会使嫁接消息传递更可靠。

上游路由器将收到嫁接消息的接口添加到转发表出接口列表中。这样组播数据就能够传送到希望接收数据的路由器和主机成员。

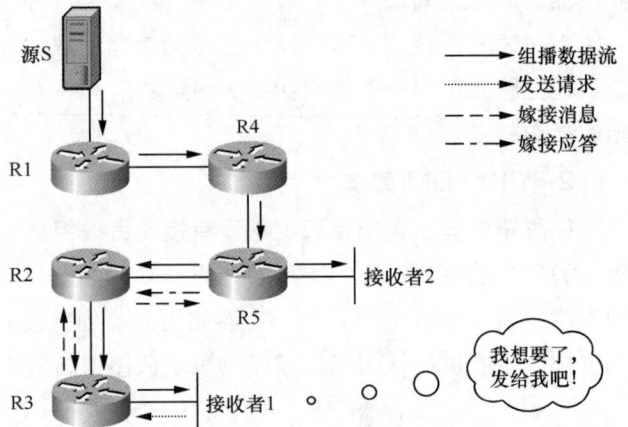

图 5-14　嫁接与嫁接应答

5.4.3　PIM-SM

5.4.2 节介绍过 PIM 的密集模式，本节重点介绍组成员稀疏环境，即在某一范围内组成员比较少或分布比较散。在这种环境下使用 PIM-DM 将增加路由器的负担，浪费带宽。因此，这种环境下我们使用 PIM-SM。

1. PIM-SM 转发

PIM-DM 适用于接收成员多而且密集的环境，而 PIM-SM 适用于接收成员较少的环境。两者的加入和转发机制有很大的区别。

PIM-DM 路由器默认所有接口上都有接收者；而 PIM-SM 路由器默认所有接口上都没有接收者，如果主机需要组播流，则需要由主机进行 IGMP 加入，然后向上游发送报告消息。

具体的处理流程如下。

PIM-SM 转发是由主机和 RPF 下游的加入消息来驱动的，它需要组播流的主机先向 DR（Designated Router，指定路由器）发送 IGMP 加入消息。DR 接收到 IGMP 加入消息后，就在该组转发表的出接口列表中添加刚才接收到 IGMP 加入消息的接口。

如果 DR 出接口列表从空变成非空状态，则向其 RP 发送加入消息。中途所有路由器会将收到加入消息的接口添加到出接口列表中。如果路由器的转发表出接口也从空变为非空状态，则路由器向 RP 转发该加入消息。如果路由器的转发表不为空，则路由器只是在出接口列表中添加收到消息的接口。这样路由器就建立起了转发表。组播流将根据转发表把组播数据发送给所有组成员。

当组播流到达组播路由器时，路由器也会创建转发表。转发表的入接口指向源，这里的源指的是 RP，出接口列表如果没有收到加入消息则为空。

2．PIM-SM 剪枝

如果主机不再接收组播数据，主机会向 DR 发送 IGMP 离开消息。当 DR 收到 IGMP 离开消息后，将收到 IGMP 离开消息的接口从出接口列表中删除；如果出接口列表从非空变为空，即本路由器不再有组播的成员，DR 将向 RP 发送剪枝消息。

DR 的上游路由器收到剪枝消息后，将收到剪枝消息的接口从出接口列表中删除。当其出接口列表从非空变为空时，上游路由器向 RP 发送剪枝消息。

3．PIM-SM 注册

当 DR 收到一个来自接收者的加入消息时，它就会向着组 G 的 RP 方向逐跳组播发出一个(*,G)加入消息用以加入共享树，如图 5-15 所示。

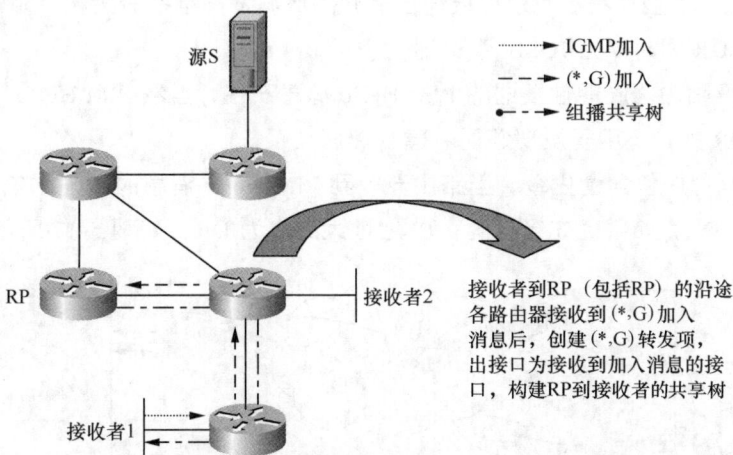

图 5-15　加入共享树

源主机向组发送组播数据时，源的数据被封装在注册消息内，并由其 DR 单播至 RP，RP 再将源的解封装数据包沿着共享树转发到各个组成员，如图 5-16 所示。

RP 朝着源方向向第一跳路由器发送(S,G)加入消息，用以加入此源的最短路径树，这样源的数据包将沿着其最短路径树不加封装地发送到 RP。

当第一个组播数据沿共享树到达时，RP 向源的 DR 发送注册停止消息，以使 DR 停止注册封装过程。此后，这个源的组播数据不再注册和封装，而是先沿着源的最短路径树发送到 RP，再由 RP 将其沿着共享树转发到各个组成员。

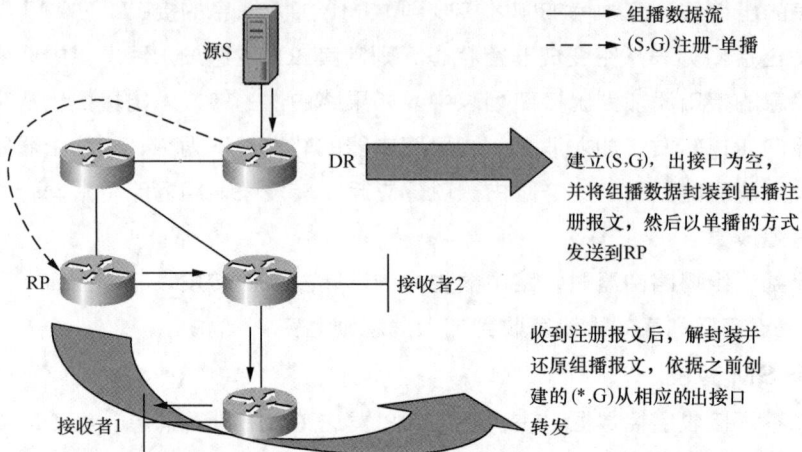

图 5-16　PIM-SM 注册

DR 收到注册停止消息后，停止向 RP 发送注册消息。但经过一段时间后 DR 重新发起一次注册过程。

4. DR 和 RP

在共享网段中，如果没有 DR，每一台路由器都可以向上游发起加入/剪枝消息，这显然是不合理的。DR 主要应用在 SM（Session Management，会话管理）中，在 SM 中由 DR 负责向上游发起加入/剪枝过程，或是将直连组播源的数据发向组播分发树。如果路由器是工作在 IGMPv1 下，DR 同时作为 IGMP 查询器。

DR 的选举靠路由器周期性发送的 PIM Hello 消息产生，当然 PIM Hello 消息除了用于共享网段上选择 DR 外，还用于发现邻居、建立邻居关系。

PIM Hello 消息中包含优先级，当路由器收到 PIM Hello 消息时，先比较自己的优先级。优先级大的作为 DR，如果优先级相同，IP 地址大的作为 DR，如图 5-17 所示。

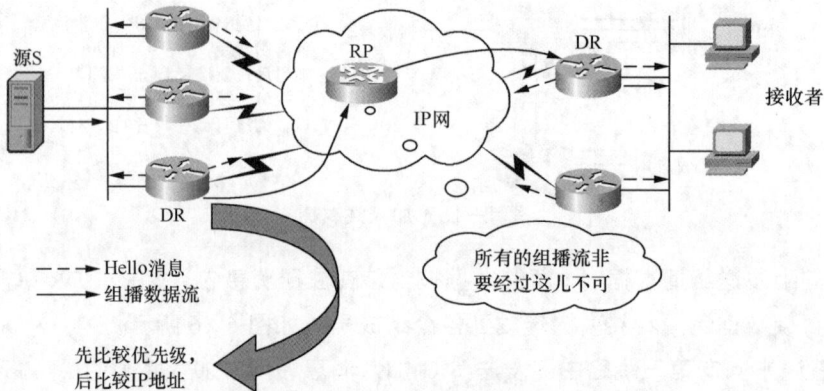

图 5-17　DR 的选举和转发

PIM-SM 采用共享树来进行组播数据包的传递。一棵共享树中有一个中心点，负责为一个组播组的所有源发送端发送数据包。每个源发送端沿最短路径路由到中心点，然后以中心点为根节点，沿最短路径将数据包分发到该组中的各个接收端。PIM-SM 的组中心点称作 RP。一个网络中可以有多个 RP，但一个组播组中只能有一个 RP。

RP 可以通过静态指定，也可以配置备选 RP，然后动态选举。PIM-SM v2 通过手动配置一些运行 PIM-SM 的路由器作为备选的引导路由器（Boot Strap Router，BSR），选举其中优先级最高的备选 BSR 成为正式的 BSR（优先级相同，IP 地址大的作为 BSR）。BSR 负责收集各组播路由器的备选 RP 消息，发现组播域中有哪些备选 RP，并统一通告给 PIM 域内所有 PIM 路由器，在同样的备选 RP 集合中，选举其中优先级最低的作为正式的 RP（优先级相同，IP 地址小的作为 RP）。

5. SPT 切换

源树的树根就在信源。网络中所有组成员都根据到源的单播最短路径获得组播数据。PIM-DM 分发树就是这种模型。

共享树的树根是网络中某一个核心的路由器 RP。源的 DR 首先将组播数据发到 RP，RP 将组播数据转发给组成员。PIM-SM 分发树就是这种模型。

在 PIM-SM 中，DR 在收到组的 IGMP 加入消息后，向 RP 发起加入消息。通过 RP 获得组播数据，知道源 S 后直接从源获得组播数据。这个切换过程就叫作最短路径树切换。

最短路径树切换由最后一跳路由器 DR 发起。发生切换的规则有很多，ZXR10 系列设备采用监控流量的方式，只要有流量就会发生最短路径树到源树的切换。

DR 首先向其 RPF 上游发送带有源树标志的加入消息。上游路由器收到源树加入后也向源方向发送源树加入。如果本路由器到源的出接口与到 RP 的出接口不是同一接口，路由器还需要向 RP 发送带有 RPT 标志的剪枝消息。

这样路由器将不再从 RP 而是直接从源 S 获取组播数据。

5.5 IPTV 概述

IPTV 利用计算机或机顶盒+电视机实现接收视频点播节目、视频广播及网上冲浪等功能。国际上对 IPTV 的定义是可控、可管、安全传输并具有 QoS 认证的有线或无线 IP 网络，提供包括视频、音频（包括语音）、文本、图形等业务在内的多媒体业务。其中接收终端包括电视机、平板电脑、手机、移动电视及其他类似终端。我国对于 IPTV 的定义是可控和可管的、安全 QoS 传输的、基于有线 IP 网络的、终端为电视机的多媒体业务。它采用高效的视频压缩技术，使视频流传输带宽在 800kbit/s 时可以有接近数字通用光盘（Digital Video Disc，DVD）的收视效果（通常 DVD 的视频流传输带宽需要 3Mbit/s），对开展视频类业务，如互联网上视频直播、远距离视频点播、节目源制作等来讲，有很强的优势，是一个全新的技术概念。

5.5.1 IPTV 系统组成

IPTV 系统主要包含以下部分。

1. 头端

头端包括卫星天线、卫星接收机、视频编码器、离线编码器、播控系统等。

2. 业务系统（又称为中间件）

业务系统包括业务管理平台和业务能力平台两大部分。

其中，业务管理平台负责用户管理、计费管理、业务管理/鉴权、内容提供商/服务提供商（Content Provider/Service Provider，CP/SP）管理、终端管理、内容管理等；业务能力平台向业务管理平台提供支撑能力，管理 EPG 网络和 CDN。

3. EPG 网络

EPG 网络是用户访问 IPTV 系统的门户。EPG 网络采用多级分布式 EPG 架构，能为运营商提供百万级用户的服务能力。

4. CDN

CDN 由为用户提供流媒体服务的多个 CDN 节点组成。CDN 采用多级分布式 CDN 架构，能为运营商提供百万级用户的服务能力。

5. 增值业务系统

增值业务系统包括增值业务的管理和增值业务的能力支撑。IPTV 系统为第三方 CP/SP 提供了一套标准的、开放的增值业务开发平台。基于这套开发平台，运营商和第三方 CP/SP 能开发基于网页、Java、音/视频播放等的各种增值应用。

6. 网管系统

网管系统包括对系统网元（如业务系统服务器、EPG、CDN 节点等）的管理和终端（如机顶盒）网元的管理。其主要功能包括拓扑视图管理、故障管理、配置管理、性能管理、安全管理、终端管理、报表管理、日志管理等。

7. 数字版权管理系统

数字版权管理（Digital Rights Management，DRM）系统负责保护多媒体内容免遭未经授权的播放或复制，为 IPTV 提供完善的多媒体内容保护。

8. 机顶盒

机顶盒是放置在用户家中的 IPTV 终端设备。用户通过机顶盒从运营商 IPTV 系统中获得相关服务，如直播、视频点播（Video On Demand，VOD）、电视回看（TV On Demand，TVOD）、时移电视（Time-Shift TV，TSTV）、准视频点播（Near Video On Demand，NVOD）、个人视频录制（Personal Video Recorder，PVR）等互动音/视频业务；同时提供信息浏览、电子广告、在线游戏、远程教育等增值应用。

9. IPTV 统计分析系统

IPTV 统计分析系统是 IPTV 系统中独具特色的一部分。该系统对 IPTV 采集的各种数据

进行数据挖掘，可以为运营商提供灵活的用户行为分析、系统运行状况分析等，可以由运营商灵活地定制统计分析的主题并输出各种形式的报表。IPTV 统计分析系统是运营商优化业务运营模式的有力帮手。

5.5.2 IPTV 系统架构

IPTV 系统的分层功能架构如图 5-18 所示。

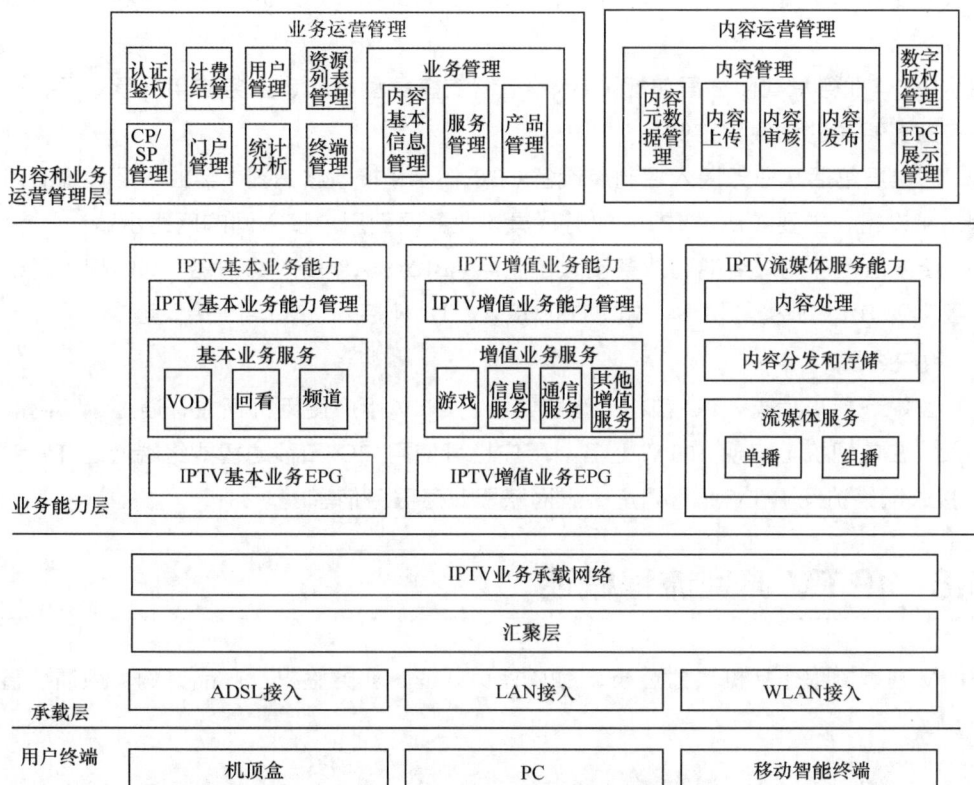

图 5-18 IPTV 系统的分层功能架构

1. 内容和业务运营管理层

内容和业务运营管理层为 IPTV 平台提供内容和业务的运营管理支撑，包括业务运营管理和内容运营管理。

（1）业务运营管理包括认证鉴权、计费结算、用户管理、资源列表管理、CP/SP 管理、门户管理、统计分析、终端管理和业务管理（包括内容基本信息管理、服务管理、产品管理）。

（2）内容运营管理包括数字版权管理、EPG 展示管理、内容管理（包括内容元数据管理、内容上传、内容审核、内容发布）。

2. 业务能力层

业务能力层为 IPTV 平台提供业务服务能力，包括 IPTV 基本业务能力、IPTV 增值业务能力和 IPTV 流媒体服务能力。

（1）IPTV 基本业务能力包括 IPTV 基本业务能力管理、基本业务服务（包括 VOD、回看、频道）和 IPTV 基本业务 EPG。

（2）IPTV 增值业务能力包括 IPTV 增值业务能力管理、增值业务服务（包括游戏、信息服务、通信服务和其他增值业务服务）、IPTV 增值业务 EPG。

（3）IPTV 流媒体服务能力包括内容处理、内容分发和存储、流媒体服务（包括单播、组播）。

3. 承载层

承载层主要基于宽带网络构建，包括 3 个层次，即 IPTV 业务承载网络层、汇聚层和接入层。

（1）IPTV 业务承载网络层包括 CDN、运营支撑层承载网、业务应用层承载网，主要实现具体各业务相关的承载和控制。

（2）汇聚层包括从业务接入控制点设备（BRAS/AR 接入路由器）至业务层边缘节点间的相关网络和设备，主要实现各 IPTV 业务从具体业务网到用户接入间的网络承载。

（3）接入层指从用户终端到业务接入控制点（BRAS/AR 接入路由器）间的相关网络及设备，主要实现 IPTV 业务的接入，如 ADSL 接入、LAN 接入、WLAN 接入等。

4. 用户终端

用户终端包括机顶盒、PC 和移动智能终端。IPTV 用户使用机顶盒，通过运营商的各种宽带接入，在电视机上实现 IPTV 业务。用户也可使用 PC 和移动智能终端通过 LAN 或者 WLAN 接入网络访问 IPTV 业务门户，进而获取业务服务信息。

5.6　IPTV 典型流程概述

IPTV 典型流程包括机顶盒登录、EPG 首页认证、业务鉴权、产品订购、点播、直播、用户开户。

5.6.1　机顶盒登录

机顶盒登录流程如图 5-19 所示，主要描述如下。

（1）机顶盒向业务管理平台通过 HTTP GET 方式发送用户身份认证请求，上传信息包括 UserID。

（2）业务管理平台产生随机 EncryToken 字段，该字段用于认证加密的挑战字。

（3）业务管理平台通过 HTTP Response 返回包含扩展加密 JavaScript 脚本、EncryToken 等内容的页面。

（4）机顶盒通过调用扩展 Java Script 函数对 EncryToken、UserID、STBID、IP、MAC 等信息进行加密后，通过 HTTP POST 方式发送到业务管理平台。

（5）业务管理平台进行身份验证，验证通过后通过 HTTP Response 以扩展 JavaScript 脚本的形式返回认证结果并设置资源服务器列表等信息。

（6）机顶盒使用认证返回的升级服务器地址，通过本地升级功能进行版本检查并按需求进行升级。

（7）机顶盒通过 HTTP GET 的请求方式，向业务管理平台发起获取频道列表的请求。

（8）业务管理平台通过 HTTP Response 以扩展 JavaScript 脚本的形式返回频道列表。

（9）机顶盒通过 HTTP GET 的请求方式，向业务管理平台发起获取业务入口列表的请求。

（10）业务管理平台通过 HTTP Response 以扩展 JavaScript 脚本的形式返回业务入口列表。

（11）机顶盒通过 HTTP GET 请求，向业务管理平台发起用户注销的请求。

（12）业务管理平台通过 HTTP Response 以扩展 JavaScript 脚本的形式返回用户注销响应。

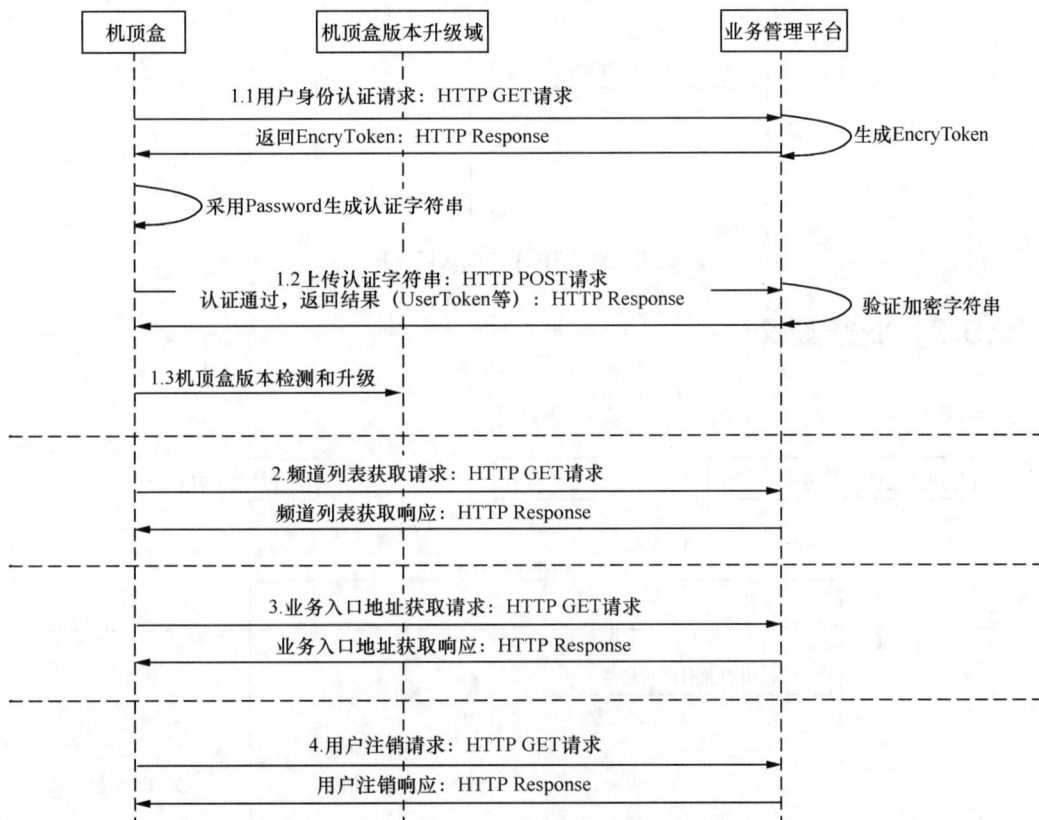

图 5-19　机顶盒登录流程

5.6.2　EPG 首页认证

EPG 首页认证流程如图 5-20 所示，主要描述如下。

（1）用户登录并认证成功后，通过机顶盒向 EPG 发起首页鉴权的请求，或用户使用 PC、移动智能终端打开 EPG 后在首页使用用户名、密码登录。

（2）EPG 向业务管理平台发起首页鉴权的请求。

（3）业务管理平台查询用户订购产品列表（只查询订购的包周期产品，若认证失败，则直接返回失败消息）。

（4）业务管理平台将认证结果和用户信息返回给 EPG。

（5）返回模板首页。

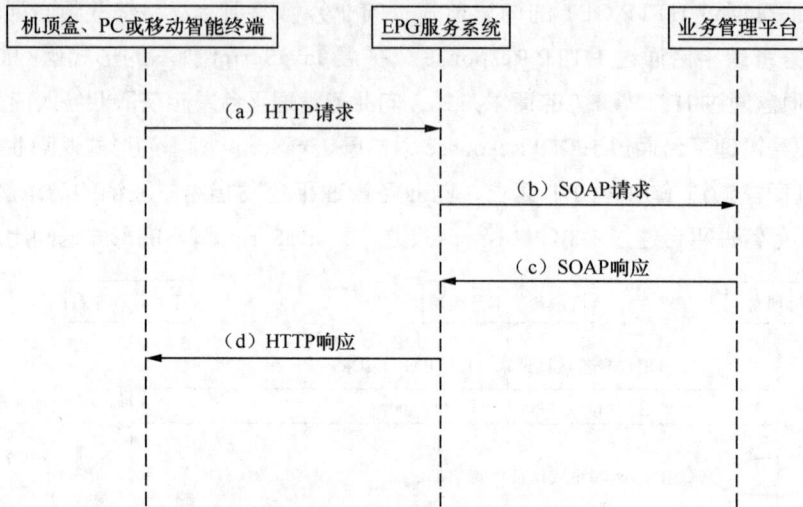

图 5-20　EPG 首页认证流程

5.6.3　业务鉴权

业务鉴权流程如图 5-21 所示，主要描述如下。

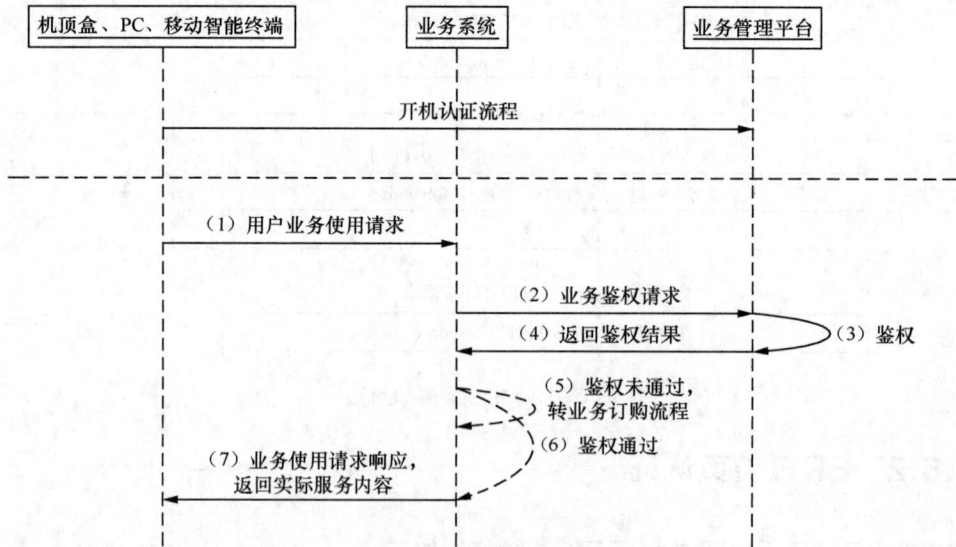

图 5-21　业务鉴权流程

（1）终端访问 EPG，请求使用某项业务。

（2）业务系统要求鉴权，发起到业务管理平台的 SOAP 请求，携带 ProductID、UserToken 等信息。

（3）业务管理平台根据产品、用户信息进行业务鉴权。

（4）业务管理平台通过 SOAP 响应返回鉴权结果。

（5）如果鉴权未通过，则业务系统发起业务订购流程。

（6）如果鉴权通过，则允许使用业务系统。

（7）业务系统返回用户请求的实际业务内容，继续业务的使用。

5.6.4 产品订购

产品订购流程如图 5-22 所示，主要描述如下。

（1）用户选择产品，机顶盒向 EPG 发起产品订购请求或用户使用 PC、移动智能终端通过 EPG 门户发起产品订购请求。

（2）EPG 向业务管理平台发起产品订购请求。

（3）业务管理平台进行用户订购处理，保存用户的即时订购关系。

（4）业务管理平台向 EPG 返回即时订购的结果。

（5）EPG 返回机顶盒订购的处理页面，或在门户将订购结果展示在界面上来通知用户。

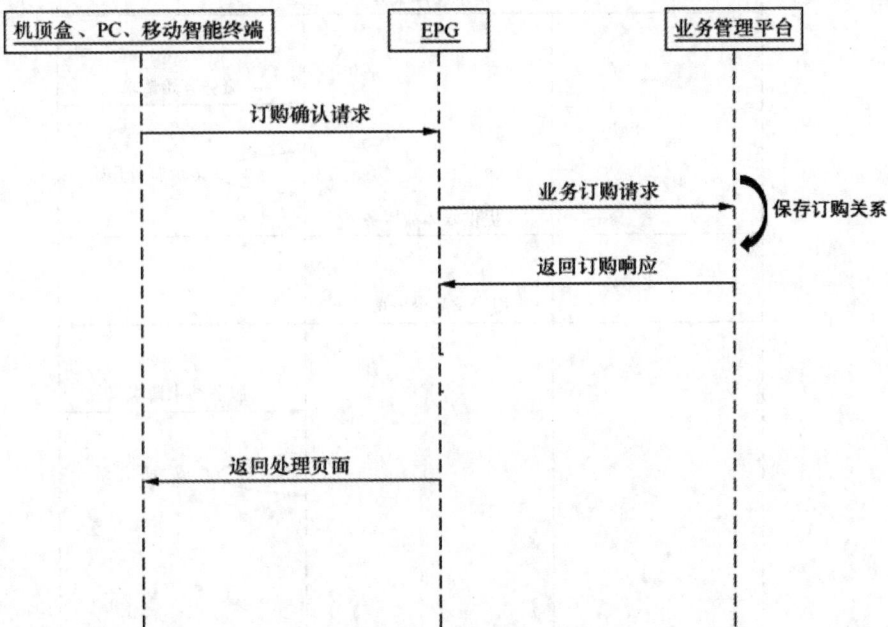

图 5-22 产品订购流程

5.6.5 点播

点播流程如图 5-23 所示，主要描述如下。

（1）用户在机顶盒上发起一个点播请求或在 EPG 门户上选择一个感兴趣的内容进行点击。

（2）EPG 向业务管理平台发起鉴权操作。

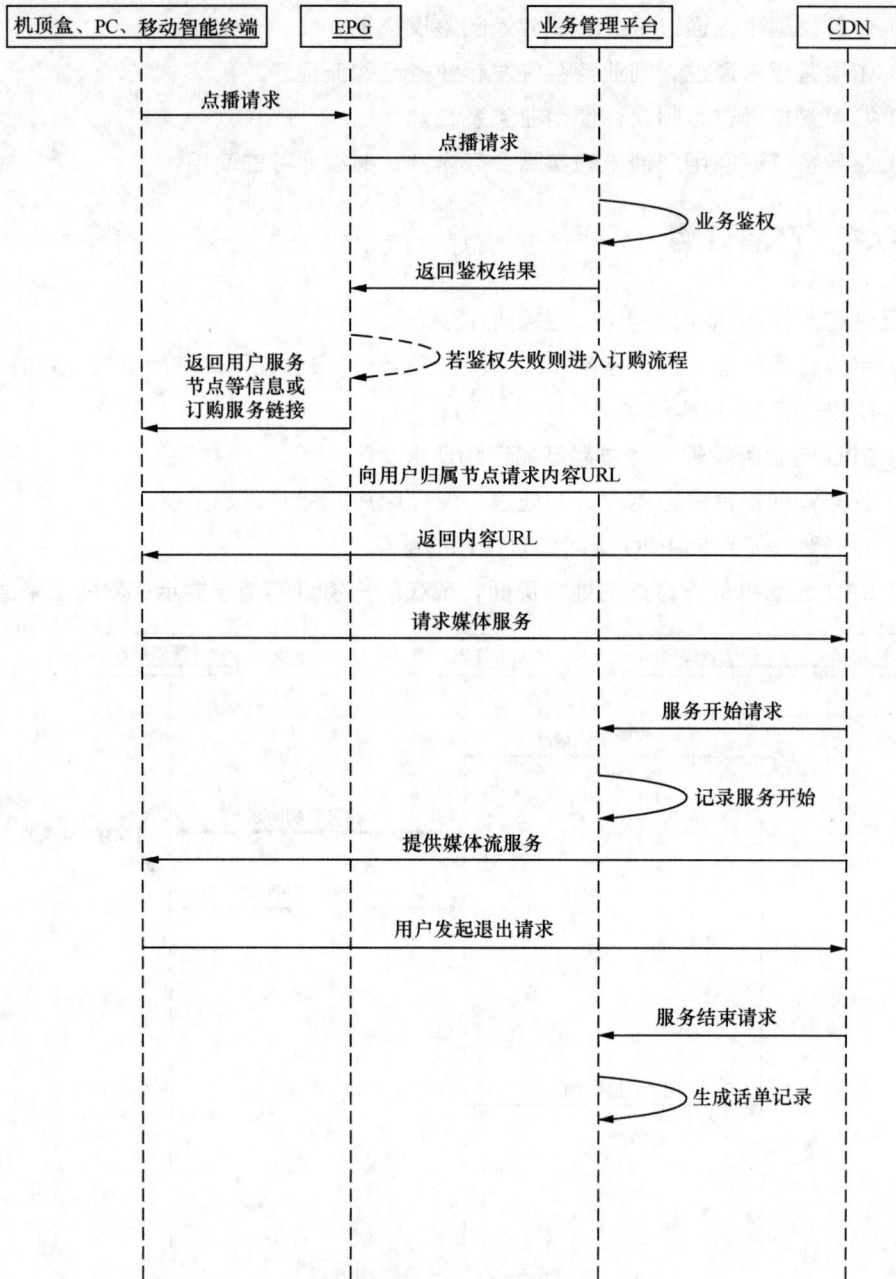

图 5-23　点播流程

（3）业务管理平台通过处理，返回 EPG 鉴权结果。

（4）若鉴权失败，则进入订购流程。

（5）EPG 返回机顶盒用户服务节点等信息；EPG 页面返回给 PC 或移动智能终端订购服务链接。

（6）机顶盒、PC 或移动智能终端向 CDN 请求内容 URL（Uniform Resource Locator，统一资源定位符）。

（7）CDN 返回机顶盒、PC 或移动智能终端内容 URL。

（8）机顶盒、PC 或移动智能终端根据上一步的结果向 CDN 请求媒体服务。

（9）CDN 通知业务管理平台服务开始。

（10）业务管理平台记录服务开始。

（11）CDN 向用户提供媒体流服务。

（12）用户发起退出请求。

（13）CDN 通知业务管理平台服务结束。

（14）业务管理平台生成话单记录。

5.6.6　直播

直播流程主要包括单播流程、组播流程、TVOD 流程和 TSTV 流程。

1．单播流程

单播流程如图 5-24 所示，主要描述如下。

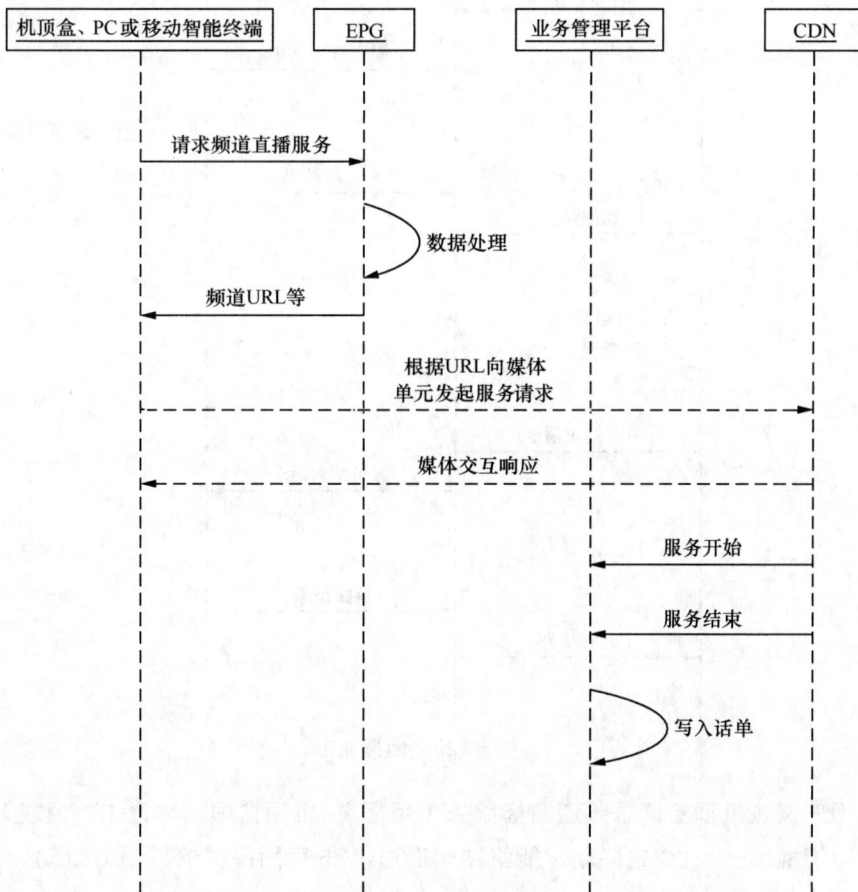

图 5-24　单播流程

（1）用户通过机顶盒或使用 PC、移动智能终端通过 EPG 页面请求频道直播服务。

（2）EPG 进行数据处理，包括判断用户的观看权限、童锁限制等。

（3）EPG 返回频道 URL 和节点信息等属性。

（4）机顶盒、PC 或移动智能终端根据 URL 向媒体单元发起服务请求。

（5）CDN 通知业务管理平台服务开始和服务结束。

（6）业务管理平台写入话单。

2．组播流程

组播流程如图 5-25 所示，主要描述如下。

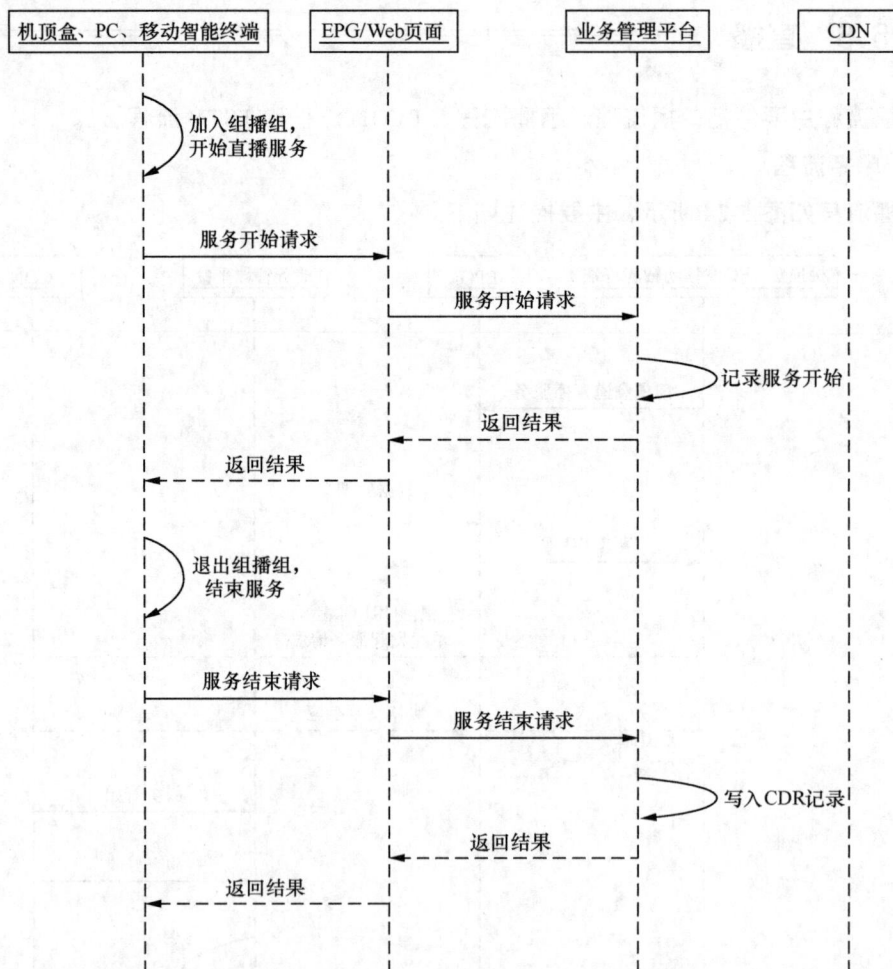

图 5-25　组播流程

（1）用户通过机顶盒请求频道直播服务（组播）；机顶盒根据频道 URL 直接请求加入组播组，获得组播服务；PC 或移动智能终端则通过 Web 页面提供的频道 URL 加入组播组。

（2）机顶盒向 EPG 发起服务开始请求，PC 或移动智能终端向 Web 页面发起服务开始请求。

（3）EPG 或 Web 页面通知业务管理平台服务开始。

（4）业务管理平台记录服务开始。

（5）业务管理平台返回结果到 EPG/Web 页面。

（6）EPG/Web 页面返回结果到机顶盒、PC 或移动智能终端。

（7）机顶盒、PC 或移动智能终端发起服务结束请求，退出组播组。

（8）机顶盒、PC 或移动智能终端向 EPG 或 Web 页面发起服务结束请求。

（9）EPG 或 Web 页面通知业务管理平台服务结束。

（10）业务管理平台写入业务详单（Call Detail Record，CDR）记录。

（11）业务管理平台返回结果到 EPG/Web 页面。

（12）EPG/Web 页面返回结果到机顶盒、PC 或移动智能终端。

3．TVOD 流程

TVOD 流程如图 5-26 所示，主要描述如下。

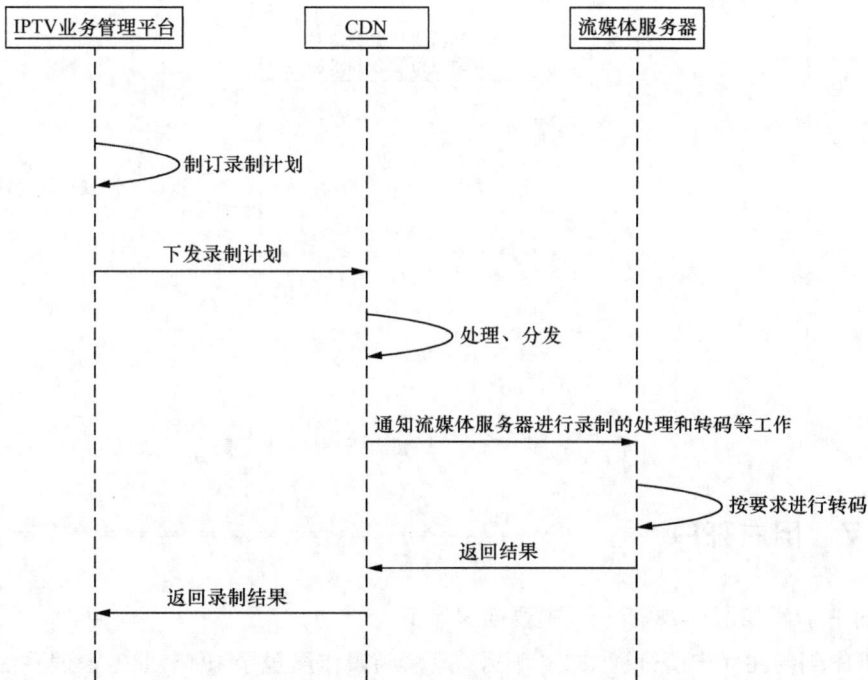

图 5-26　TVOD 流程

（1）IPTV 业务管理平台进行频道录制计划的制订（频道录制计划包括录制的内容编码、内容名称、文件名称、录制频道、录制开始时间、录制结束时间、录制格式等信息）。

（2）IPTV 业务管理平台将频道录制计划下发给 CDN。

（3）CDN 进行录制计划的处理和分发。

（4）CDN 通知流媒体服务器进行录制的处理和转码等工作。

（5）流媒体服务器返回转码响应给 CDN。

（6）CDN 给 IPTV 业务管理平台返回录制结果。

4．TSTV 流程

TSTV 流程如图 5-27 所示，主要描述如下。

（1）IPTV 业务管理平台进行频道时移参数的设置。

（2）IPTV 业务管理平台在频道开通时，把频道的时移参数作为通知发布到 CDN。

（3）CDN 根据时移参数，通知流媒体服务器对频道进行缓存和录制。

（4）流媒体服务器根据收到的命令进行缓存和录制。

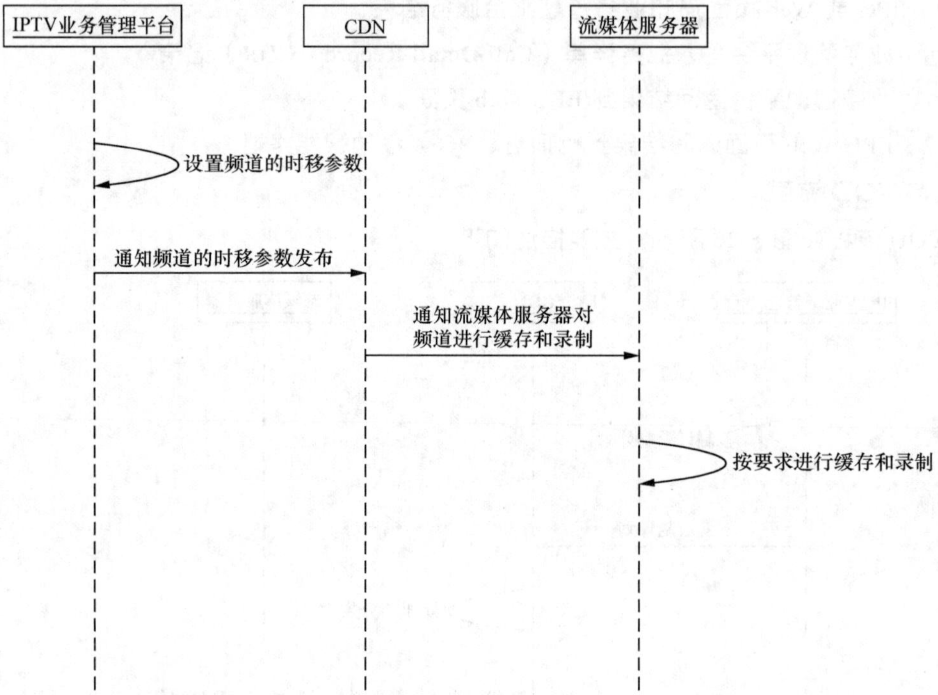

图 5-27　TSTV 流程

5.6.7　用户开户

用户开户流程如图 5-28 所示，主要描述如下。

（1）用户到营业厅申请开通 IPTV 服务，运营商操作员登录 IPTV 业务管理平台操作控制台，填写开户信息。

（2）运营商操作员为用户分配账号，并设置用户状态为开户未激活状态。

（3）为用户分配机顶盒资源。

（4）IPTV 业务管理平台返回用户开户信息给运营商操作员。

（5）调试人员上门为用户调试机顶盒。

（6）调试人员通过为用户分配的账户使用免费业务，以此来测试机顶盒是否正常接入 IPTV 系统。

（7）调试完成后调试人员将调试结果返回给运营商操作员。运营商操作员登录 IPTV 业务管理平台操作控制台，请求激活此用户账户。

（8）IPTV 业务管理平台修改用户状态为激活状态。

（9）IPTV 业务管理平台返回激活提示信息给运营商操作员。

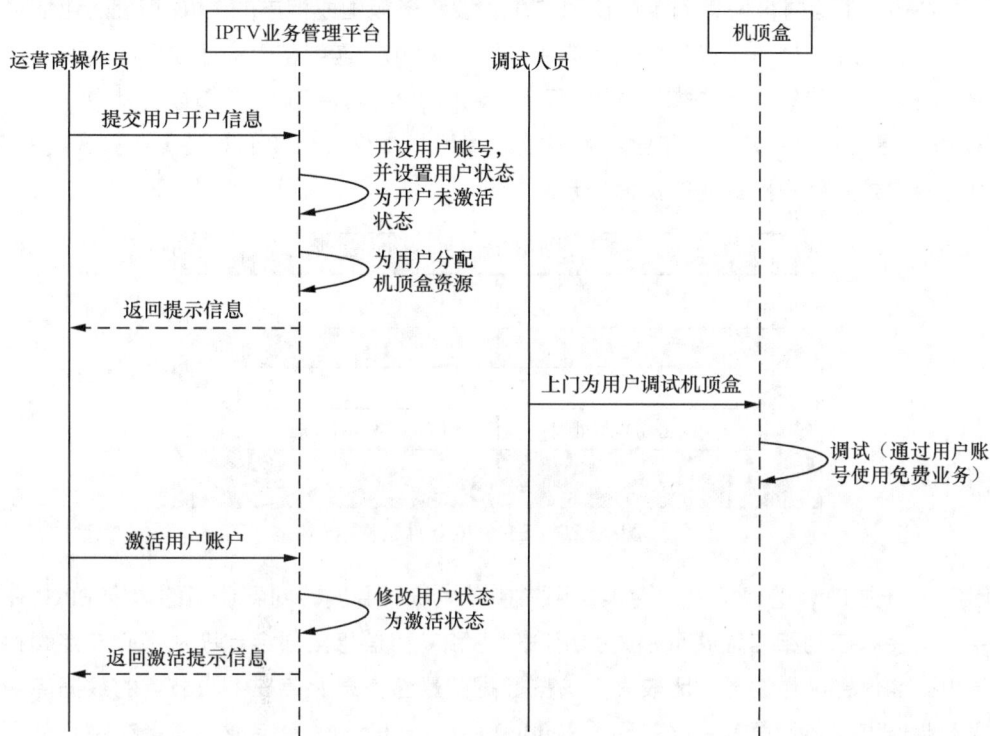

图 5-28　用户开户流程

5.7　EPG 概述

EPG 是传输流中所包含的信息。

5.7.1　EPG 在 IPTV 系统中的位置和功能

EPG 作为 IPTV 系统的门户系统，一方面用户通过机顶盒、PC 或移动智
能终端与 EPG 交互，实现 IPTV 各种业务的索引和导航服务；另一方面通过 EPG 与 IPTV 系统后台的交互，实现登录、鉴权、订购等后台业务操作。

5.7.2　EPG 服务器

IPTV 所提供的各种业务的索引及导航都是通过 EPG 来完成的，EPG 实际上就是 IPTV 的一个门户系统。EPG 界面与 Web 页面类似，在 EPG 界面上一般都提供了各类菜单、按钮、链接等可供用户选择节目时直接点击的组件；EPG 界面上也可以包含各类供用户浏览的动态

或静态的多媒体内容。

EPG 服务器包含两部分的功能：一部分是接入控制，主要包含用户登录认证、业务鉴权、用户订购和负载均衡等；另一部分是信息展示，它根据内容管理系统（Content Management System，CMS）获得内容信息和用户权限信息，按照模板生成相应的 EPG 页面，包括栏目信息、直播频道信息、TVOD 信息和节目信息（包括 VOD、连续剧）等，该页面用于提供媒体呈现能力集。EPG 的软件结构如图 5-29 所示，包括 EPG 后台和 EPG 模板。其中，EPG 后台为 EPG 模板提供各类业务数据和业务服务接口调用；EPG 模板实现对各类业务数据的打包，并以页面的方式向用户提供导航页面展示。

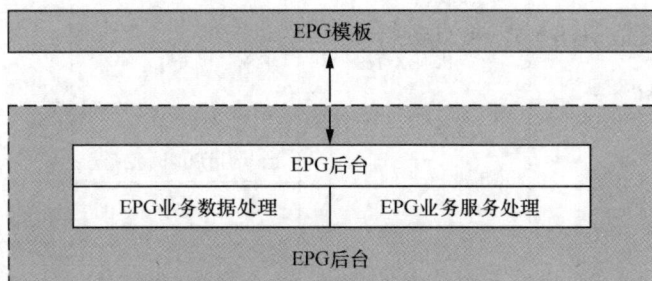

图 5-29　EPG 的软件结构

用户对于主 EPG 的请求首先会根据用户接入点统一调度转向到适当的边缘 EPG。在边缘 EPG 中，与接入控制和信息展示相关的用户信息和节目信息全部会定期从中心节点缓存。用户信息和订购信息可靠性要求比较高，这些数据的最新信息保存在中心节点的数据库中，正常情况下业务流程必须通过单层单元（Single Level Cell，SLC）完成。但是在中心节点数据库、处理机、网络等出现异常时，由于机顶盒侧已经缓存了本地 EPG 接入点，业务可以在本地 EPG 完成业务流程，可有效缓解 EPG 故障造成无法给用户提供服务的现象，此容错机制仅适用于机顶盒用户。

EPG 页面信息展示实时性要求不高，本地 EPG 的信息和中心节点的同步可以采用增量同步的方式，机顶盒用户使用时正常的信息展示采用本地缓存的信息。

目前 EPG 的性能指标为：支持 5000 个在线用户，每秒平均可支持 150 个并发事务，每个并发事务的响应时间不超过 2s。

5.8　CDN 概述

CDN 是建立并覆盖在承载网之上，由分布在不同区域的边缘节点服务器群组成的分布式网络。

5.8.1　CDN 在 IPTV 系统中的位置和功能

CDN 是整个 IPTV 系统的关键，主要负责 CDN 节点内容全局分发存储、内容调度、重定向和服务等功能。按照系统架构，CDN 可以看成在其基本能力（如媒体分发、调度、录制等）基础上，为最终用户提供流媒体、下载等服务能力的服务承载网络。

CDN 在 IPTV 系统中根据位置和所使用的接口不同，实现的功能也不相同。

1. CDN 的位置及接口

CDN 的位置及接口如图 5-30 所示。

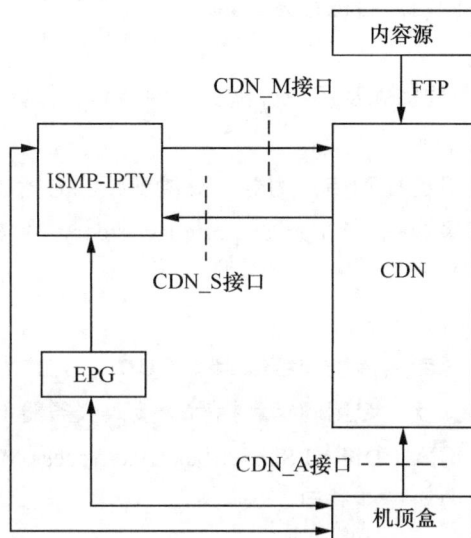

图 5-30　CDN 的位置及接口

（1）CDN_A 接口

该接口实现对机顶盒业务请求的支持，其中业务包括点播、回看、时移、直播、个人录播、轮播等。

（2）CDN_M 接口

该接口支持 ISMP-IPTV 对 CDN 下发以下指令：

① VOD 内容发布、删除；

② 直播源发布、直播源删除；

③ 字幕发布；

④ 播放计划发布；

⑤ 录播发布、录播取消发布、异常录播删除、录制归档。

（3）CDN_S 接口

① 服务开始上报：点播、回看、直播（单播）、时移、个人录播、轮播。

② 服务结束上报：点播、回看、直播（单播）、时移、个人录播、轮播。

2. CDN 的主要功能

CDN 系统主要完成流服务功能、内容存储功能、内容分发/传送功能及调度/控制功能。它由 CDN Manager、CDN 节点所组成。其中 CDN Manager 负责对 CDN 节点进行管理，而 CDN 节点则承担媒体服务功能。

（1）内容发布

根据内容分发策略把内容分发到视频服务网络的边缘，缩短服务点与用户的距离，就近服务既降低了 QoS 问题解决难度，也节省了骨干网的带宽。

（2）内容管理

内容集中存储在中心流媒体服务器中并统一进行管理，完成内容的发布、修改、删除和刷新，并根据服务终端的不同对内容进行分类管理。

（3）负载均衡

系统根据网络状况、服务器负载及用户位置灵活调度服务，均衡全网负载，确保服务质量。

（4）点播服务

按 RTSP 和 RTP 提供视频连接和传输功能，提供视频流的播放、录制、停顿、快进、快退、前进、后退等多种盒式录像机（Video Cassette Recorder，VCR）操控手段。

（5）直播传送

直播传送一般有以下两种方式。

组播：流媒体服务器通过专用传送网络以组播（UDP）方式为用户提供直播服务。通常组播流通过专用网络送到接入网，专用网络包括宽带接入服务器（Broadband Access Server，BAS）和数字用户线接入复用器（Digital Subscriber Line Access Multiplexer，DSLAM）等。当机顶盒加入组播组后，可收看直播节目。

单播：流媒体服务器通过 CDN 以单播（TCP/UDP）方式为用户提供单播服务。

（6）统计采集

统计采集实现各种业务统计功能，例如收视统计、热度统计。同时，CDN 节点动态监控节点的流量和设备，报告服务的状态、利用率和异常情况，并有完整的日志信息。

3. CDN Manager 和 CDN 节点的关系

CDN Manager 和 CDN 节点的关系如图 5-31 所示。

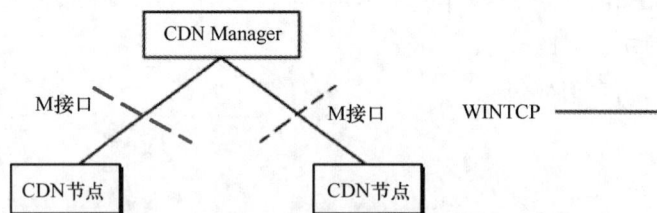

图 5-31　CDN Manager 和 CDN 节点的关系

CDN Manager 对节点进行管理，不直接对用户提供服务。CDN 节点具有提供媒体服务（点播、回看、时移、直播、个人录播、轮播）、直播中继、内容调度的能力，并接受 CDN Manager 的管理。CDN 节点与 CDN Manager 接口的主要功能描述如下。

（1）VOD 内容管理：发布、删除、下推。

（2）频道（中继）管理：创建、修改、撤销。

（3）TVOD 管理：节目单下发、录制、节目时间调整、归档、汇接下拉。

（4）字幕下发。

（5）点播计数上报、节点资源上报、节点性能上报。

（6）心跳保持。

（7）邻近 CDN 节点查询。

5.8.2　CDN 组网架构

由于用户规模不同，CDN 组网架构可分为 CDN 二级架构、CDN 三级架构和 CDN 混合架构。

1. CDN 二级架构

CDN 二级架构如图 5-32 所示。

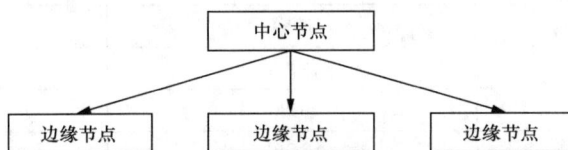

图 5-32　CDN 二级架构

（1）中心节点：存储所有内容，为边缘节点未命中的用户提供服务。

（2）边缘节点：就近为用户提供流媒体服务。

（3）二级架构用户模型如表 5-1 所示。

表 5-1　二级架构用户模型

	内容	服务用户
边缘节点	20%	90%
中心节点	100%	10%
	内容	服务用户
边缘节点	50%	98%
中心节点	100%	2%
	内容	服务用户
边缘节点	100%	100%
中心节点	100%	0%

（4）应用场景：在 IPTV 业务初期，一般具有用户地域分散、业务量小的特点。用户规模在 10 万以内时，适合采用二级架构进行 IPTV 的初期建设。

2. CDN 三级架构

CDN 三级架构如图 5-33 所示。

（1）中心节点：存储所有内容。

（2）区域中心节点：可按要求存储全部或部分内容，为边缘节点未命中的用户提供服务。

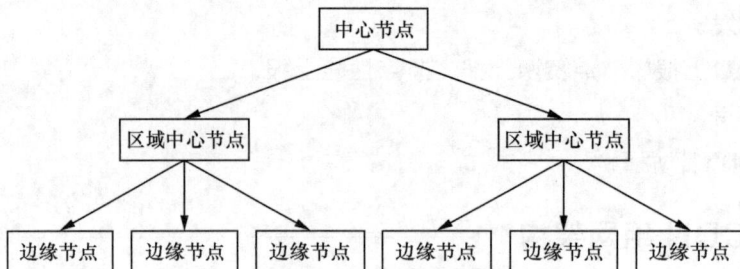

图 5-33　CDN 三级架构

（3）边缘节点：就近为用户提供流媒体服务。

（4）三级架构用户模型如表 5-2 所示。

表 5-2　三级架构用户模型

	内容	服务用户
边缘节点	20%	90%
区域中心节点	50%	8%
中心节点	100%	2%
	内容	服务用户
边缘节点	100%	100%
区域中心节点	100%	0%
中心节点	100%	0%

（5）应用场景：在 IPTV 业务规模应用期，一般具有用户集中、业务量大的特点。用户规模在 10 万以上时，适合由原有的二级架构平滑过渡到三级架构。

3. CDN 混合架构

CDN 混合架构如图 5-34 所示，它是上述两者的结合。当某个区域的用户发展规模较大时，添加区域中心节点，为该区域提供三级架构服务；当某个区域的用户发展规模较小时，暂时采用边缘节点和中心节点二级架构提供服务。

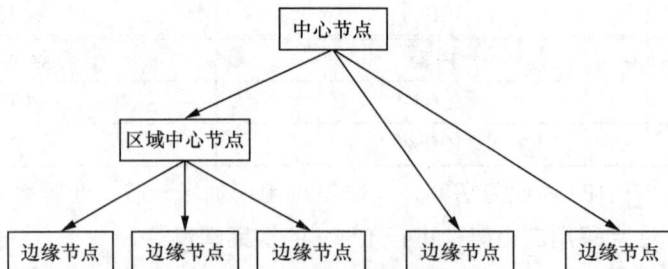

图 5-34　CDN 混合架构

5.9　机顶盒概述

机顶盒是连接电视机与外部信号源的设备，也是放置在用户家中的 IPTV 终端设备。

5.9.1 IPTV 系统中的机顶盒

IPTV 系统中的机顶盒通过 ADSL 或 LAN 方式接入网络，用户端与电视机相连接，具有标准化通用的输入输出接口，支持双向对称或不对称的通信业务。它承担来自网络到用户或用户到网络的信息转发，以及传输媒体格式到显示设备的媒体格式转换功能。用户可以通过机顶盒从运营商 IPTV 系统中获得相关服务。

机顶盒与 IPTV 系统平台结合，为用户提供直播、VOD、TVOD、TSTV、NVOD、PVR 等互动音/视频业务；同时提供信息浏览、画中画、电子广告、视频通信、语音通信、远程教育、远程医疗、在线游戏、电子政务、电子商务、金融证券交易及其他本地特色业务。

5.9.2 机顶盒硬件架构

IPTV 机顶盒采用成熟的单片系统（System on Chip，SoC）芯片，在芯片上集成更多的功能单元，成本低、性价比高。

IPTV 机顶盒硬件平台包括 SoC 主芯片、存储芯片 [包括闪存（Flash Memory）和随机存储器（Random Access Memory，RAM）]、网络接口、音/视频输出口、红外接口和 USB 接口等，如图 5-35 所示。

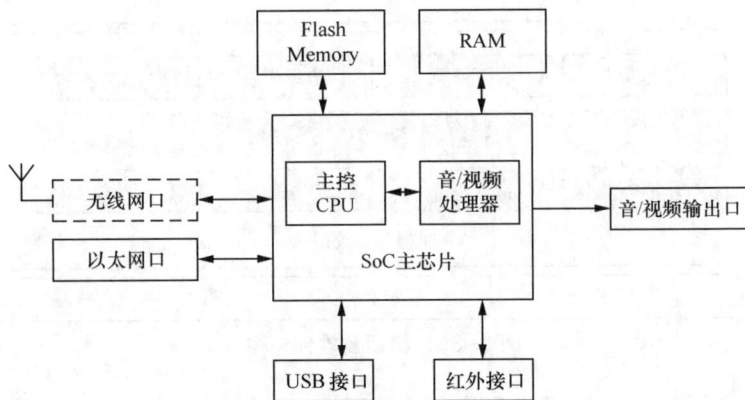

图 5-35 机顶盒硬件平台结构

（1）SoC 主芯片包括主控 CPU 和音/视频处理器。
（2）主控 CPU 完成系统和应用程序功能，音/视频处理器完成音/视频解码。
（3）Flash Memory 主要作为系统软件和应用程序的存储空间。
（4）RAM 是系统软件和应用程序的运算空间和解码缓冲空间。
（5）网络接口是机顶盒连接网络的通路，可以是以太网口、无线网口（可选）等形式。
（6）音/视频输出口完成音/视频输出至播放设备。
（7）机顶盒的红外接口一般是遥控器红外接口。
（8）机顶盒 USB 接口可接入多种 USB 设备，为机顶盒实现多种业务提供扩展可能。

5.9.3　机顶盒软件架构

机顶盒采用 Linux 嵌入式操作系统。机顶盒软件架构可分为 3 层，依次为实时操作系统层、中间件层和应用层，如图 5-36 所示。

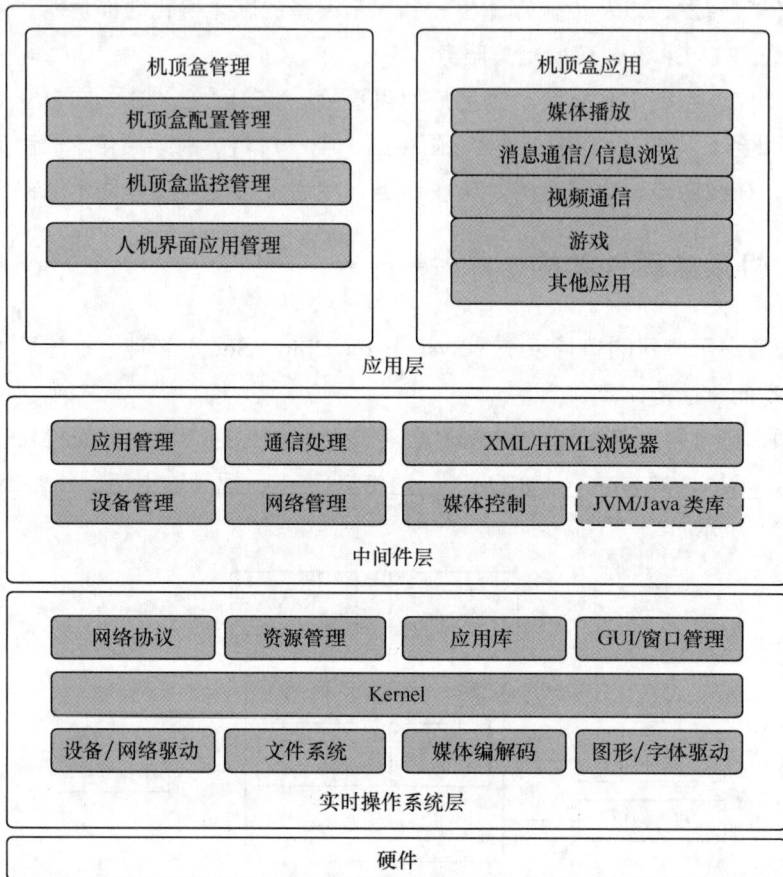

图 5-36　机顶盒软件架构

实时操作系统层包括设备/网络驱动、文件系统、媒体编解码、图形/字体驱动、网络协议、资源管理、应用库 [包括媒体播放控制、可视通信、屏幕菜单式调节方式（On-Screen Display，OSD）等各类应用库] 和 GUI/窗口管理等系统核心模块。

中间件层：在机顶盒应用软件与基础的操作系统之间需要有相应的中间适配层以屏蔽不同的硬件平台和操作系统的差异性，满足业务跨平台和操作系统的要求，并方便地实现新业务定制和升级的要求。

中间件层主要包含 JVM（Java Virtual Machine，Jave 虚拟机）/Java 类库、XML（eXtensible Markup Language，可扩展标记语言）/HTML（Hyper Text Markup Language，超文本标记语言）浏览器、媒体控制、通信处理、应用管理、网络管理、设备管理等模块。

应用层主要分为机顶盒管理与机顶盒应用：机顶盒管理包括机顶盒配置管理、机顶盒监控管理、人机界面应用管理；机顶盒应用包括媒体播放、消息通信/信息浏览、视频通信、游戏、其他应用等。

【项目实训】

5.10　IPTV 业务实训配置案例

实训目的：掌握 MW、EPG、CDN 节点、BRAS、OLT 及 STB 等 IPTV 相关业务的基本配置。

实训设备：CDN 节点、MW、EPG、RT、OTN、BRAS、SW、OLT、Splitter、ONU、STB 等。

实训内容：完成本项目引导案例中的 IPTV 业务的首站开通任务，主要包括数据规划、设备部署及线缆连接、IPTV 数据配置及验证等几个步骤。

5.10.1　数据规划

根据引导案例的组网图，我们在 IUV-TPS 仿真实训软件上规划的网络拓扑如图 5-37 所示。

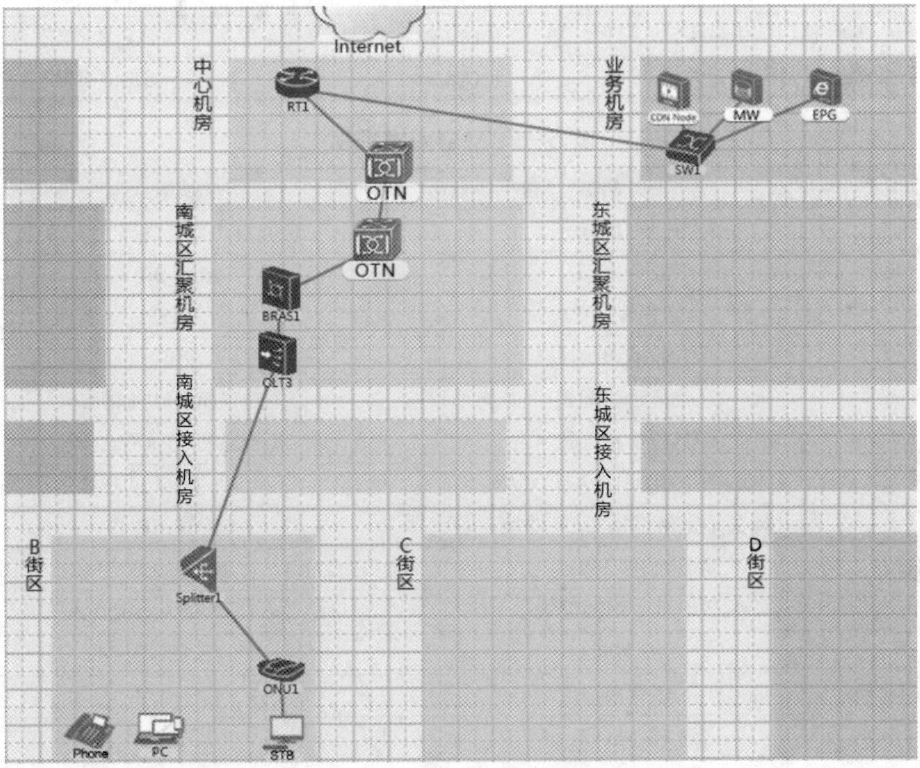

图 5-37　IPTV 规划网络拓扑

本案例路由数据规划如表 5-3 和表 5-4 所示，业务数据规划如表 5-5 所示。

表 5-3 路由数据规划（一）

设备名称	本端接口	接口 IP 地址	对端设备	对端接口	接口 IP 地址
业务机房 CDN Node	10GE-1/1	13.13.13.13/24	业务机房 SW（小型）	10GE-1/2	13.13.13.1/24
	GE-1/3	16.16.16.16/24		GE-1/13	16.16.16.1/24
业务机房 MW	10GE-1/1	14.14.14.14/24		10GE-1/4	14.14.14.1/24
业务机房 EPG	10GE-1/1	15.15.15.15/24		10GE-1/3	15.15.15.1/24
中心机房 RT1（中型）	10GE-6/1	100.1.1.2/30		10GE-1/1	100.1.1.1/30
南城区汇聚机房 BRAS（大型）	40GE-1/1	100.1.1.6/30	中心机房 RT1（中型）	40GE-1/1	100.1.1.5/30
	40GE-2/1	\	南城区汇聚机房 OLT（大型）	40GE-1/1	\
南城区汇聚机房 OLT（大型）	GPON-3/1	—	B 街区	Splitter IN	—

注：表 5-3 中—表示不涉及，\表示无须配置。由于 OTN 只负责中间传输，操作比较简单，此处规划及后续线缆连接、配置等不描述。

表 5-4 路由数据规划（二）

设备名称	逻辑接口名称	逻辑接口 IP 地址
业务机房 SW（小型）	loopback 1	1.1.1.1/32
中心机房 RT1（中型）	loopback 1	2.2.2.2/32
南城区汇聚机房 BRAS（大型）	loopback 1	3.3.3.3/32

表 5-5 业务数据规划

设备类型	业务配置	数据	
STB	账号及密码	账号为 123，密码为 123	
ONU	业务接口	eth_0/2	
OLT	组播 VLAN	1000	
	User VLAN	999	
	上行带宽配置	固定带宽 11111kbit/s	
	下行带宽配置	承诺速率 10000kbit/s	
	MVLAN（组播 VLAN）组播组	224.1.1.1～224.9.9.9	
BRAS	网关（宽带虚接口 IP 地址）	66.66.66.1	
	宽带虚接口地址池	40GE-2/1.1	66.66.66.2～66.66.66.100
	RP 地址（组播配置）	2.2.2.2（RT 的 loopback IP）	
CDN Node	IP 地址	13.13.13.13/24	
	信令接口	GE-1/3	
	媒体接口	10GE-1/1	

续表

设备类型	业务配置	数据
MW	IP 地址	14.14.14.14/24
	直播标清地址	224.1.1.1
	直播高清地址	224.9.9.9
	账号及密码	账号为 123，密码为 123
EPG	IP 地址	15.15.15.15/24

5.10.2　设备部署及线缆连接

设备部署及线缆连接操作比较简单，参照图 5-37 及表 5-3，进入机房→设备拖放→连线→路由对接等界面操作即可。

5.10.3　设备数据配置

设备数据配置包括业务机房内的 CDN Node、MW、EPG、SW 配置，中心机房内的 RT 配置，南城区汇聚机房内的 BRAS 和 OLT 配置，B 街区 STB 配置。

1. 业务机房 CDN Node 配置

（1）单击“数据配置”按钮，进入业务机房，完成物理接口配置，如图 5-38 所示。

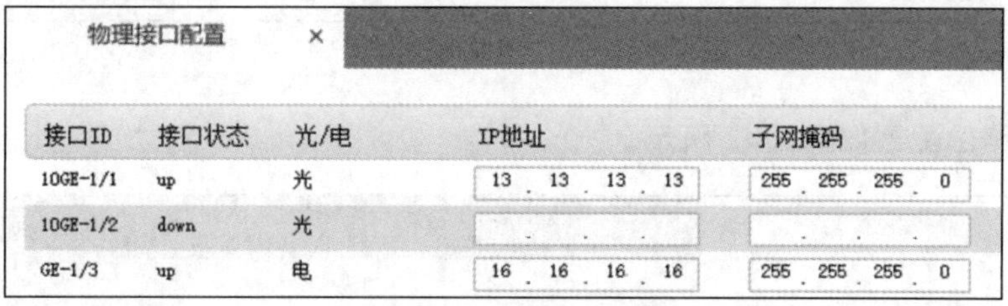

图 5-38　物理接口配置

（2）静态路由配置如图 5-39 所示。

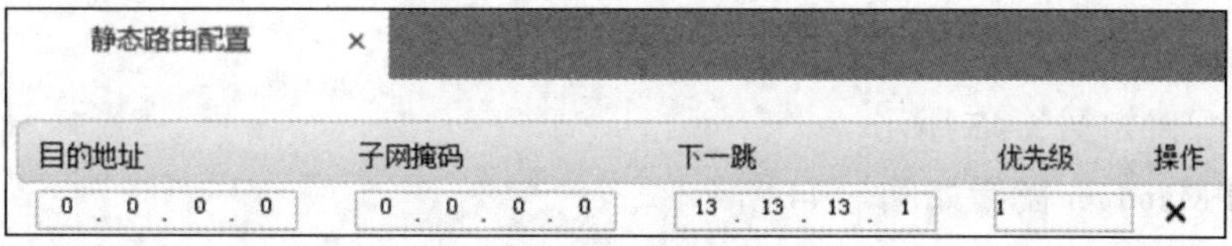

图 5-39　静态路由配置

（3）系统基本配置，其中“媒体流网关”为 CDN Node“媒体接口”对应的下一跳 IP 地址，“CDN manager IP 地址”和“SCP IP 地址”为 MW 上配置的 IP 地址，如图 5-40 所示。

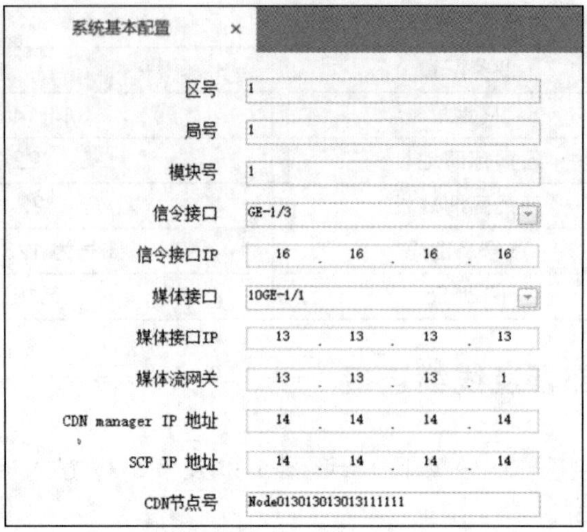

图 5-40　系统基本配置

2. 业务机房 MW 配置

（1）选择 MW，进行物理接口配置，如图 5-41 所示。

图 5-41　物理接口配置

（2）静态路由配置如图 5-42 所示。

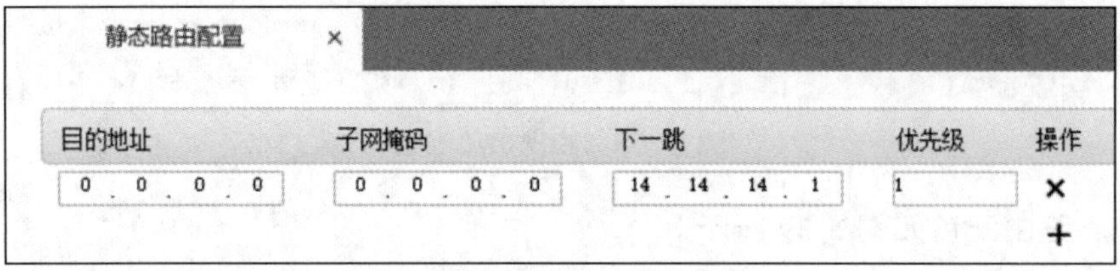

图 5-42　静态路由配置

（3）SCP 配置如图 5-43 所示。

（4）CDN Manager 配置如图 5-44 所示。

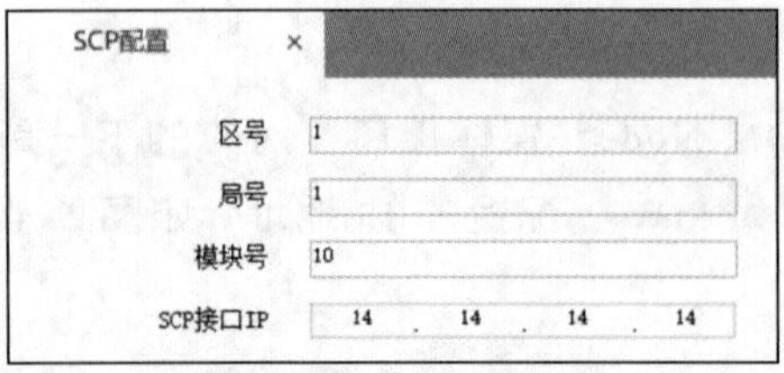

图 5-43　SCP 配置

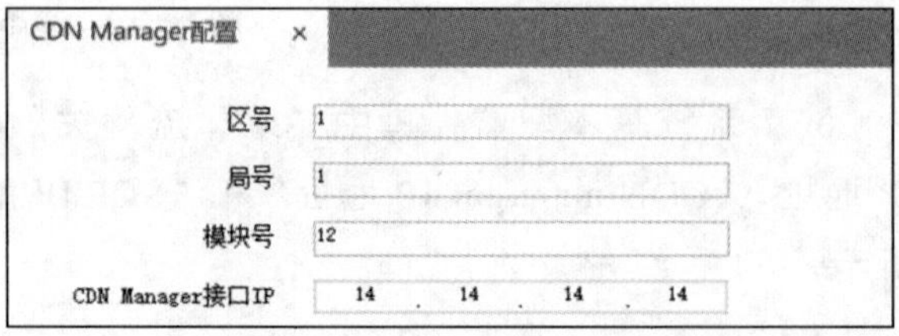

图 5-44　CDN Manager 配置

（5）EAS 配置如图 5-45 所示。

（6）DB 配置中的产品信息配置如图 5-46 所示。

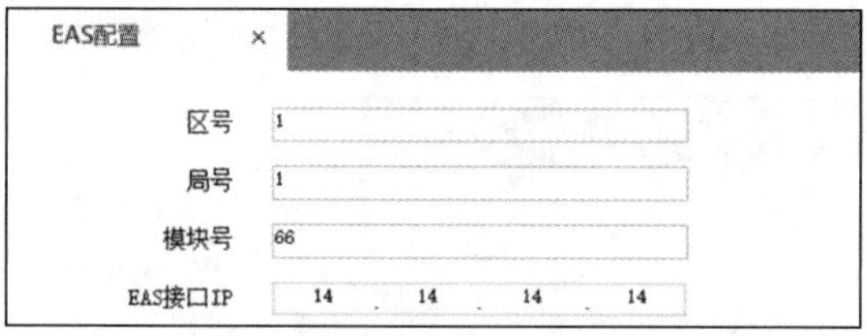

图 5-45　EAS 配置

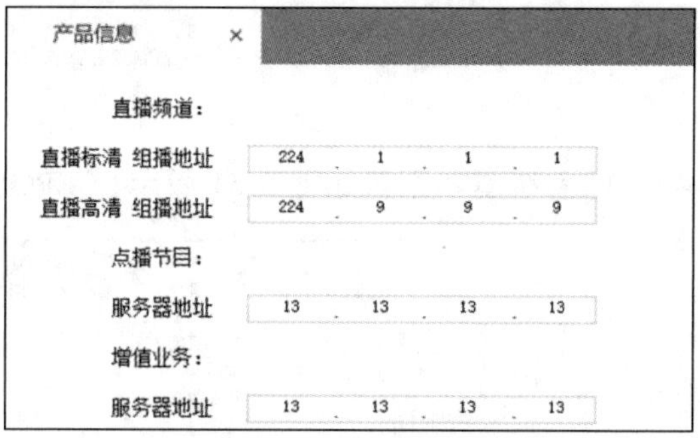

图 5-46　产品信息配置

（7）DB 配置中的产品包信息配置如图 5-47 所示。其中，选中了的节目在后面业务验证的时候就会成功演示。

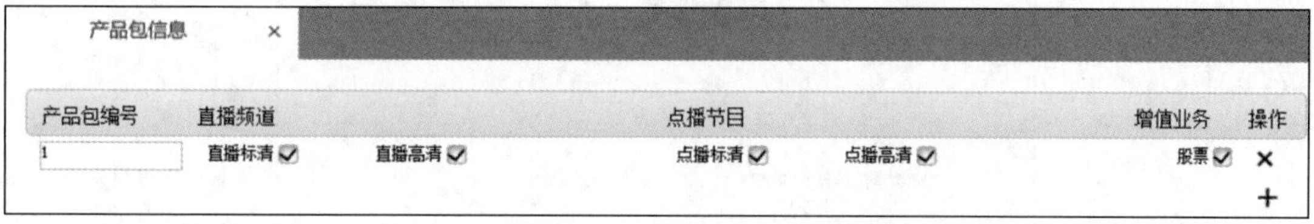

图 5-47　产品包信息配置

（8）DB 配置中的用户信息配置如图 5-48 所示，"归属 CDN 节点号"可以在 CDN Node 的数据配置中查询到。

图 5-48　用户信息配置

3. 业务机房 EPG 配置

（1）选择 EPG，进行物理接口配置，如图 5-49 所示。

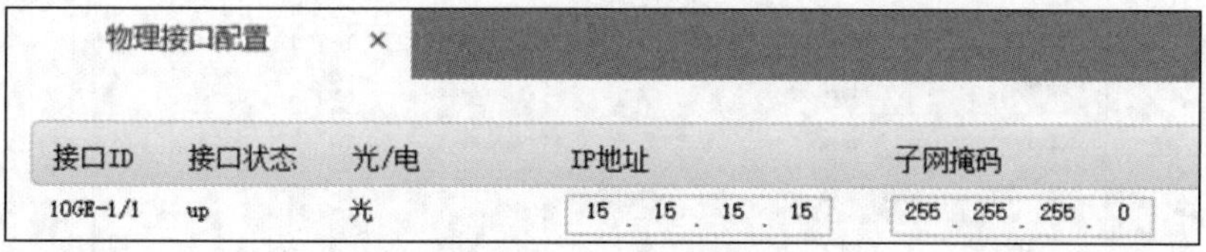

图 5-49　物理接口配置

（2）静态路由配置如图 5-50 所示。

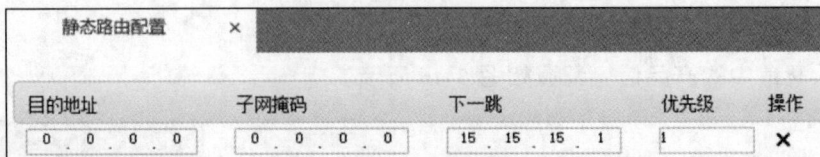

图 5-50　静态路由配置

（3）系统基本配置如图 5-51 所示，"EPG 分组号"与图 5-48 中"归属 EPG 分组号"相同。

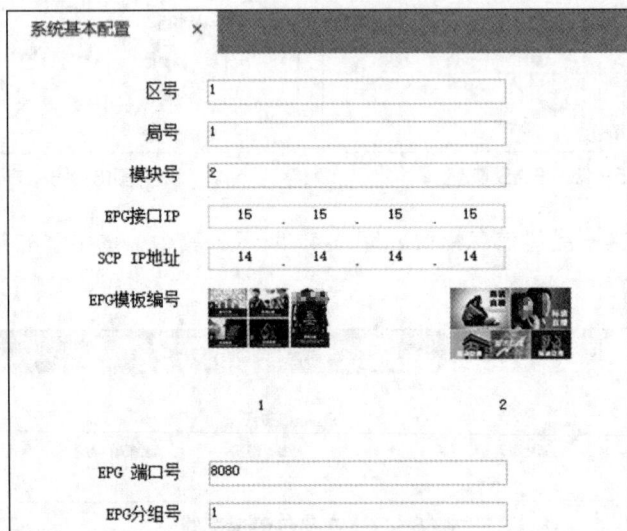

图 5-51　系统基本配置

4. 业务机房 SW 配置

（1）选择 SW，进行物理接口配置，如图 5-52 所示。

图 5-52　物理接口配置

（2）逻辑接口配置，分别配置 loopback 接口和 VLAN 三层接口，如图 5-53 和图 5-54 所示。

配置 loopback 接口 ×

接口 ID	接口状态	IP 地址	子网掩码	接口描述	操作
loopback 1	up	1 . 1 . 1 . 1	255 . 255 . 255 . 255	RP	✕

图 5-53　配置 loopback 接口

配置 VLAN 三层接口 ×

接口 ID	接口状态	IP 地址	子网掩码
VLAN 100	up	100 . 1 . 1 . 1	255 . 255 . 255 . 252
VLAN 13	up	13 . 13 . 13 . 1	255 . 255 . 255 . 0
VLAN 14	up	14 . 14 . 14 . 1	255 . 255 . 255 . 0
VLAN 15	up	15 . 15 . 15 . 1	255 . 255 . 255 . 0
VLAN 16	up	16 . 16 . 16 . 1	255 . 255 . 255 . 0

图 5-54　配置 VLAN 三层接口

（3）OSPF 路由配置如图 5-55 和图 5-56 所示。

OSPF 全局配置 ×

全局 OSPF 状态	启用
进程号	1
router-id	1 . 1 . 1 . 1
重分发	静态 ☐
通告默认路由	☐

图 5-55　OSPF 全局配置

OSPF 接口配置 ×

接口 ID	接口状态	ip 地址	子网掩码	OSPF 状态	OSPF 区域	cost
VLAN 100	up	100.1.1.1	255.255.255.252	启用	0	1
VLAN 13	up	13.13.13.1	255.255.255.0	启用	0	1
VLAN 14	up	14.14.14.1	255.255.255.0	启用	0	1
VLAN 15	up	15.15.15.1	255.255.255.0	启用	0	1
VLAN 16	up	16.16.16.1	255.255.255.0	启用	0	1
loopback 1	up	1.1.1.1	255.255.255.255	启用	0	1

图 5-56　OSPF 接口配置

（4）组播的配置。根据表 5-5 可知，本案例中选择了中心机房的 RT 作为 RP，RP 接口设置 RT 的 loopback 接口。组播全局配置、组播接口配置分别如图 5-57 和图 5-58 所示。

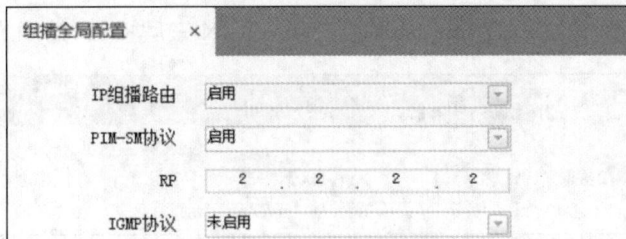

图 5-57　组播全局配置

接口ID	接口状态	ip地址	子网掩码	PIM-SM状态	IGMP状态
VLAN 100	up	100.1.1.1	255.255.255.252	启用	未启用
VLAN 13	up	13.13.13.1	255.255.255.0	启用	未启用
VLAN 14	up	14.14.14.1	255.255.255.0	未启用	未启用
VLAN 15	up	15.15.15.1	255.255.255.0	未启用	未启用
VLAN 16	up	16.16.16.1	255.255.255.0	未启用	未启用
loopback 1	up	1.1.1.1	255.255.255.255	未启用	未启用

图 5-58　组播接口配置

5．中心机房 RT 配置

（1）切换至中心机房，选择 RT1，进行物理接口配置，如图 5-59 所示。

接口ID	接口状态	光/电	IP地址	子网掩码
40GE-1/1	up	光	100.1.1.5	255.255.255.252
40GE-2/1	down	光		
40GE-3/1	down	光		
40GE-4/1	down	光		
40GE-5/1	down	光		
10GE-6/1	up	光	100.1.1.2	255.255.255.252

图 5-59　物理接口配置

（2）选择"配置 loopback 接口"进行逻辑接口配置，如图 5-60 所示。

接口ID	接口状态	IP地址	子网掩码
loopback 1	up	2.2.2.2	255.255.255.255

图 5-60　配置 loopback 接口

（3）OSPF 路由配置如图 5-61 和图 5-62 所示。

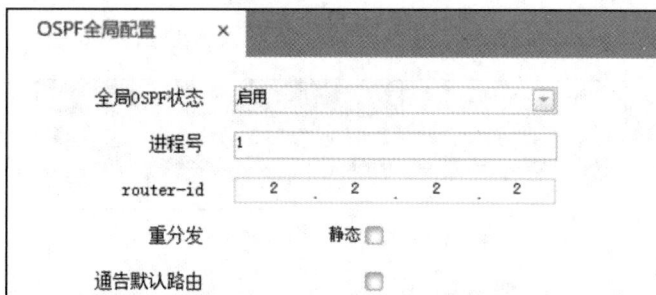

图 5-61　OSPF 全局配置

图 5-62　OSPF 接口配置

（4）组播配置如图 5-63 和图 5-64 所示。

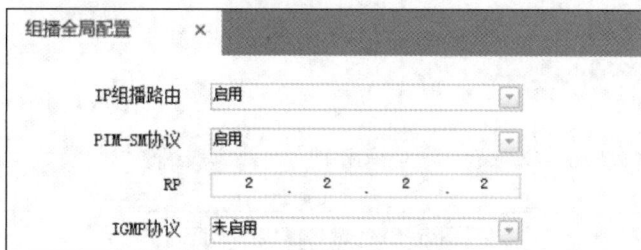

图 5-63　组播全局配置

图 5-64　组播接口配置

6. 南城区汇聚机房 BRAS 配置

（1）切换至 BRAS，进行物理接口配置，如图 5-65 所示。

图 5-65　物理接口配置

185

（2）选择"配置 loopback 接口"进行逻辑接口配置，如图 5-66 所示。

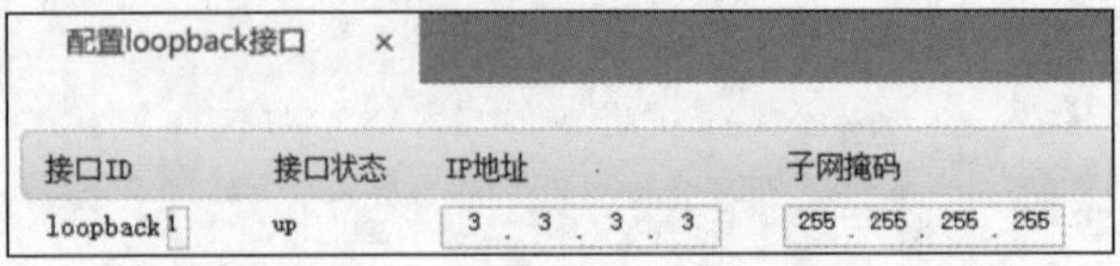

图 5-66　配置 loopback 接口

（3）宽带虚接口配置如图 5-67 所示。

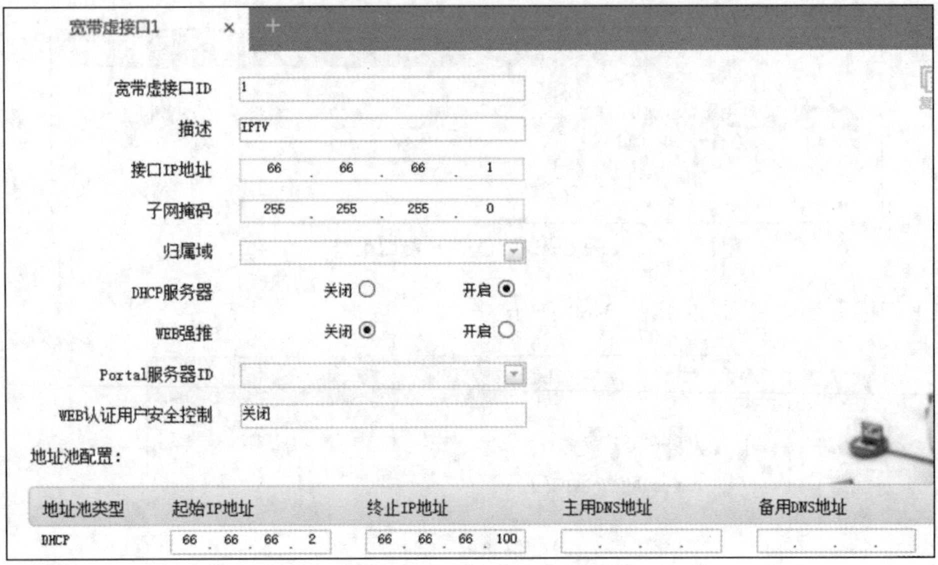

图 5-67　宽带虚接口配置

（4）OSPF 路由配置如图 5-68 和图 5-69 所示。

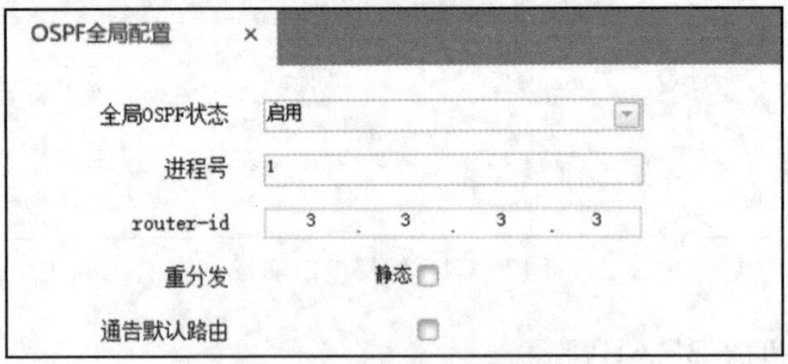

图 5-68　OSPF 全局配置

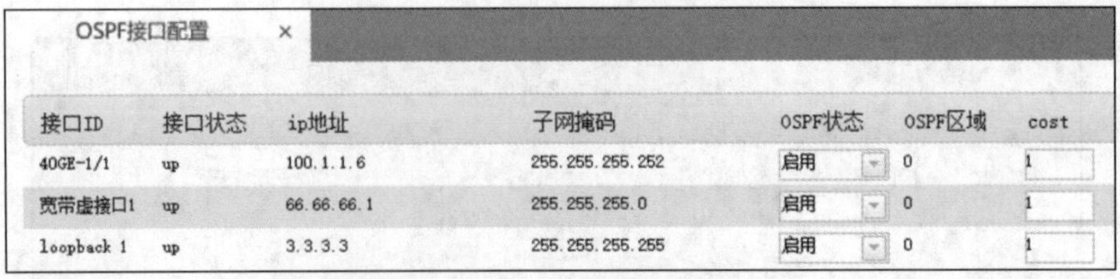

图 5-69　OSPF 接口配置

（5）动态用户接入配置如图 5-70 所示。

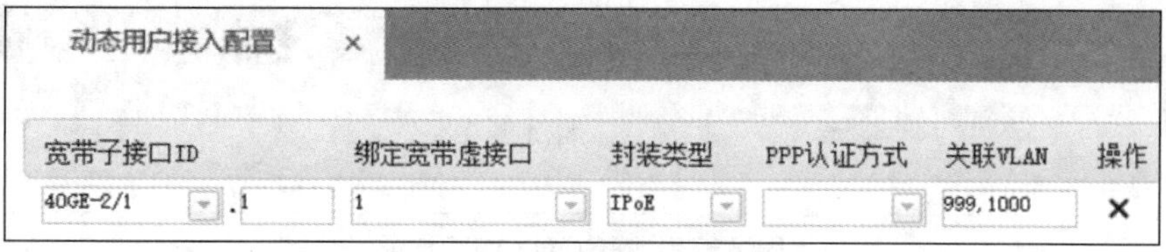

图 5-70　动态用户接入配置

（6）组播配置如图 5-71 和图 5-72 所示。

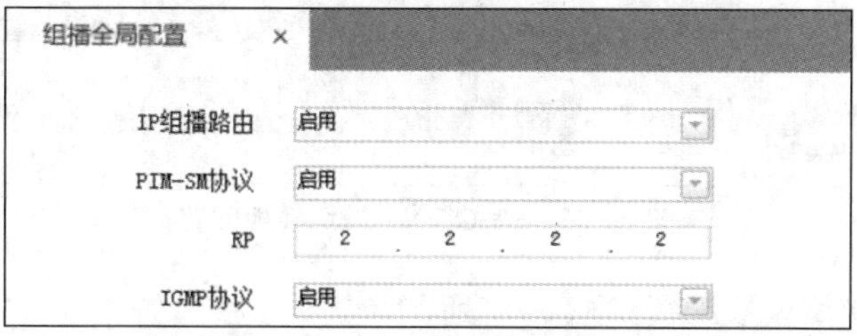

图 5-71　组播全局配置

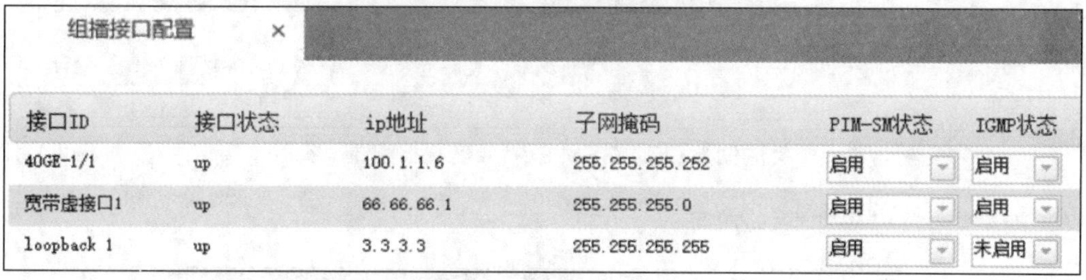

图 5-72　组播接口配置

7. 南城区汇聚机房 OLT 配置

（1）选择 OLT，进行上联端口配置，如图 5-73 所示。

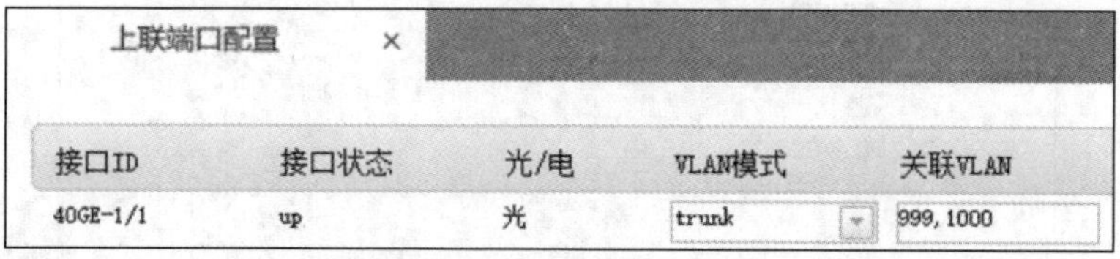

图 5-73　上联端口配置

（2）ONU 类型模板配置如图 5-74 所示。

图 5-74　ONU 类型模板配置

（3）GPON ONU 认证如图 5-75 所示。

图 5-75　GPON ONU 认证

（4）T-CONT 带宽模板配置如图 5-76 所示。

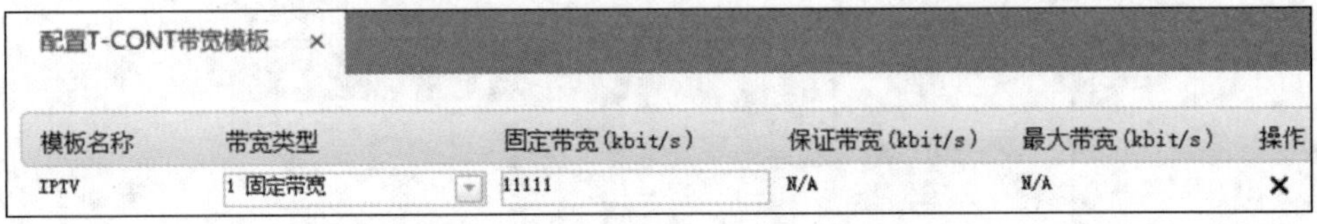

图 5-76　T-CONT 带宽模板配置

（5）GEM Port 带宽模板配置如图 5-77 所示。

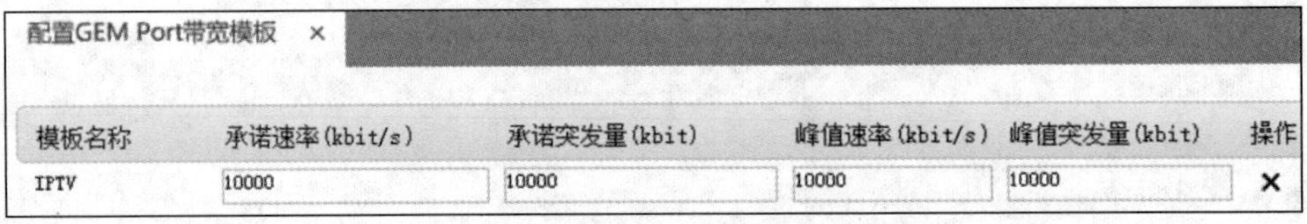

图 5-77　GEM Port 带宽模板配置

（6）组播协议配置如图 5-78 所示。

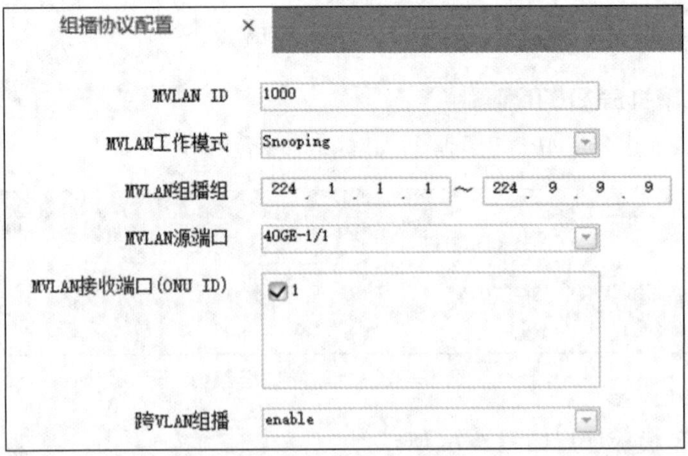

图 5-78　组播协议配置

（7）GPON 组播业务配置。组播业务配置包括两部分：GPON ONU 接口配置、ONU 远程配置。ONU 远程配置中的 Port ID 的选择要与 B 街区中 ONU 连接 STB 的网口一致。具体配置如图 5-79 和图 5-80 所示。

图 5-79　组播业务配置（一）

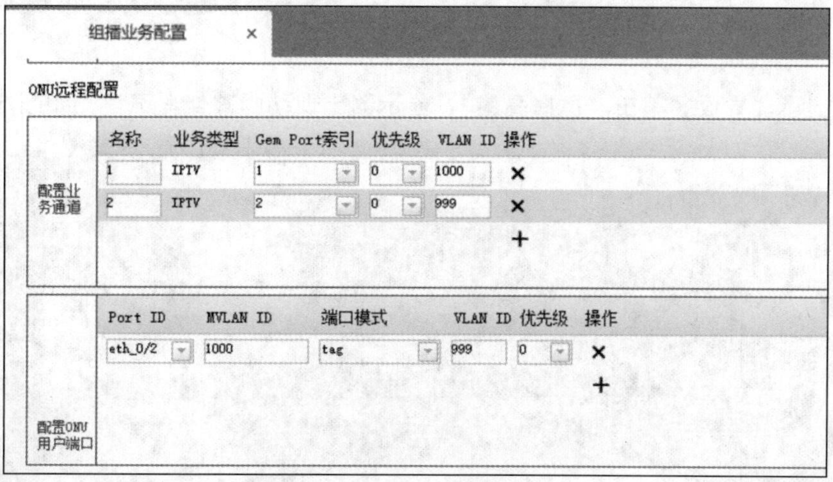

图 5-80　组播业务配置（二）

8. B 街区 STB 配置

选择 STB，进行系统配置，如图 5-81 所示。

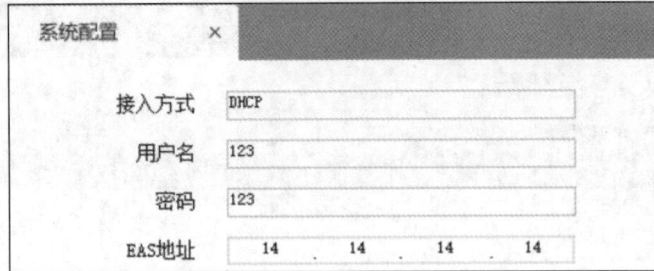

图 5-81　系统配置

5.10.4　结果验证

（1）单击仿真实训软件右上角"业务调测"按钮，再单击右边一列中的"业务验证"，单击"B 街区"进入测试界面，单击右边测试终端栏里的 📺 图标，如图 5-82 所示。

图 5-82　业务验证

（2）在显示器界面，单击"直播高清"，显示器出现动画并伴有声音，如图 5-83 所示。

图 5-83　"直播高清"显示器界面

（3）掌握以下查询列表的作用，单击"直播高清"后切换至状态查询界面，查询南城区汇聚机房 BRAS1 设备的组播路由表、PIM-SM 邻居表、IGMP 组列表，查询结果如图 5-84、图 5-85、图 5-86 所示。

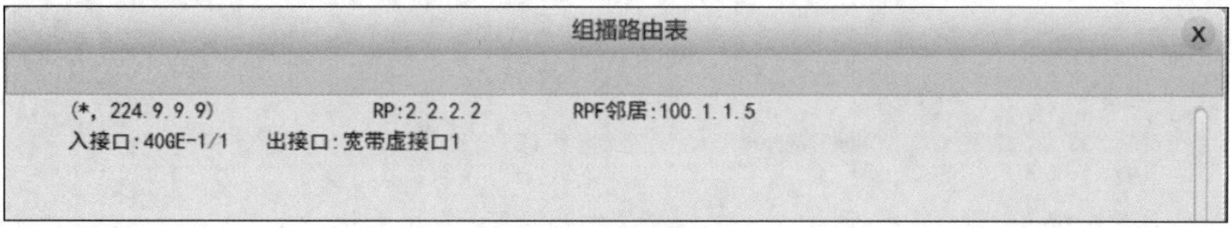

组播路由表			X
(*，224.9.9.9)	RP：2.2.2.2	RPF邻居：100.1.1.5	
入接口：40GE-1/1	出接口：宽带虚接口1		

图 5-84　组播路由表

图 5-84 显示的是组播路由表中一条共享树的组播路由。

(*,224.9.9.9)，*表示共享树，224.9.9.9 表示组播组地址。如果是源树，表示为(S,G)，G 是组播组地址。

RP：汇聚点的 IP 地址。

RPF 邻居：本设备去往 RP 的实际下一跳 IP 地址。RPF 确保组播路由不会形成环路。

入接口：组播流进入本设备的接口。

出接口：组播流在本设备的转发出接口。

图 5-85 显示的是 PIM-SM 邻居表，根据设备上的 PIM-SM 配置自动判断是否存在邻居。

邻居 IP 地址：与本设备 PIM-SM 接口对接的对端接口 IP 地址。

本端接口：本端与邻居对接的 IP 接口。

本端 IP 地址：本端接口上的 IP 地址。

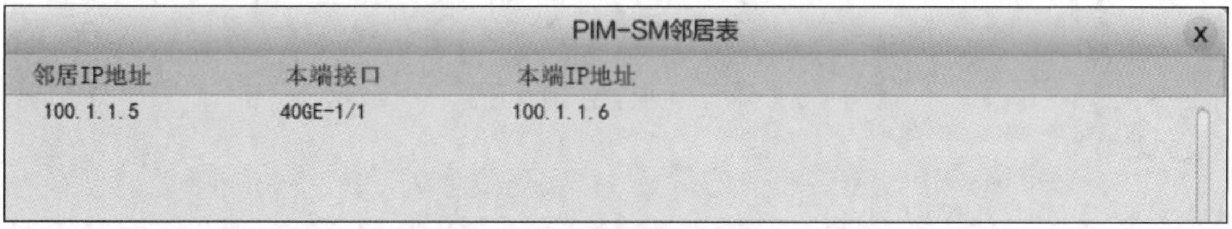

PIM-SM邻居表			X
邻居IP地址	本端接口	本端IP地址	
100.1.1.5	40GE-1/1	100.1.1.6	

图 5-85　PIM-SM 邻居表

图 5-86 所示为 IGMP 组列表。只有 IGMP 网关设备才能查看到此列表。

组播地址：本设备收到 IGMP 请求的组地址。

VLAN：在哪一个 VLAN 存在组播流的接收者。

接收端口：在哪一个端口存在组播流的接收者。

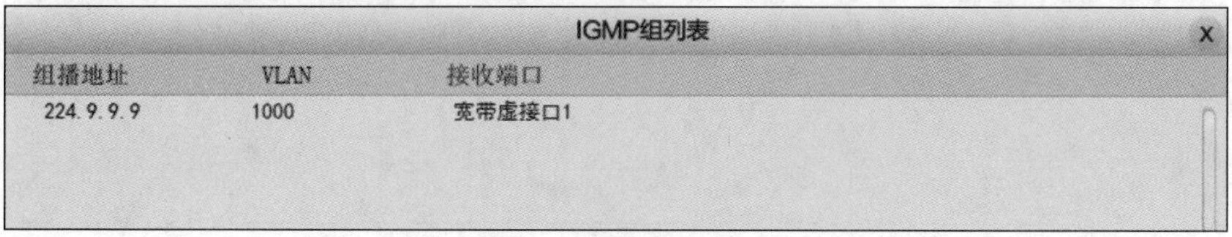

IGMP组列表			X
组播地址	VLAN	接收端口	
224.9.9.9	1000	宽带虚接口1	

图 5-86　IGMP 组列表

（4）查询中心机房 RT1 设备的组播路由表、PIM-SM 邻居表，查询结果如图 5-87 和图 5-88 所示。

```
┌─────────────────────────────────────────────────────────────────────┐
│                           组播路由表                                X  │
├─────────────────────────────────────────────────────────────────────┤
│   (*, 224.1.1.1)            RP:2.2.2.2        RPF邻居:0.0.0.0          │
│   入接口:null      出接口:null                                        │
│                                                                       │
│   (13.13.13.13, 224.1.1.1)  RPF邻居:100.1.1.1                         │
│   入接口:10GE-6/1  出接口:null                                        │
│                                                                       │
│   (*, 224.9.9.9)            RP:2.2.2.2        RPF邻居:0.0.0.0          │
│   入接口:null      出接口:40GE-1/1                                    │
│                                                                       │
│   (13.13.13.13, 224.9.9.9)  RPF邻居:100.1.1.1                         │
│   入接口:10GE-6/1  出接口:40GE-1/1                                    │
└─────────────────────────────────────────────────────────────────────┘
```

图 5-87　组播路由表

```
┌─────────────────────────────────────────────────────────────────────┐
│                          PIM-SM邻居表                               X  │
├─────────────────────────────────────────────────────────────────────┤
│   邻居IP地址          本端接口          本端IP地址                     │
│   100.1.1.1           10GE-6/1          100.1.1.2                      │
│   100.1.1.6           40GE-1/1          100.1.1.5                      │
└─────────────────────────────────────────────────────────────────────┘
```

图 5-88　PIM-SM 邻居表

（5）查询业务机房 SW1 设备的组播路由表、PIM-SM 邻居表，查询结果如图 5-89 和图 5-90 所示。

```
┌─────────────────────────────────────────────────────────────────────┐
│                           组播路由表                                X  │
├─────────────────────────────────────────────────────────────────────┤
│   (*, 224.1.1.1)            RP:2.2.2.2        RPF邻居:13.13.13.1       │
│   入接口:VLAN 100  出接口:null                                        │
│                                                                       │
│   (13.13.13.13, 224.1.1.1)  RPF邻居:0.0.0.0                           │
│   入接口:VLAN13    出接口:null                                        │
│                                                                       │
│   (*, 224.9.9.9)            RP:2.2.2.2        RPF邻居:100.1.1.2        │
│   入接口:VLAN 100  出接口:null                                        │
│                                                                       │
│   (13.13.13.13, 224.9.9.9)  RPF邻居:0.0.0.0                           │
│   入接口:VLAN13    出接口:VLAN 100                                    │
└─────────────────────────────────────────────────────────────────────┘
```

图 5-89　组播路由表

```
┌─────────────────────────────────────────────────────────────────────┐
│                          PIM-SM邻居表                               X  │
├─────────────────────────────────────────────────────────────────────┤
│   邻居IP地址          本端接口          本端IP地址                     │
│   100.1.1.2           VLAN 100          100.1.1.1                      │
└─────────────────────────────────────────────────────────────────────┘
```

图 5-90　PIM-SM 邻居表

（6）通过修改业务机房 MW 设备上的 DB 配置数据（用户信息→修改 EPG 模板编号）调整节目菜单的权限，修改 DB 配置数据后的节目菜单如图 5-91 所示。

图 5-91　节目菜单

【项目小结】

本项目介绍了 IPTV 技术的相关原理，包括 IPTV 的系统架构、系统组成、典型流程等，以及 CDN、EPG、机顶盒相关原理。本项目最后的实训案例可帮助读者加深理解 IPTV 网络的构成及业务流程。

【知识巩固】

一、单项选择题

1. 下列哪一项不属于 IPTV 的系统组成？（　　　）

A. 业务系统

B. EPG 网络

C. CDE 网络

D. 网管系统

2. IPTV 业务管理平台的主要功能有认证鉴权功能、用户管理功能、业务管理功能、产品管理功能、CP/SP 管理功能、计费结算功能、资源列表管理功能、内容基本信息管理功能以及（　　　）。

A. 机顶盒登录

B. 用户登录认证

C. 终端管理功能

D. 话单处理

3. 用户登录认证成功后，通过机顶盒向（　　　）发起首页鉴权的请求，或用户使用 PC、移动智能终端登录 EPG 后在首页使用用户名、密码登录。

A. STC

B. PC

C. EPG

D. 终端

4. EPG 向业务管理平台发起首页鉴权的请求时，业务管理平台查询用户订购产品列表，查询的信息是（　　　）。

A. 用户名　　　　　　　　　　　　　　　　B. 订购的包周期产品

C. 用户密码　　　　　　　　　　　　　　　D. 用户状态

二、多项选择题

1. IPTV 系统组成中的头端，主要由离线编码器及（　　　）等组成。

A. 卫星天线　　　　　　　　　　　　　　　B. 卫星接收机

C. 视频编码器　　　　　　　　　　　　　　D. 播控系统

2. 业务能力层为 IPTV 平台提供业务服务能力，包括（　　　）。

A. IPTV 基本业务能力　　　　　　　　　　B. IPTV 增值业务能力

C. IPTV 流媒体服务能力　　　　　　　　　D. 获取业务服务能力

3. IPTV 业务系统包括几个关键子系统，分别是（　　　）。

A. IPTV 业务管理平台　　　　　　　　　　B. IPTV 业务能力平台

C. 增值业务平台　　　　　　　　　　　　　D. 接口机

4. 网络接口是机顶盒连接网络的通路，有（　　　）等形式可供选择。

A. 以太网口　　　　　　　　　　　　　　　B. 无线网口

C. 光纤接口　　　　　　　　　　　　　　　D. 光电复合缆

5. 用户通过 EPG 与 IPTV 系统后台的交互，可以实现（　　　）等后台业务操作。

A. 登录　　　　　　　　　　　　　　　　　B. 鉴权

C. 认证　　　　　　　　　　　　　　　　　D. 订购

6. CDN 系统完成（　　　）功能。

A. 内容存储控制　　　　　　　　　　　　　B. 传输配额控制

C. 局部负载均衡　　　　　　　　　　　　　D. 全局负载均衡

三、判断题

1. CDN 系统的负载均衡机制需要利用四层交换机、DNS 服务器等第三方设备来实现。（　　　）

2. EPG 作为 IPTV 系统的门户系统，用户可以通过机顶盒、PC 或移动智能终端与 EPG 的交互，实现 IPTV 各种业务的索引和导航服务。（　　　）

3. 用户开机、登录时，需通过 IPTV 业务管理平台对用户的状态进行鉴权，只有状态正常的用户才能使用业务。（　　　）

4. 机顶盒使用认证返回的升级服务器地址，通过本地升级功能进行版本检查并按需求进行升级。（　　　）

四、填空题

承载层主要基于宽带网络构建，包括 3 个层次：_____、_____和_____。

【拓展知识】

表 5-6　项目 5 关键术语

缩略语	英文全称	中文全称
AR	Access Router	接入路由器
AVOD	Advertising VOD	广告型视频点播
BAS	Broadband Access Server	宽带远程接入服务器
BRAS	Broadband Remote Access Server	宽带远程接入服务器
BSR	Boot Strap Router	引导路由器
CBT	Core-Based Tree	基于核心树
CDN	Content Delivery Network	内容分发网络
CDR	Call Detail Record	业务详单
CMS	Content Management System	内容管理系统
CP	Content Provider	内容提供商
DR	Designated Router	指定路由器
DRM	Digital Rights Management	数字版权管理
DSLAM	Digital Subscriber Line Access Multiplexer	数字用户线接入复用器
DVD	Digital Video Disc	数字通用光盘
DVMRP	Distance Vector Multicast Routing Protocol	距离向量组播路由协议
EPG	Electronic Program Guide	电子节目指南
HTML	HyperText Markup Language	超文本标记语言
IANA	Internet Assigned Numbers Authority	互联网编号分配机构
IGMP	Internet Group Management Protocol	互联网组管理协议
ISMP	Integrated Service Management Platform	综合业务管理平台
JVM	Java Virtual Machine	Java 虚拟机
LLT	Time To Live	存活时间
NVOD	Near Video On Demand	准视频点播
OSD	On-Screen Display	屏幕菜单式调节方式
PIM-DM	Protocol Independent Multicast-Dense Mode	密集模式独立组播协议
PIM-SM	Protocol Independent Multicast- Sparse Mode	稀疏模式独立组播协议
PVR	Personal Video Recorder	个人视频录制
RAM	Random Access Memory	随机存储器
RP	Rendezvous Point	汇集点
RPF	Reverse Path Forwarding	逆向路径转发
SoC	System on Chip	单片系统
SLC	Single Level Cell	单层单元
SP	Service Provider	服务提供商

续表

缩略语	英文全称	中文全称
SPT	Shortest Path Tree	最短路径树
TSTV	Time-Shift TV	时移电视
TVOD	TV On Demand	电视回看
URL	Uniform Resource Locator	统一资源定位符
VCR	Video Cassette Recorder	盒式录像机
VOD	Video On Demand	视频点播
XML	eXtensible Markup Language	可扩展标记语言

项目6
WLAN原理及应用

06

【知识目标】

1. 了解 WLAN 技术演进与发展。
2. 熟悉 WLAN 系统架构及 WLAN 无线频谱资源。
3. 掌握 WLAN 组网及应用等。

【技能目标】

1. 掌握 WLAN 的数据规划。
2. 掌握 WLAN 的部署及数据配置等。
3. 熟悉 WLAN 的配置原理。

【项目概述】

某城市对两个街区的 WLAN 业务进行规划，左侧 AC（Access Control，接入控制）内置 BRAS 场景，ONU 下挂 2 个双频 AP（Access Point，接入点）热点；右侧 AC 外置 BRAS 场景，ONU 下挂 3 个双频 AP 热点。要求终端用户可通过 AP 热点连接上网。该城市的 WLAN 业务接入规划如图 6-1 所示。

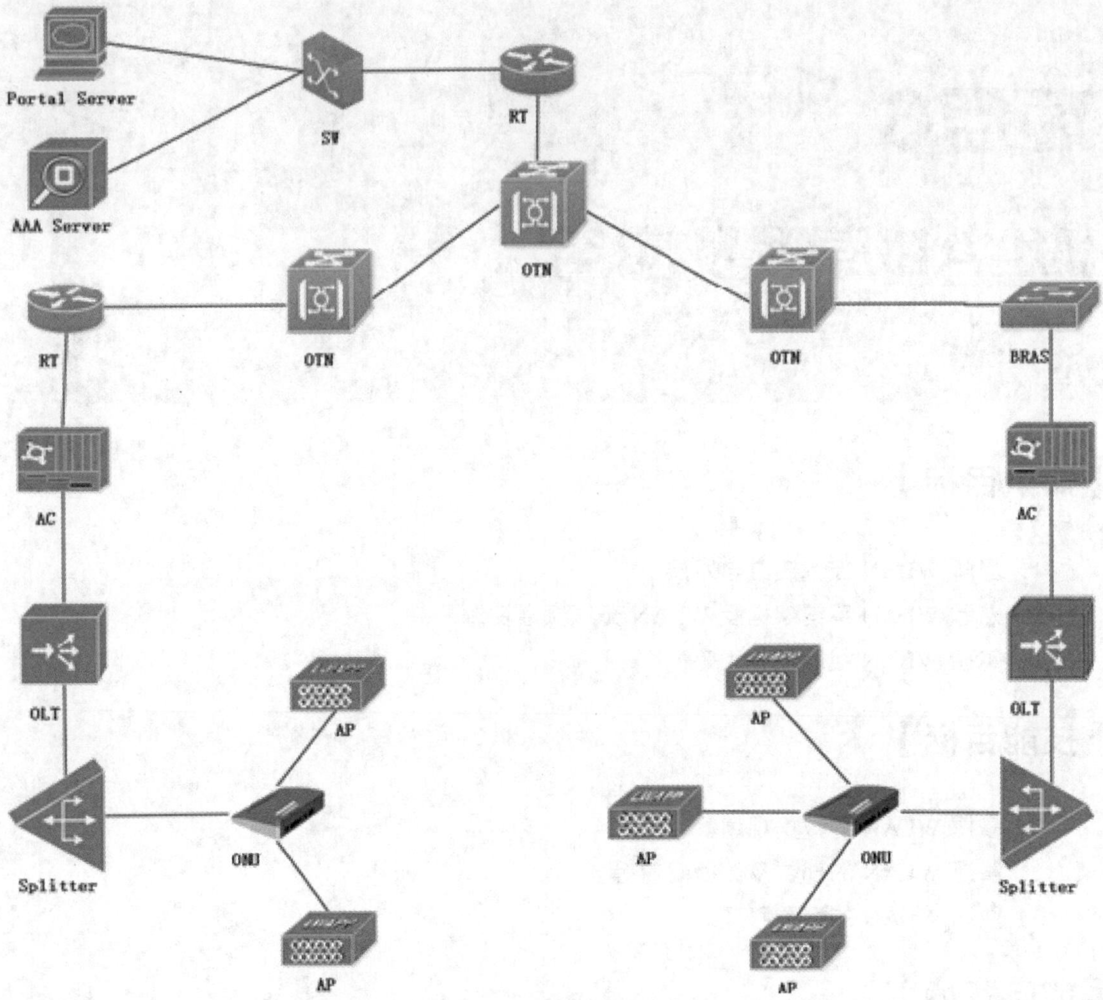

图 6-1 该城市的 WLAN 业务接入规划

1. 任务分析

先分析一下这个 WLAN 业务接入规划架构，其组网比前面学习过的网络多了 AC 和 AP 两种设备，其余设备均为以前学习过的设备。

2. 业务规划方案

某运营商在核心网机房部署 AAA Server、Portal Server 设备，在中心机房、南城区汇聚机房、南城区接入机房、东城区汇聚机房和东城区接入机房部署 RT、OTN、BRAS、AC、OLT、Splitter、ONU 设备，这样既可以满足机房之间业务设备对接以及路由器的连接需求，又可以保证整个链路的可靠性。

3. 思考

AC 和 AP 是什么？它们有什么区别？项目概述中所描述的右侧 AC 外置 BRAS 场景、左侧 AC 内置 BRAS 场景的区别是什么？

【思维导图】

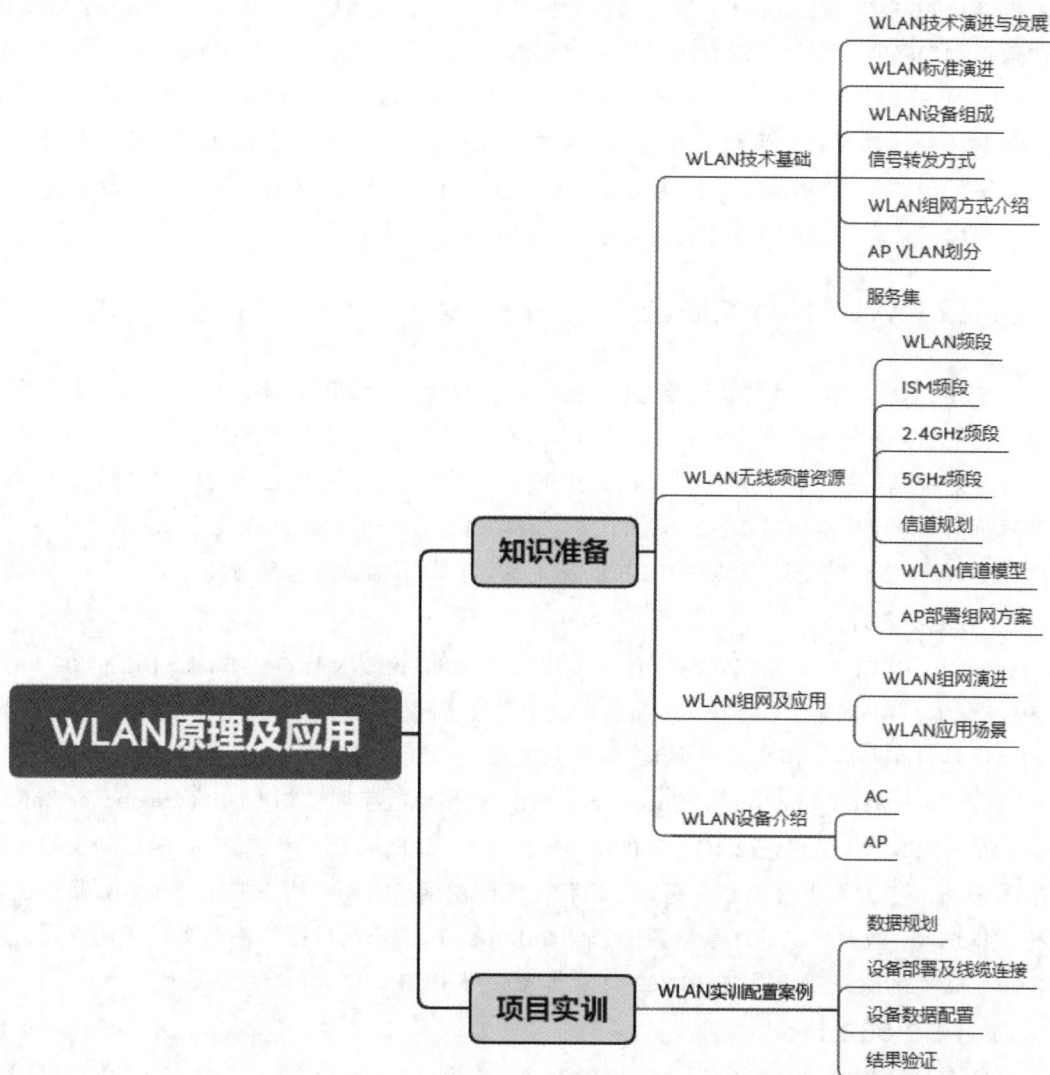

【知识准备】

6.1 WLAN 技术基础

6.1.1 WLAN 技术演进与发展

随着互联网的飞速发展，通信网络从传统的有线网络发展到了无线网络，作为无线网络之一的 WLAN，满足了人们移动办公的需求。

WLAN 是利用无线通信技术在一定的局部范围内建立的网络，是计算机网络与无线通信技术相结合的产物，它以无线多址信道作为传输媒介，提供传统有线局域网的功能，能够使用户真正实现随时、随地、随意的宽带网络接入。

WLAN 开始是作为有线局域网络的延伸而存在的，各团体、企事业单位广泛地采用了 WLAN 技术来构建其办公网络。随着应用的进一步发展，WLAN 正逐渐从传统意义上的局域网技术发展为"公共 WLAN"，成为互联网宽带接入手段。WLAN 具有易安装、易扩展、易管理、易维护、高移动性、保密性强、抗干扰等特点。

6.1.2　WLAN 标准演进

由于 WLAN 是基于计算机网络与无线通信技术的，在计算机网络结构中，逻辑链路控制层及其上的应用层对不同的物理层的要求可以是相同的，也可以是不同的。因此，WLAN 标准主要针对物理层和 MAC 层，涉及所使用的无线频率范围、空中接口通信协议等技术规范与技术标准，协议标准包括 IEEE 802.11 系列和欧洲的 HiperLAN（高性能无线局域网）系列。目前 WLAN 中主流的协议标准是 IEEE 802.11 系列，以下为该系列部分举例。

1. IEEE 802.11

1990 年，IEEE 802 标准化委员会成立 IEEE 802.11 WLAN 标准工作组。IEEE 802.11 是在 1997 年 6 月审定通过的标准，该标准定义了物理层和 MAC 层规范。物理层定义了数据传输的信号特征和调制，定义了两个 RF 传输方法和一个红外线传输方法，RF 传输标准是跳频扩频（Frequency Hopping Spread Spectrum，FHSS）和直接序列扩频（Direct Sequence Spread Spectrum，DSSS），工作在 2.4G～2.4835GHz 频段。IEEE 802.11 是由 IEEE 最初制定的一个 WLAN 标准，主要用于解决办公室局域网和校园网中用户与用户终端的无线接入，业务主要限于数据访问，数据传输速率最高只能达到 2Mbit/s。由于它在数据传输速率和传输距离上都不能满足人们的需求，所以 IEEE 802.11 标准很快被 IEEE 802.11b 标准所取代了。

2. IEEE 802.11b

1999 年 9 月 IEEE 802.11b 被正式批准，该标准规定 WLAN 工作频段为 2.4G～2.4835 GHz，数据传输速率达到 11Mbit/s，传输距离控制为 15.24～45.72m。该标准是对 IEEE 802.11 的一个补充，采用补码键控（Complementary Code Keying，CCK）调制方式，以及点对点模式和基本模式两种运作模式，在数据传输速率方面可以根据实际情况在 11Mbit/s、5.5Mbit/s、2Mbit/s、1Mbit/s 的不同速率间自动切换。它改变了 WLAN 设计状况，扩大了 WLAN 的应用领域。IEEE 802.11b 一度作为主流 WLAN 标准，被多数厂商采用，所推出的产品广泛应用于办公室、家庭、宾馆、车站、机场等众多场合。但是，由于许多新的 WLAN 标准的出现，它的主流地位已被取代。

3. IEEE 802.11a

1999 年，IEEE 802.11a 标准制定完成，该标准规定 WLAN 工作频段为 5.15G～5.85GHz，

数据传输速率达到 54Mbit/s、72Mbit/s，传输距离控制为 10～100m。该标准也是对 IEEE 802.11 的一个补充，扩充了标准的物理层，采用正交频分复用（Orthogonal Frequency Division Multiplexing，OFDM）的独特扩频技术，采用正交相移键控（Quadrature Phase Shift Keying，QPSK）调制方式，可提供 25Mbit/s 的无线 ATM 接口和 10Mbit/s 的以太网无线帧结构接口，支持多种业务如语音业务、数据业务和图像业务等，一个扇区可以接入多个用户，每个用户可携带多个用户终端。IEEE 802.11a 标准是 IEEE 802.11b 的后续标准，其设计初衷是为了取代 IEEE 802.11b 标准，但是，工作于 2.4GHz 频段是不需要执照的，该频段属于工业、教育、医疗等专用频段，是公开的，而工作于 5.15G～8.825GHz 频段需要执照。因此，一些公司仍没有表示对 IEEE 802.11a 标准的支持，而另一些公司更看好混合标准—— IEEE 802.11g。

4．IEEE 802.11g

IEEE 推出了 IEEE 802.11g 标准，该标准拥有 IEEE 802.11a 的传输速率，安全性较 IEEE 802.11b 更好，采用两种调制方式，含 IEEE 802.11a 中采用的 OFDM 与 IEEE 802.11b 中采用的 CCK，做到与 IEEE 802.11a 和 IEEE 802.11b 兼容。虽然 IEEE 802.11a 较适用于企业，但 WLAN 运营商为了兼顾现有 IEEE 802.11b 设备投资，倾向于选用 IEEE 802.11g。

5．IEEE 802.11i

IEEE 802.11i 标准是结合 IEEE 802.1x 中的用户端口身份验证和设备验证，对 WLAN MAC 层进行修改与整合，并且定义了严格的加密格式和鉴权机制，以改善 WLAN 的安全性。IEEE 802.11i 新修订标准主要包括两项内容：Wi-Fi 保护接入（Wi-Fi Protected Access，WPA）技术和强健安全网络（Robust Security Network，RSN）。Wi-Fi 联盟计划采用 IEEE 802.11i 标准作为 WPA 的第二个版本，并于 2004 年初开始实行。IEEE 802.11i 标准在 WLAN 建设中的是相当重要的，数据的安全性是 WLAN 设备制造商和 WLAN 运营商应该首先考虑的工作。

6．IEEE 802.11e/f/h

IEEE 802.11e 标准对 WLAN MAC 层协议提出了改进，以支持多媒体传输和所有 WLAN 无线广播接口的 QoS 机制。IEEE 802.11f 定义了访问节点之间的通信，支持 IEEE 802.11 的接入点互操作协议（Inter Access Point Protocol，IAPP）。IEEE 802.11h 用于 IEEE 802.11a 的频谱管理技术。

6.1.3　WLAN 设备组成

WLAN 组网设备包括 BRAS、AC、AP、STA、AAA。

（1）BRAS：宽带远程接入服务器。用来完成各种宽带接入方式的用户接入、认证、计费、控制、管理的网络设备。

（2）AC：无线射频管理。其功能包括无线网络的接入控制、无线网络的转发和统计、AP 的配置监控、漫游管理、AP 的网管代理、AP 安全控制等。

（3）AP：接入点。AP 根据功能区分为胖 AP 和瘦 AP 两种类型。其中对于胖 AP，AP 完成接入、认证及管理等功能，使用胖 AP 时不需要 AC，同时胖 AP 网络也不能实现集中管理，终端无法漫游。胖 AP 配置信息需要单独配置。

对于瘦 AP，这种 AP 将原胖 AP 的物理层以上功能转移到 AC 中实现，AP 连接 AC，由 AC 对控制和数据报文进行集中转发。而瘦 AP 本身可实现 802.11 报文的加解密、802.11 的 PHY 功能、802.11 到 802.3 帧的转换、接受无线控制器的管理、RF 空口的统计等简单功能。

瘦 AP 连接 AC 后通过 DHCP 服务器自动获取 AC 地址，从 AC 下载配置信息，不必对单个 AP 进行烦琐的设定，实现即插即用。

AP 类型根据使用场景区分为室外型 AP 和室内型 AP。室外型 AP 功率为 500mW，室内型 AP 功率为 100mW。

（4）STA（Station）：工作站、终端。

（5）AAA：认证、授权、计费服务器。实现网络内认证、授权、计费信息的交互。

6.1.4　信号转发方式

WLAN 业务的信号转发包含两种转发方式——本地转发和集中转发，如图 6-2 所示。

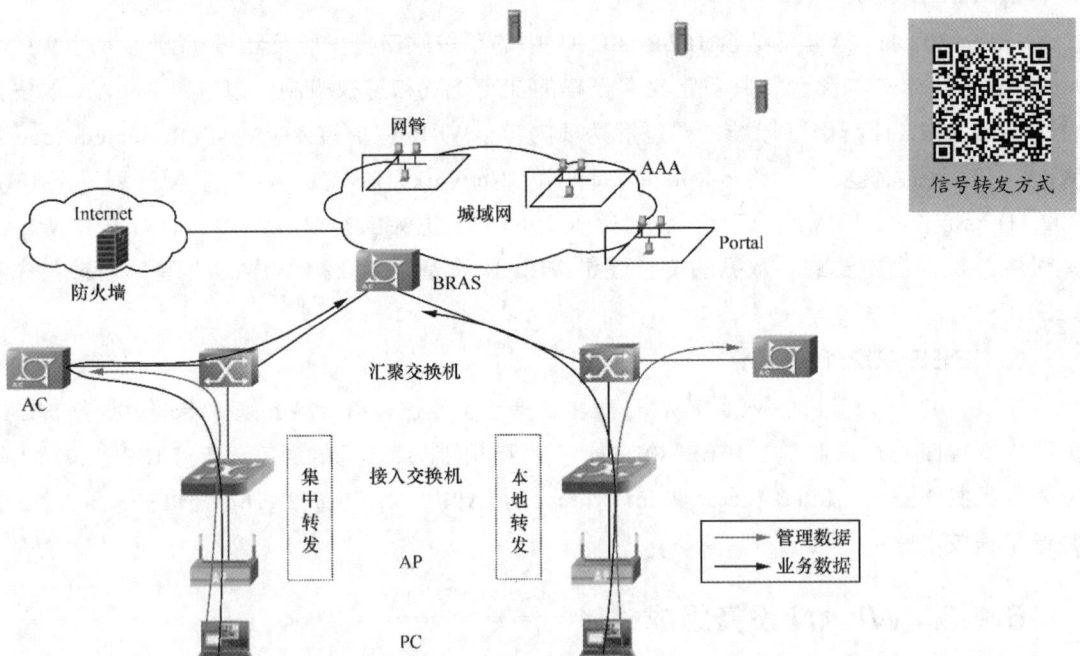

图 6-2　本地转发和集中转发

1. 本地转发

用户业务数据不通过 AC，由 AP 直接转发至 BRAS。BRAS 负责为用户分配公网 IP 地址，终结用户业务 VLAN，并对用户进行鉴权认证。AP 管理数据并发至 AC 处理。

优点：对 BRAS 压力较小，对 AC 依赖程度较低。

缺点：后续规划新业务需要对 AP 及交换机都进行配置，无法实现 AP 间漫游切换。网络安全策略需要在 AP 上配置，安全性较低，基于用户流量的负载均衡功能受到限制。

2. 集中转发

AP 用户数据流经由 AP 与 AC 之间的无线接入点控制和配置协议（Control And Provisioning of Wireless Access Points Protocol，CAPWAP）汇聚到 AC。集中转发的数据由 AC 再统一转发到 BRAS，或者将 AC 当作 BRAS。采用此方式时，所有用户数据都要通过 AC 进行转发。

优点：VLAN 和服务集标识符（Service Set Identifier，SSID）规划统一在 AC 处理，有利于新业务部署和规划。所有用户统一连接到 AC，方便跨三层用户的 IP 地址统一分配和规划。可以实现 AP 到 AP 的平滑漫游切换。网络安全策略在 AC 上设置，减少成本，安全性更高。

缺点：部分组网模式下（如 AC 旁挂 BRAS 方式）对 BRAS 有二次流量穿越压力，AC 可靠性要求较高。

根据不同业务可以分别使用集中转发或本地转发，在本地进行认证或在公网 BRAS 进行认证。例如，公网业务使用集中转发，内部局域网业务使用本地转发。

6.1.5 WLAN 组网方式介绍

根据 AC 在网络中的位置不同，WLAN 典型组网方式有以下 3 种。

1. AC 旁挂 BRAS

一台 AC 管理一台 BRAS 下连接的所有 AP，优点是接入层网络结构变动方便，缺点是对 AC 接入能力要求较高。集中转发方式下用户流量需二次穿过 BRAS，对 BRAS 压力较大。这种组网方式规划较复杂，如图 6-3 所示。

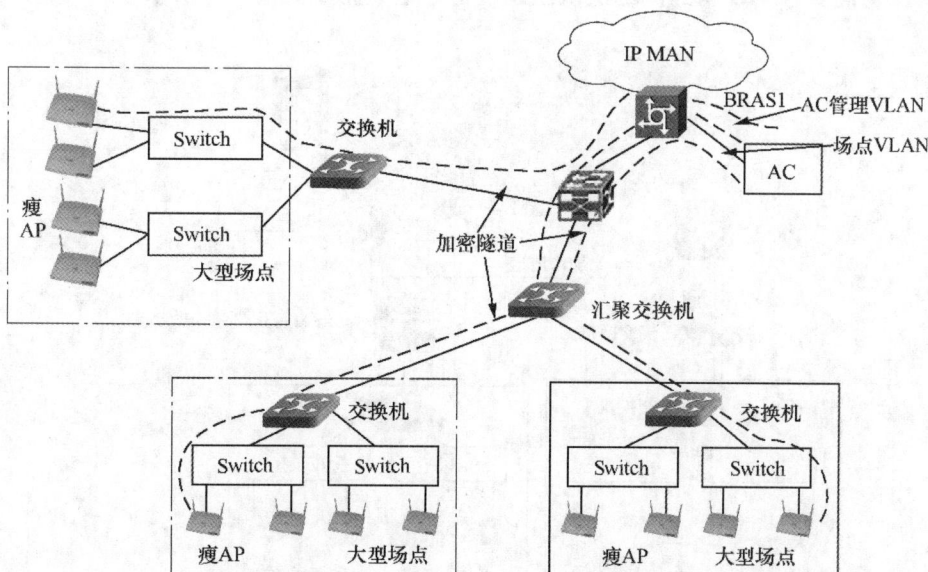

图 6-3 WLAN 典型组网方式一

2. AC 接入层直挂 BRAS

AC 业务板接入交换机，接口板接入 BRAS。这种方式的优点是网络结构简单，变动时不需要改动整网结构，业务数据不会二次穿过 BRAS，对 BRAS 要求较低；缺点是 AC 仅管理附近物理区域的 AP，整网需要的 AC 数量较多。这种组网方式如图 6-4 所示。

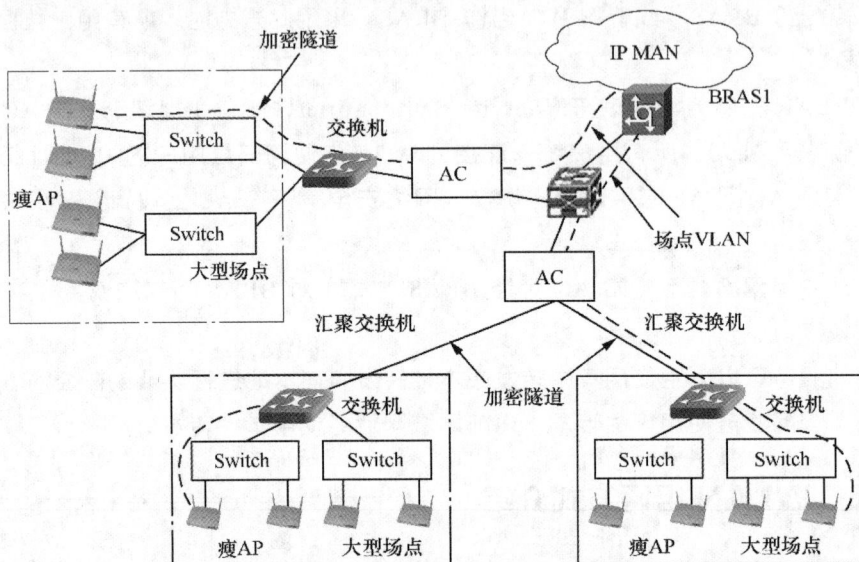

图 6-4　WLAN 典型组网方式二

3. AC 位于城域网

一台 AC 可管理多个 BRAS 下同一厂家的 AP，优点是部署灵活，不需要很多的 AC；缺点是对 AC 的接入能力要求极高。集中转发方式下用户数据需二次穿过城域网，对城域网压力较大，建网需要考虑现网的网络层次结构。这种组网方式如图 6-5 所示。

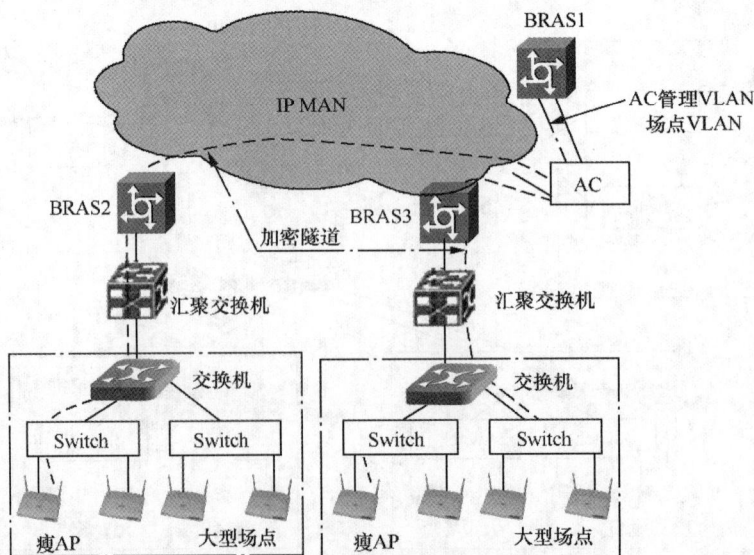

图 6-5　WLAN 典型组网方式三

WLAN 的组网方式涉及整网结构，对运营商来说较重要，在具体选择时，需要考虑运营商的具体网络信息，如 AP 建设容量、规划容量、BRAS 网络位置等。

6.1.6 AP VLAN 划分

AP 的 VLAN 分为管理 VLAN 和业务 VLAN，两类 VLAN 需要分开。两个 BRAS 下面 AP 的管理 VLAN 可以保持一致，也可以不同。

6.1.7 服务集

服务集有两种类型，分别是基本服务集和扩展服务集。

基本服务集（Basic Service Set，BSS）：由若干个 STA 组成，同一 BSS 内的 STA 可以互相直接进行无线通信，如图 6-6 所示。

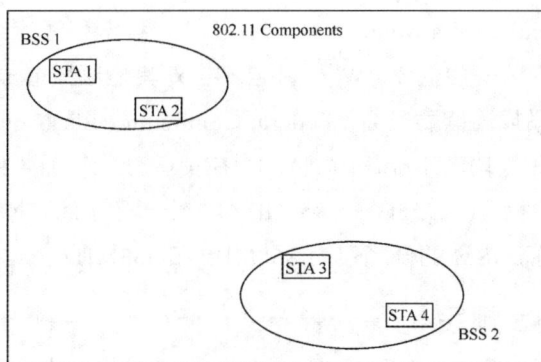

图 6-6 基本服务集

扩展服务集（Extended Service Set，ESS）：为实现更大规模的 STA 之间的通信，多个 BSS 可以构成 ESS，如图 6-7 所示。

ESS 内部的 STA 可以互相通信，并实现 BSS 之间的漫游。

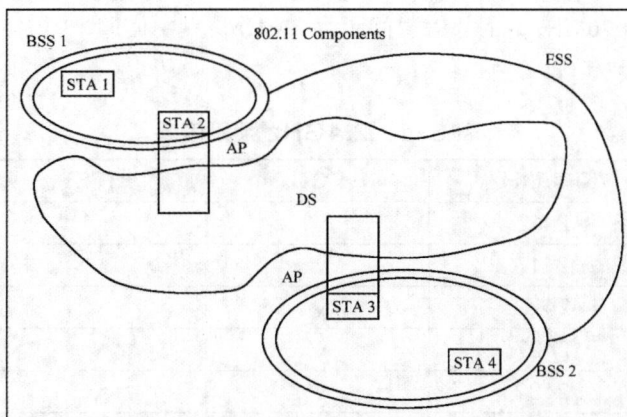

图 6-7 扩展服务集

SSID：服务集标识符，是一个 ESS 的网络标识，具有相同 SSID 的 STA 及 AP 才能相互通信。一个 AP 可配置多个 SSID 来对应不同的业务应用。

BSSID：BSS 的标识符，实际上是 AP 的 MAC 地址。

6.2　WLAN 无线频谱资源

6.2.1　WLAN 频段

WLAN 协议版本为 IEEE 802.11n，向下兼容 IEEE 802.11b/a/g，使用 2.4GHz 和 5GHz 的 ISM 公用频段。

WLAN 无线
频谱资源

6.2.2　ISM 频段

ISM（Industria Scientific and Medical Band，工业、科学和医疗频带），无须许可证，只需要遵守一定的发射功率（一般低于 1W），并且不会对其他频段造成干扰即可。

ISM 最初是由美国联邦通信委员会（Federal Communications Commission，FCC）分配的无须许可证的无线电频段（功率不能超过 1W）。在美国分为工业（902M~928MHz）、科学（2.42G~2.4835GHz）和医疗（5.725G~5.850GHz）3 个频段。而在欧洲 900MHz 的频段则大部分用于 GSM 通信，用于 ISM 的低频段为 868MHz 和 433MHz。

6.2.3　2.4GHz 频段

2.4GHz 为各国共同使用的 ISM 频段。因此，WLAN、蓝牙、ZigBee 等无线通信技术均可工作在 2.4GHz 频段上。同频段系统外设备包括蓝牙、微波炉、无绳电话。中心频段为 2412M~2484MHz，共 14 个信道。

美国 FCC 和加拿大工业部（Industry Canada，IC）使用信道 1~11，ETSI 使用信道 1~13，西班牙使用信道 10~11，MIC 使用信道 1~14。

每个信道宽度为 20MHz，相邻信道间隔为 5MHz，其中信道 13 与信道 14 间隔 12MHz，如表 6-1 所示。

表 6-1　2.4GHz 频段信道

信道	频率/MHz	FCC	ETSI	MIC
1	2412	√	√	√
2	2417	√	√	√
3	2422	√	√	√
4	2427	√	√	√
5	2432	√	√	√
6	2437	√	√	√

续表

信道	频率/MHz	FCC	ETSI	MIC
7	2442	√	√	√
8	2447	√	√	√
9	2452	√	√	√
10	2457	√	√	√
11	2462	√	√	√
12	2467		√	√
13	2472		√	√
14	2484			√

注：表中的√表示该组织支持此频率。

6.2.4　5GHz 频段

我国中心频点为 5745M～5825MHz，共 5 个信道。信道号为 149、153、157、161、165。每个信道宽度为 20MHz，相邻信道间隔为 5MHz。5GHz 频段信道如图 6-8 所示。

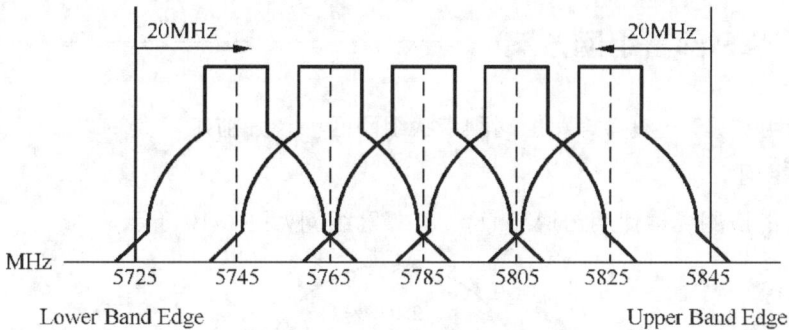

图 6-8　5GHz 频段信道

6.2.5　信道规划

1. 2.4GHz 频段

1/6/11、2/7/12、3/8/13 为 3 组不重叠信道，由于部分无线网卡不支持 12、13 信道，所以最好使用 1/6/11，2.4GHz 频段信道规划如图 6-9 所示。

当一组不重叠信道有较大干扰时，可以使用信道间隔为 4 频点的部分重叠信道 1/5/9/13、2/6/10、3/7/11、4/8/12。

2. 5GHz 频段

5 个信道全部独立。缺点是频段高、传播损耗大、覆盖范围小。

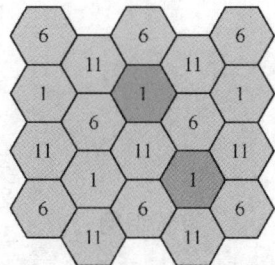

图 6-9　2.4GHz 频段信道规划

6.2.6 WLAN 信道模型

802.11 协议规定共 6 种信道模型，即 A～F，其传播延迟为 0～150ns。室外 AP 适用于信道 F。

传播时延是指在多径传播的环境下，首先接收到的一路信号和最后一路信号之间的时间差。信道模型对应的时延和适用环境如表 6-2 所示。

表 6-2　信道模型

信道模型	传播时延/ns	典型环境
A	0	无真实使用场景
B	15	家庭
C	30	会议室
D	50	一般办公室
E	100	大型办公室
F	150	较大空间、城区

6.2.7 AP 部署组网方案

AP 部署组网方案一般有蜂窝组网和带状组网两种，分别如下。

1. 蜂窝组网

蜂窝组网的应用场景使用普通热点，AP 蜂窝组网如图 6-10 所示。

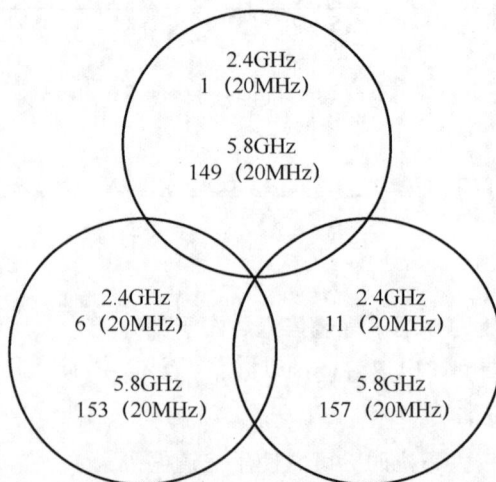

图 6-10　AP 蜂窝组网

2. 带状组网

带状组网应用场景覆盖范围狭长的环境（如高校宿舍、厂区宿舍等），楼层间信号依靠建筑物墙体进行分割，AP 带状组网如图 6-11 所示。

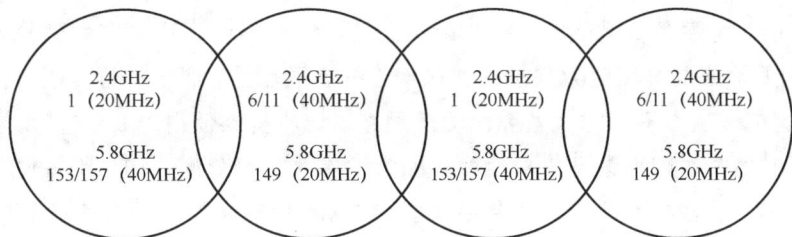

图 6-11 AP 带状组网

| 2.4GHz
1（20MHz） | 2.4GHz
6/11（40MHz） | 2.4GHz
1（20MHz） | 2.4GHz
6/11（40MHz） |
| 5.8GHz
153/157（40MHz） | 5.8GHz
149（20MHz） | 5.8GHz
153/157（40MHz） | 5.8GHz
149（20MHz） |

6.3 WLAN 组网及应用

6.3.1 WLAN 组网演进

WLAN 的组网演进是从胖 AP 到瘦 AP 的演进。在数字城市发展进程中，不仅政府、企业加大力度投资和建设 WLAN，各运营商也开始纷纷投身于 WLAN 公网建设。老牌运营商在进行用户接入时，是利用固网的 BRAS 实现接入控制的。因此，WLAN 组网结构主要是由胖 AP 架构→胖 AP+BRAS 架构→AC+瘦 AP +BRAS 架构→瘦 AP+合一型 AC 架构的演变。

传统的胖 AP 建设模式虽然具有配置灵活、安装简单、适用性强、性价比高等优点，但其仅适用于一些覆盖范围小、投入小、对安全性要求不高的场景，不适合建设一张高可靠性电信级的无线服务网络。究其根源，是由于在传统的 WLAN 中存在着设备单一、缺乏集中管理手段和安全控制策略，以及不能支持漫游等原因。随着传统 WLAN 建网、组网问题的不断出现，一种全新的 WLAN 架构，即 AC + 瘦 AP 集中式 WLAN 管理模式应运而生。胖 AP 到瘦 AP 的演进如图 6-12 所示。

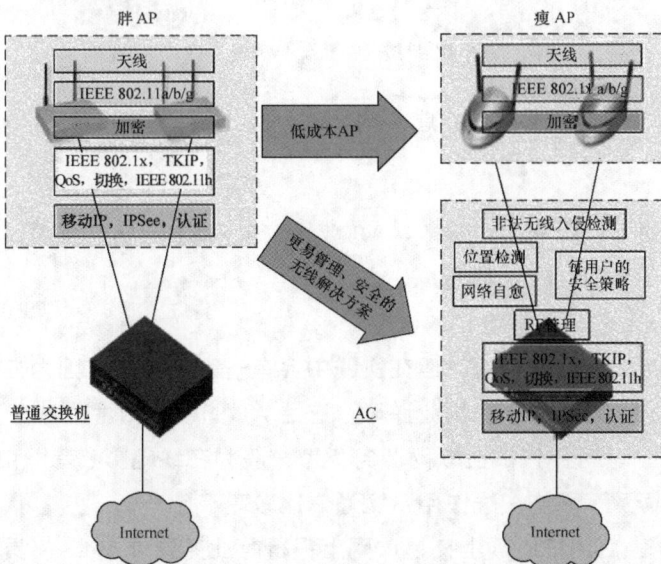

图 6-12 胖 AP 到瘦 AP 的演进

209

AC+瘦 AP 架构赋予了网络部署很大的灵活性，一个 AC 可以同时管理几十到上千个瘦 AP，也可以根据网络情况和业务需求部署在网络的不同位置；瘦 AP 可以通过各种方式连接到 AC，与之组成多层、多点的大型热区覆盖网络。这种构架使得 WLAN 的部署更灵活、可靠，而且能通过 AC 对网络进行集中管理，极大地提高了可管理性和可维护性，使得业务总体性能大大提高。这些特点使其很适合中大型 WLAN 的部署需求，尤其是运营商级 WLAN 的部署需求。

6.3.2 WLAN 应用场景

WLAN 主要有 3 种应用场景：家庭应用场景、政企应用场景和公网应用场景。

1. 家庭应用场景

通过将 AP 安装于小区物业室外，对家庭用户进行室内覆盖；或者直接部署在用户住宅或楼道内，进行室内覆盖。图 6-13 所示为居民小区 WLAN 应用场景示例。

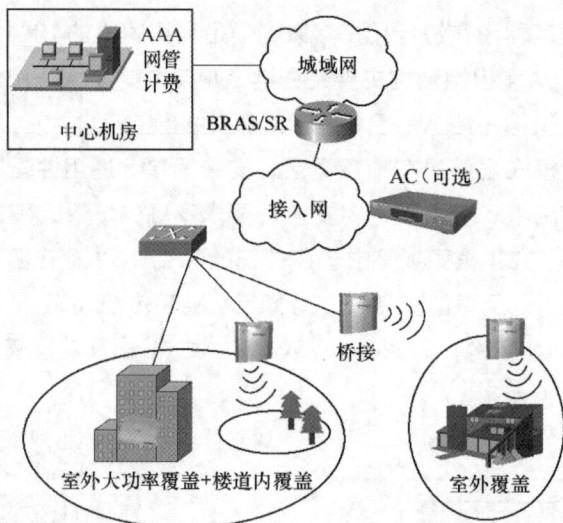

图 6-13　居民小区 WLAN 应用场景示例

（1）场景特点

在家庭应用场景下，用户相对分散，AP 数量较多，AP 与 AC 可通过运营商的专线传输网络如 MSTP 网络、PTN、PON 等互联。

（2）组网需求

① 维护便捷。AP 的维护便捷，但在实践中会有一系列问题。因为在进入小区住宅或者楼道时需要经过用户个人或者小区物业许可，这给 AP 的维护和管理带来了一定的困难。

② 高业务带宽。家庭用户的互联网业务类型一般为在线电影、音乐和视频下载、视频聊天等高带宽业务，导致了平均在线占用带宽通常比较高。

③ 网络安全。家庭用户的网上交易、网上银行等业务要求 WLAN 具备高可靠性和优秀的安全保证能力，防止非法用户侵入。

④业务管控。对于不同的家庭用户，通常存在计费和带宽控制的需求，实现网络可管、可控。

2. 政企应用场景

政府或企业自建网络为内部用户提供 Wi-Fi 覆盖。和普通室内覆盖应用场景不同的是，政企应用场景一般要求具备较高的安全和认证功能，以及一定的管理、维护能力。室内覆盖 WLAN 应用场景示例如图 6-14 所示。

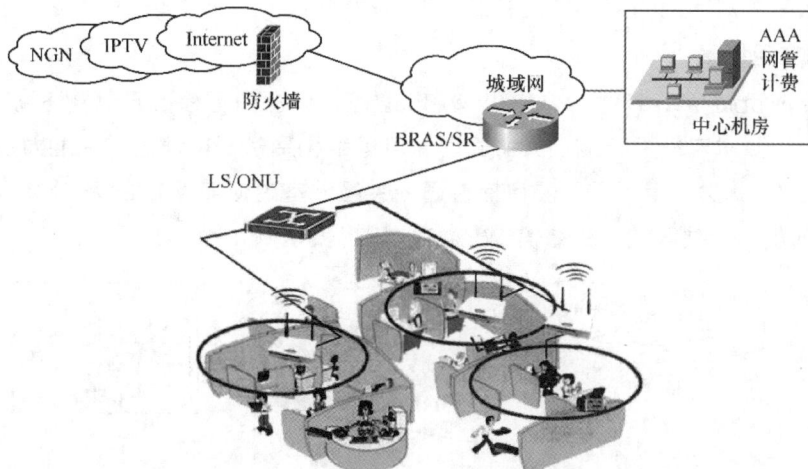

图 6-14 室内覆盖 WLAN 应用场景示例

（1）场景特点

① 这类网络通常为政府或企业内部用户提供 Wi-Fi 服务，网络规模通常不大（超大企业除外），一般是几十到几百的 AP 规模。

② AP 与 AC 之间通常是通过内部 LAN 来进行连接的，对于政府部门和大型企业，也可能跨不同地域，采用租用运营商传输网络的方式实现 AP 和 AC 的互联。

③ AC 与 BRAS 通常采用合一型的设备，在 AC 上实现对 WLAN 业务的认证功能。

（2）组网需求

① 建网经济、灵活。在政企应用场景下，相对于传统的有线宽带网络，如何以低成本快速部署一张适用于政府或者企业内部，随时随地实现无线互联的网络是客户选择 WLAN 来部署的重要原因。

② 网络维护便捷。在政企客户的 WLAN 中，AP 数目通常从几十到几百台不等，部分大型政企用户网络建设规模可能达几千台 AP，如何实现对这些 AP/AC 设备的统一管理和维护是必须要解决的问题。网络管理要实现主动控制网络，从而不仅能够进行定性管理，而且能够定量分析网络流量，了解网络健康状况等。

③ 网络安全性。政府及企业对网络的安全性有非常高的要求。在 LAN 和 WAN 中传送的数据都是相当重要的信息，因此一定要保证数据安全，防止被非法窃听或恶意破坏，所以在网络建设的初期就应考虑采用严密的网络安全措施。

④ 高业务带宽。在政企客户应用业务中，通常以无线办公、内部资料传送、视频监控及互联网文档上传和下载等高带宽业务为主，在网络设计初期就需要考虑这类应用业务带来的高吞吐量消耗。

⑤ 网络扩展性。随着企业规模的扩大、业务的增长，网络的扩展和升级是不可避免的问题。同时，由于视频会议、视频点播、视频监控、VoIP 通信等多媒体技术的日趋成熟，网络传输的数据已不再是单一数据，多媒体网络传输成为世界网络技术发展的趋势。政府和企业管理着眼于未来，对网络的多媒体支持是有很多需求的。

3. 公网应用场景

通过自建或租用 WLAN 为公众提供 Wi-Fi 覆盖，运营商可综合原有网络制定资费策略，提供自有业务；要求电信级产品、集中管理、可运维和具备长期演进融合能力是作为运营级网络的基本要求。此类应用场景一般包括普通公共区域室内覆盖 WLAN 和公共区域室外覆盖 WLAN 应用场景，公共区域室外覆盖 WLAN 应用场景示例如图 6-15 所示。

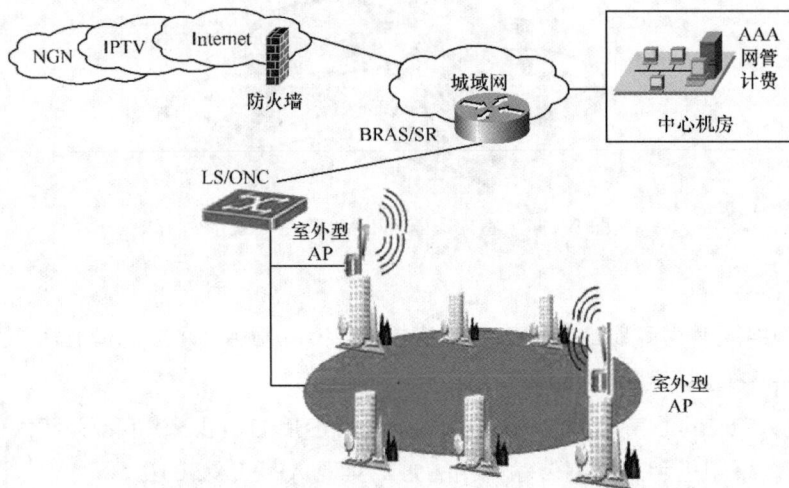

图 6-15　公共区域室外覆盖 WLAN 应用场景示例

（1）场景特点

① 面向公众的区域，多为城市热点覆盖，具有区域分散、用户密度大的特点。WLAN 部署规模大，通常由运营商主导 WLAN 建设。

② AC 与 AP 间采用骨干网 SDH、PON 或者 PTN 连接，网络通常是跨区域建设的。

③ WLAN 与有线宽带网络互为补充，且作为移动蜂窝网的容量卸载有效方案，网络设计复杂。

④ 不断有新业务推出，随着用户数的增加，网络存在阶段性扩容需求。

⑤ 对于不同的场景，存在个性化业务需求（如限制账号的使用区域），要求实现对网络的精细管控。

（2）组网需求

① 灵活性部署。由于公网部署的 AP 数量多且区域分散，在网络部署过程中，对 AC 与

AP 的互联方式及 AC 的部署位置提出了更多的需求。例如，对于小型城市，可采用集中部署的方案；对于用户密集的大中型城市，则可将 AC 下沉至汇聚层或接入层，以简化网络结构。

② 电信级的管控。WLAN 公网直接由运营商部署或者租赁，因此，网络管理和运营参数指标较政企客户来讲，将会更精细、具体。在网络建设中，既要实现扁平化的网络结构，又要实现对网络统一的、精细化的运营和管理。

③ 支持漫游。WLAN 与有线宽带网络相比，最重要的一个特点就是可实现 AP 或者跨 AC 间的用户漫游。因此，WLAN 用户实现漫游是提升用户业务体验的一个重要指标，网络规划和建设时必须要考虑用户的漫游功能。

④ 网络安全。WLAN 的安全性直接影响运营商的品牌和经济收益，网络安全是运营商在任何网络、任何场景下都必须严肃对待的问题，如何防止地址解析协议（Address Resolution Protocol，ARP）、拒绝服务（Denial of Service，DoS）攻击，非法地址检测和攻击是 WLAN 安全设计的重要环节。

⑤ 无感知认证。在 WLAN 中，相比于 Portal 认证方式存在的用户体验不佳、重复输入用户名和密码的缺点来讲，实现 WLAN 无感知认证被称为彻底改善用户体验的技术。在运营级的 WLAN 建设中采用无感知认证是一种必然趋势。

⑥ 高可靠性。高可靠性是电信级网络的一个重要特征，电信级的 WLAN 务必保持 7×24 小时在网运行。

⑦ 扩展性。在电信市场竞争激烈的今天，各类通信服务层出不穷，运营商在网络建设的初期就必须考虑后期新业务的快速、便捷推出，这给 WLAN 设备和组网模式带来新的挑战。

6.4 WLAN 设备介绍

6.4.1 AC

仿真实训软件中的 AC 设备有两种，即 AC-WL2048 和 AC-WL512，二者的设备面板如图 6-16 和图 6-17 所示。

图 6-16 AC-WL2048 的设备面板

图 6-17　AC-WL512 的设备面板

2048 和 512 代表 AC 支持的 AP 数量，AC-WL2048 比 AC-WL512 容量更大，提供的接口数量也更多。

6.4.2　AP

仿真实训软件中涉及的 AP 有两种，即 WI300AP 和 WO600AP，分别代表室内型和室外型，其外观如图 6-18 和图 6-19 所示。

图 6-18　WI300AP 外观

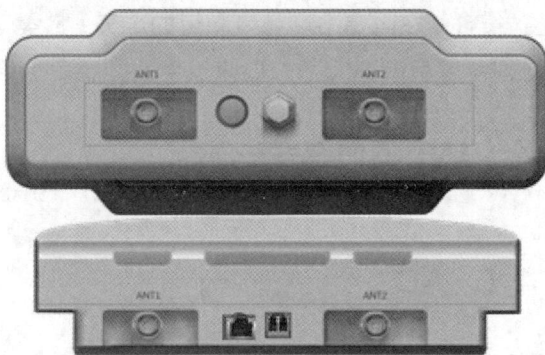

图 6-19　WO600AP 外观

WI300AP 支持一个 GE 电接口，WO600AP 支持一个 GE 电接口和一个 GE 光接口。

【项目实训】

6.5　WLAN 实训配置案例

实训目的：掌握 WLAN 的配置流程；熟悉 WLAN 的配置原理。

实训设备：Portal Server、AAA Server、RT、OTN、BRAS、SW、AC、AP、OLT、Splitter、ONU 等。

实训内容：根据本项目引导案例中的组网图进行数据规划、设备部署及线缆连接、WLAN
数据配置等，并完成业务验证。

6.5.1　数据规划

根据引导案例的组网图，我们在 IUV-TPS 三网融合仿真实训软件上规划的网络拓扑如
图 6-20 所示，其中 A 街区选择酒店模型，D 街区选择体育馆模型。

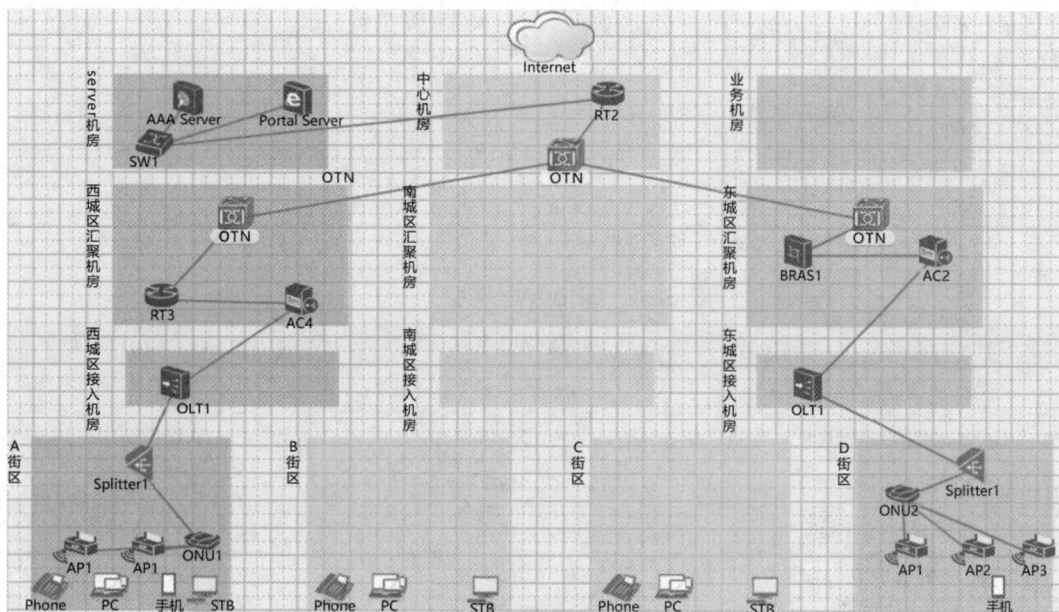

图 6-20　IPTV 规划网络拓扑

根据要求，西城区为 AC 内置 BRAS，东城区为 AC 外置 BRAS，路由数据规划如表 6-3
和表 6-4 所示，服务器（AAA Server 和 Portal Server）业务数据规划如表 6-5 所示，AC 内置
及外置 BRAS 业务数据规划分别如表 6-6 和表 6-7 所示。

表 6-3　路由数据规划（一）

设备名称	本端接口	接口 IP 地址	对端设备	对端接口	接口 IP 地址
Server 机房 AAA	10GE-1/1	11.0.0.1/30	Server 机房 SW（大型）	10GE-2/1	VLAN 11 11.0.0.2/30
Server 机房 Portal	10GE-1/1	12.0.0.1/30		10GE-2/2	VLAN 12 12.0.0.2/30
中心机房 RT（大型）	40GE-6/1	13.0.0.1/30		40GE-1/1	VLAN 13 13.0.0.2/30
	40GE-7/1	14.0.0.1/30	西城区汇聚机房 RT（中型）	40GE-1/1	14.0.0.2/30
	40GE-8/1	15.0.0.1/30	东城区汇聚机房 BRAS（大型）	40GE-1/1	15.0.0.2/30

续表

设备名称	本端接口	接口 IP 地址	对端设备	对端接口	接口 IP 地址
西城区汇聚机房 RT（中型）	10GE-6/1	16.0.0.1/30	西城区汇聚机房 AC（大型）	10GE-1/1	VLAN 16 16.0.0.2/30
西城区汇聚机房 AC（大型）	10GE-1/2	\	西城区接入机房 OLT（大型）	10GE-2/1	\
西城区接入机房 OLT（大型）	GPON-3/1	\	A 街区	—	—
东城区汇聚机房 BRAS（大型）	10GE-5/1	\	东城区汇聚机房 AC（大型）	10GE-1/1	\
东城区汇聚机房 AC（大型）	10GE-1/2	\	东城区接入机房 OLT（大型）	10GE-2/1	\
东城区接入机房 OLT（大型）	GPON-3/1	\	D 街区	—	—

注：表 6-4 中—表示不涉及，\表示无须配置。由于 OTN 只负责中间传输，操作比较简单，此处规划不介绍。

表 6-4　路由数据规划（二）

设备名称	逻辑接口名称	逻辑接口 IP 地址
Server 机房 AAA	loopback 1	5.5.5.5/32
Server 机房 Portal	loopback 1	6.6.6.6/32
业务机房 SW（小型）	loopback 1	1.1.1.1/32
中心机房 RT1（中型）	loopback 1	2.2.2.2/32
西城区汇聚机房 RT（中型）	loopback 1	3.3.3.3/32
东城区汇聚机房 BRAS（大型）	loopback 1	4.4.4.4/32

表 6-5　服务器业务数据规划

设备类型	业务配置	数据
AAA Server	设备地址	5.5.5.5
	认证端口	1812
	认证密钥	1111
	计费端口	1813
	计费密钥	1111
	账号/密码	hi/123456
Portal Server	设备地址	6.6.6.6

表 6-6　AC 内置 BRAS 业务数据规划（西城区）

设备类型	业务配置	数据
AC	设备地址	16.0.0.2
	业务 VLAN	201
	管理 VLAN	100

续表

设备类型	业务配置	数据
AC	域别名	123
	网关	20.1.1.1
	宽带虚接口 1 地址池（分配给 AP）	20.1.1.2 ~ 20.1.1.100
	网关	21.1.1.1
	宽带虚接口 2 地址池（分配给终端用户）	21.1.1.2 ~ 21.1.1.100
	AP 信道选择	1/6/11
OLT	上联端口 VLAN 配置	100
	上行速率配置	确保带宽 1000kbit/s
	下行速率配置	承诺速率 10000kbit/s
ONU	用户端口	eth_0/1；eth_0/2

AC 内置 BRAS 业务数据规划中要注意以下两点。

• VLAN 201 是业务 VLAN。AC 的"AP 服务配置"中的"业务 VLAN"要配置成 201。

• VLAN 100 是管理 VLAN。OLT 的上联端口 VLAN、AC 的下行物理接口（连接 OLT）VLAN、OLT 的"GPON 宽带业务配置"中的 VLAN 都要用 100。

表 6-7　AC 外置 BRAS 业务数据规划（东城区）

设备类型	业务配置	数据
BRAS	设备地址	4.4.4.4
	域别名	123
	网关	51.0.0.1
	宽带虚接口 1 地址池（分配给终端用户）	51.0.0.2 ~ 51.0.0.100
	宽带虚接口 1（动态用户接入配置）	10GE-5/1.1，IPoE 封装
AC	业务 VLAN	200
	管理 VLAN	110
	网关	50.1.1.1
	宽带虚接口 1 地址池（分配给 AP）	50.1.1.2 ~ 50.1.1.100
	AP 信道选择	1/6/11
OLT	上联端口 VLAN 配置	110
	上行速率配置	确保带宽 1000kbit/s
	下行速率配置	承诺速率 10000kbit/s
ONU	用户端口	eth_0/1；eth_0/2；eth_0/3

AC 外置 BRAS 业务数据规划中要注意以下两点。

• VLAN 200 是业务 VLAN。BRAS 的"动态用户接入配置"中的"关联 VLAN"、AC 的"AP 服务配置"中的"业务 VLAN"，以及 AC 的物理接口（连接 BRAS）VLAN 都要配置成 200。

- VLAN 110 是管理 VLAN。OLT 的上联端口 VLAN、AC 的物理接口（连接 OLT）VLAN、OLT 的"GPON 宽带业务配置"中的 VLAN 都要用 110。

6.5.2　设备部署及线缆连接

根据拓扑规划，自行进行各机房的设备部署及线缆连接，操作比较简单，参照图 6-21、表 6-4 和表 6-5，进入机房→设备拖放→连线→路由对接等界面操作即可。此处不单独介绍。

6.5.3　设备数据配置

设备数据配置分为 4 个部分：Sever 机房数据配置、中心机房数据配置、西城区 AC 内置 BRAS 数据配置、东城区 AC 外置 BRAS 数据配置。

1. Sever 机房数据配置

Server 机房数据配置主要有 AAA Server、Portal Server 和 SW 数据配置。

（1）AAA Server 数据配置

步骤 1：单击"数据配置"按钮，切换到 Server 机房，选择 AAA，分别进行物理接口配置和 loopback 接口配置，如图 6-21 和图 6-22 所示。

图 6-21　物理接口配置

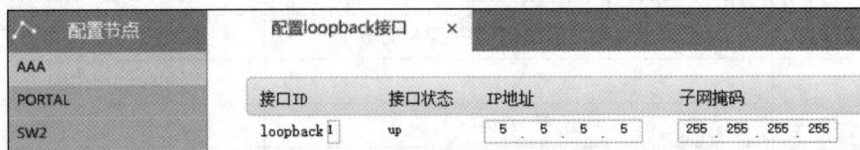

图 6-22　loopback 接口配置

步骤 2：静态路由配置如图 6-23 所示。

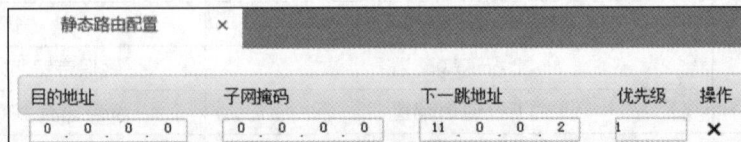

图 6-23　静态路由配置

步骤 3：系统设置如图 6-24 所示。

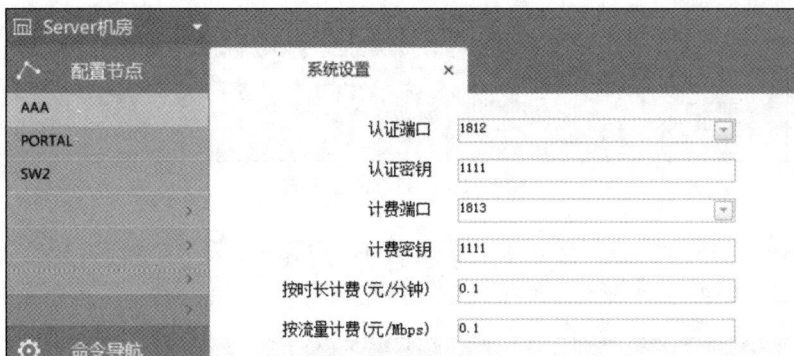

图 6-24　系统设置

步骤 4：账号设置如图 6-25 所示。

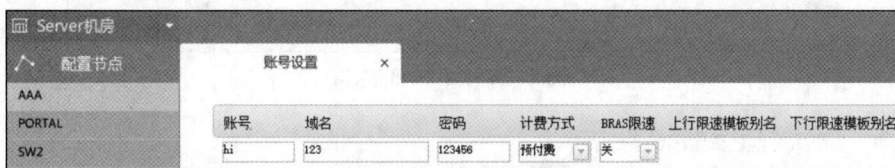

图 6-25　账号设置

步骤 5：DNS 配置如图 6-26 所示。

图 6-26　DNS 配置

（2）Portal Server 数据配置

步骤 1：切换到 Portal Server 数据配置界面，分别进行物理接口配置和 loopback 接口配置，如图 6-27 和图 6-28 所示。

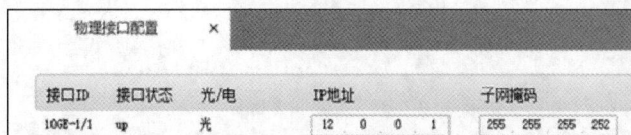

图 6-27　物理接口配置

图 6-28　loopback 接口配置

步骤 2：静态路由配置如图 6-29 所示。

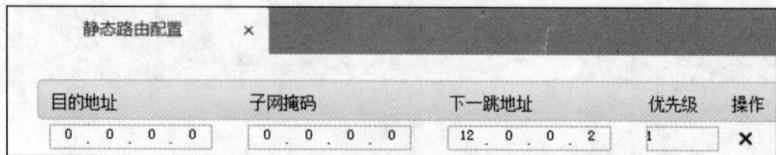

图 6-29　静态路由配置

步骤 3：在"添加 BRAS"选项中，根据表 6-6 和表 6-7 将 AC 和 BRAS（内置 BRAS）的设备地址输入"BRAS IP 地址"中，如图 6-30 所示。

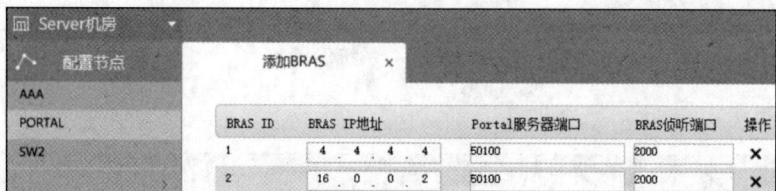

图 6-30　添加 BRAS

步骤 4：DNS 配置如图 6-31 所示。

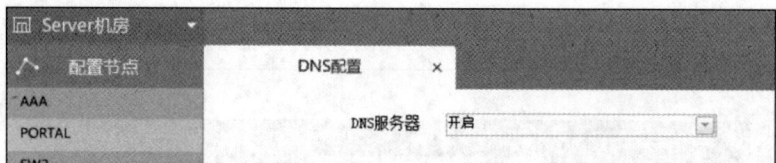

图 6-31　DNS 配置

（3）SW 数据配置

步骤 1：切换到 SW2 数据配置界面，分别进行物理接口配置、VLAN 三层接口配置，如图 6-32 和图 6-33 所示。

图 6-32　物理接口配置

图 6-33　VLAN 三层接口配置

步骤 2：loopback 接口配置如图 6-34 所示。

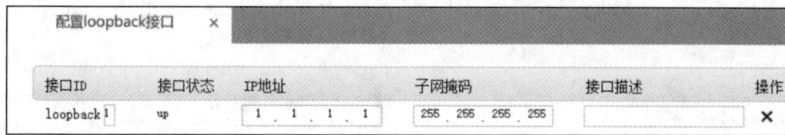

图 6-34　loopback 接口配置

步骤 3：SW2 到 AAA 和 Portal Server 的 loopback IP 的静态路由配置如图 6-35 所示。

图 6-35　静态路由配置

步骤 4：进入 OSPF 路由配置，分别进行 OSPF 全局配置和 OSPF 接口配置，注意，此时 OSPF 全局配置需要启用静态路由重分发功能，如图 6-36 和图 6-37 所示。

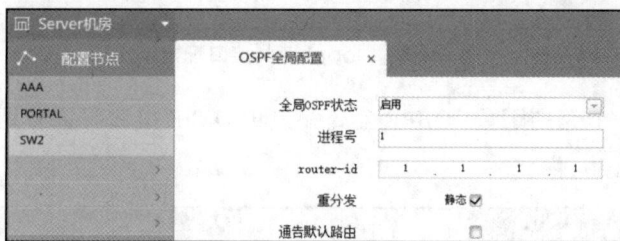

图 6-36　OSPF 全局配置

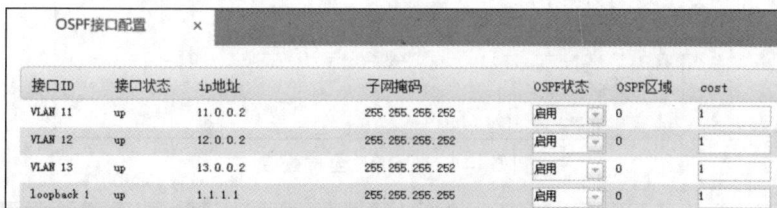

图 6-37　OSPF 接口配置

2. 中心机房数据配置

切换到中心机房，中心机房主要涉及 OTN 及 RT 数据配置。

（1）OTN 数据配置

选择 OTN，进行频率配置，如图 6-38 所示。

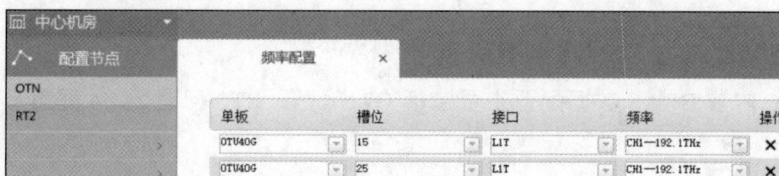

图 6-38　频率配置

（2）RT 数据配置

步骤 1：选择 RT2，分别进行物理接口配置和 loopback 接口配置，如图 6-39 和图 6-40 所示。

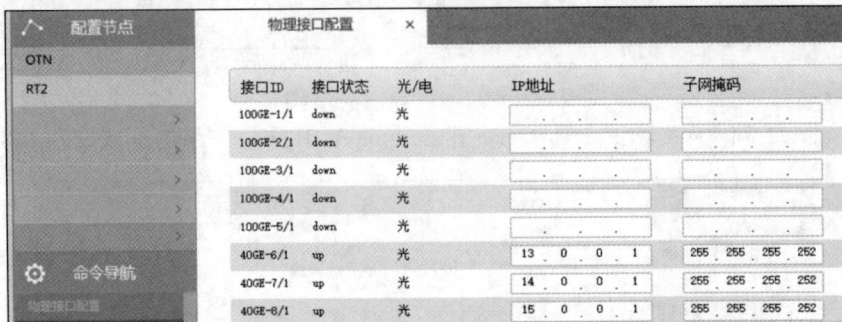

图 6-39　物理接口配置

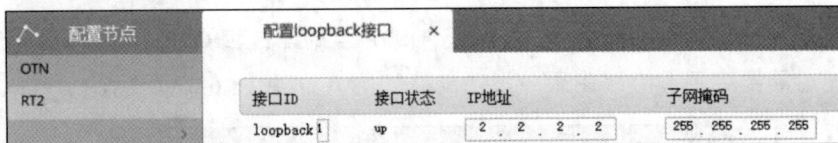

图 6-40　loopback 接口配置

步骤 2：进入 OSPF 路由配置，OSPF 全局配置和 OSPF 接口配置分别如图 6-41 和图 6-42 所示。

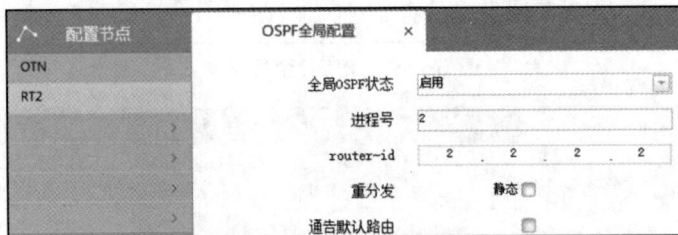

图 6-41　OSPF 全局配置

图 6-42　OSPF 接口配置

3. 西城区 AC 内置 BRAS 数据配置

西城区 AC 内置 BRAS 数据配置主要包括 OTN 配置、RT3 配置、AC4 配置及 OLT 配置等。

（1）OTN 配置

切换到西城区汇聚机房，选择 OTN，频率配置如图 6-43 所示。

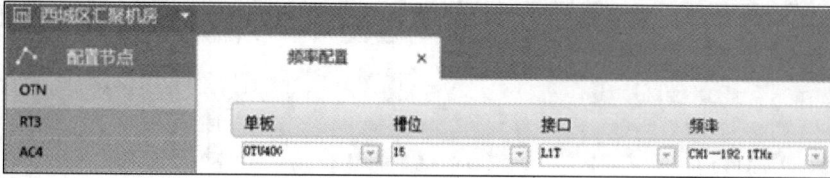

图 6-43　频率配置

（2）RT3 配置

步骤 1：选择 RT3，分别完成物理接口配置和 loopback 接口配置，如图 6-44 和图 6-45 所示。

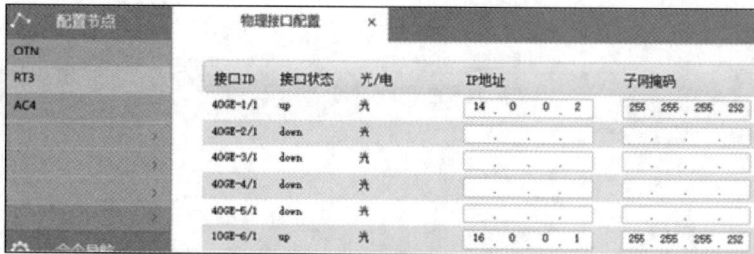

图 6-44　物理接口配置

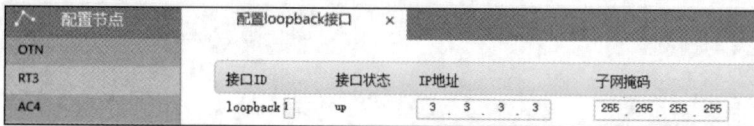

图 6-45　loopback 接口配置

步骤 2：RT3 到 AC4 宽带虚接口网关地址（终端用户接入网关）的静态路由配置如图 6-46 所示。

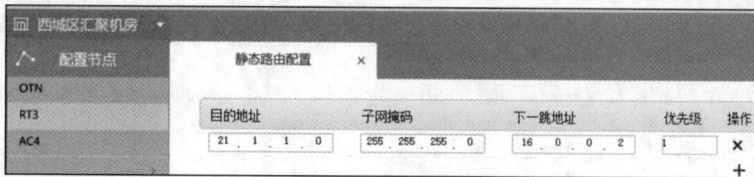

图 6-46　静态路由配置

步骤 3：进入 OSPF 路由配置，完成 OSPF 全局配置和 OSPF 接口配置，注意，此时 OSPF 全局配置需要启用静态路由重分发功能。具体配置如图 6-47 和图 6-48 所示。

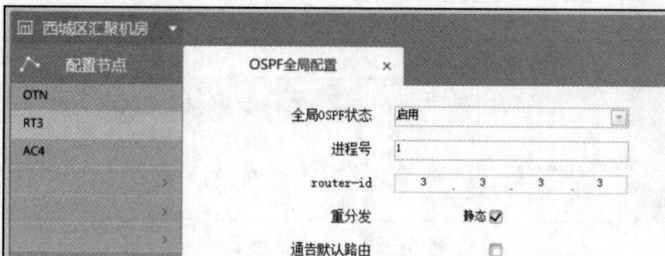

图 6-47　OSPF 全局配置

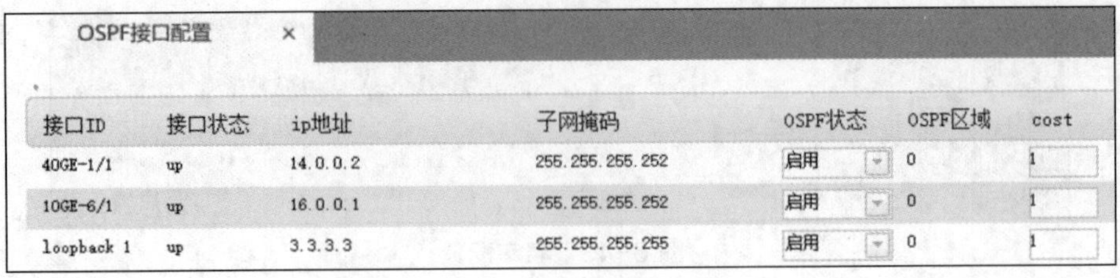

图 6-48　OSPF 接口配置

（3）AC4 配置

步骤 1：选择 AC4，分别完成物理接口配置、VLAN 三层接口配置，如图 6-49 和图 6-50 所示。

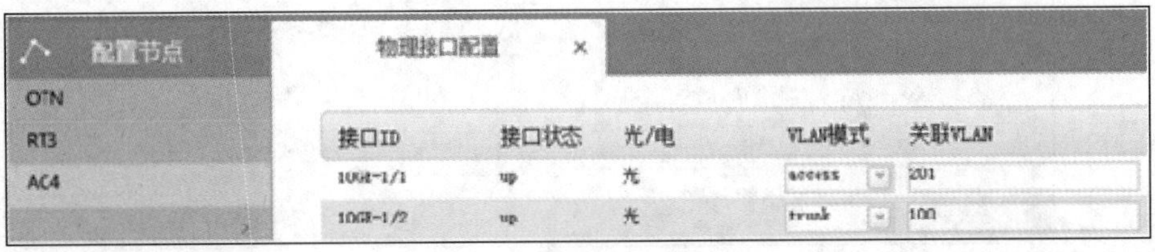

图 6-49　物理接口配置

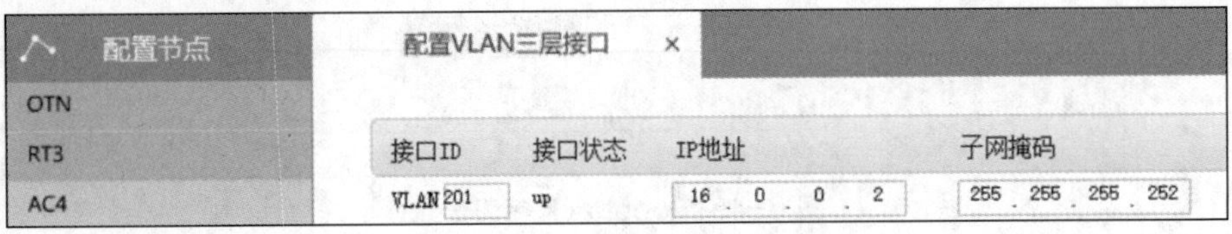

图 6-50　VLAN 三层接口配置

步骤 2：静态路由配置如图 6-51 所示。

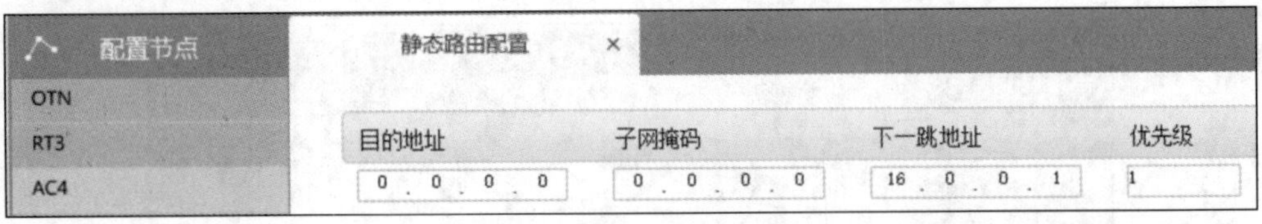

图 6-51　静态路由配置

步骤 3：服务器配置包括认证服务器、计费服务器及 Portal 服务器配置 3 个部分。认证服务器和计费服务器配置中的服务器 IP 地址设置为 AAA Server 的设备地址，如图 6-52 和图 6-53 所示；Portal 服务器配置中的服务器 IP 地址设置为 Portal Server 的设备地址，如图 6-54 所示。

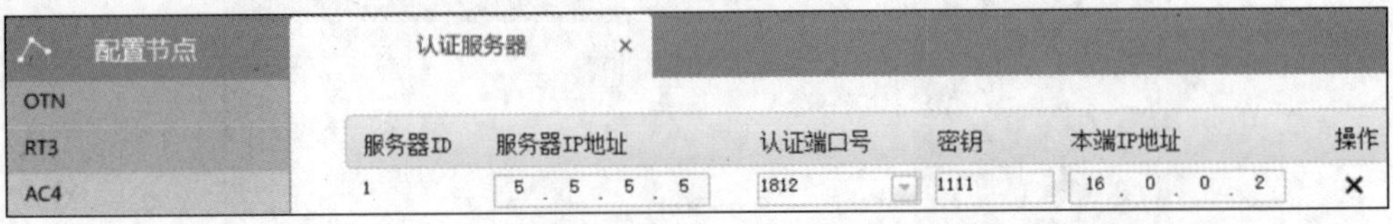

图 6-52　认证服务器

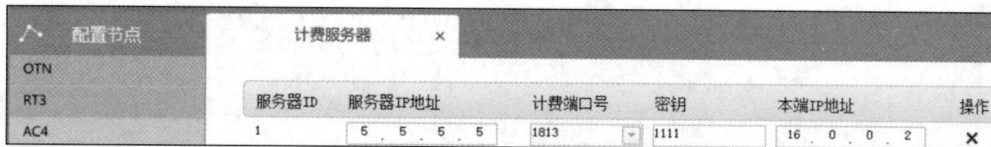

图 6-53 计费服务器

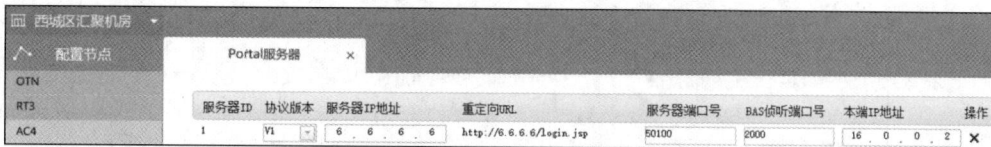

图 6-54 Portal 服务器

步骤 4：切换到域配置，AC 域配置中的域别名要与 AAA Server 中的域名保持一致，如图 6-55 所示。

图 6-55 域配置

步骤 5：宽带虚接口的配置。宽带虚接口 1 是为 AP 分配 IP 地址（见图 6-56），宽带虚接口 2 是为终端客户分配 IP 地址（见图 6-57）。

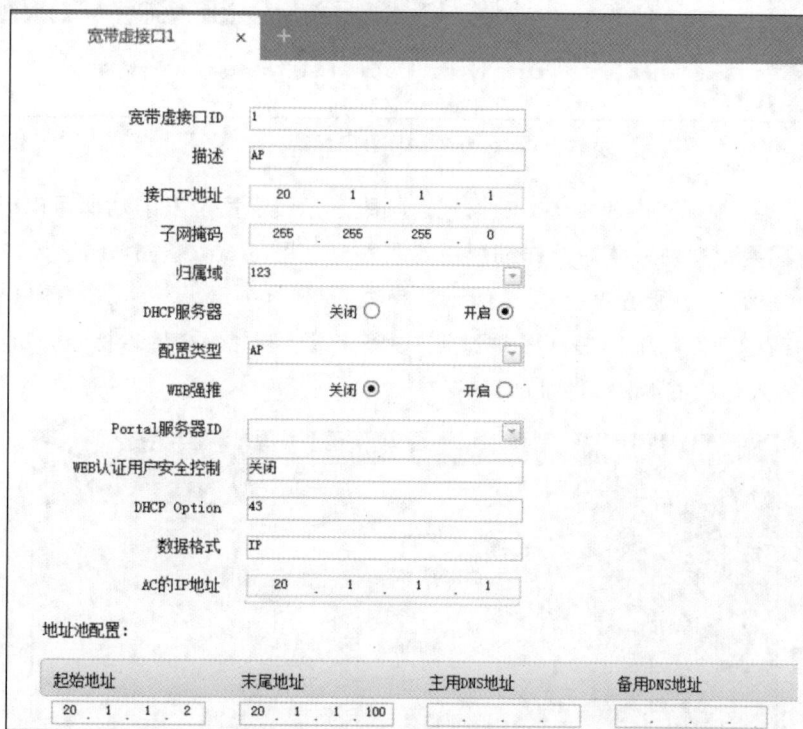

图 6-56 宽带虚接口 1

宽带虚接口ID	2		
描述	终端		
接口IP地址	21 . 1 . 1 . 1		
子网掩码	255 . 255 . 255 . 0		
归属域	123		
DHCP服务器	关闭 ○　　开启 ◉		
配置类型	终端		
WEB强推	关闭 ○　　开启 ◉		
Portal服务器ID	1		
WEB认证用户安全控制	开启		
DHCP Option	43		
数据格式	IP		
AC的IP地址	. . .		

地址池配置：

起始地址	末尾地址	主用DNS地址	备用DNS地址
21 . 1 . 1 . 2	21 . 1 . 1 . 100	5 . 5 . 5 . 5	6 . 6 . 6 . 6

图 6-57　宽带虚接口 2

步骤 6：AP 服务配置如图 6-58 所示。

	服务模板ID	业务VLAN	转发模式	SSID	终端网关设备	终端归属宽带虚接口	终端接入方式
OTN							
RT3							
AC4	1	201	集中转发	公共Wi-Fi	AC	2	DHCP

图 6-58　AP 服务配置

步骤 7：AP 射频配置，其中 Wi-Fi 模式、频段、频段带宽及发射功率可自行选择，其他条目根据已有配置和规划来填写，详细配置如图 6-59、图 6-60、图 6-61 所示。

步骤 8：AP 组 1 的配置如图 6-62 所示，其中的"MAC 地址"为 AP 的 MAC 地址，在"设备配置"对应的街区将鼠标指针移动到 AP 设备上便会有 MAC 地址提示，如图 6-63 所示，在 AP 组 1 中输入对应的 MAC 地址即可。

射频模板ID	1	
Wi-Fi模式	802.11b/g	
频段	2.4GHz	
频段带宽	20MHz	
信道	1	
发射功率(dbm)	12	

图 6-59　AP 射频 1

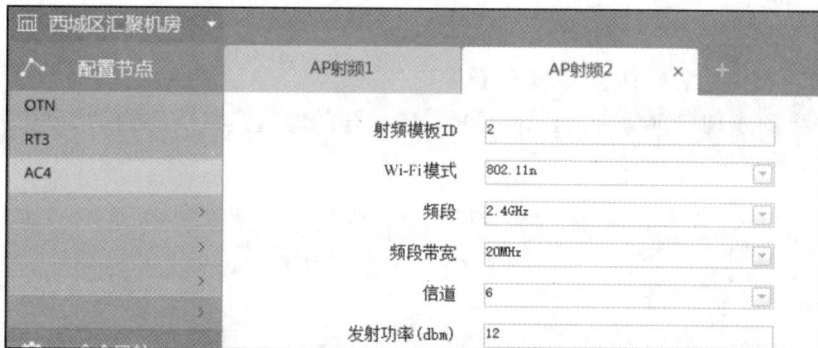

图 6-60　AP 射频 2

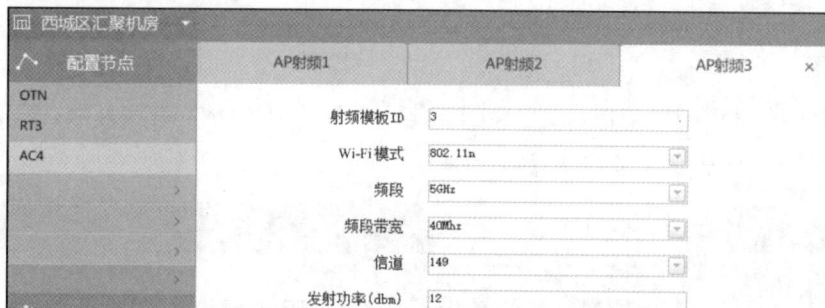

图 6-61　AP 射频 3

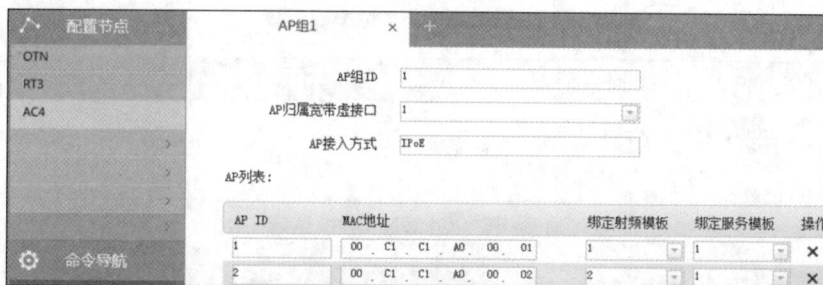

图 6-62　AP 组 1

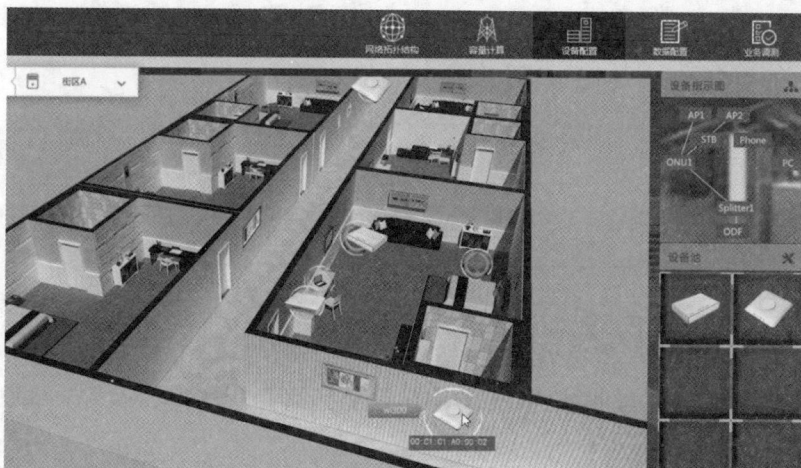

图 6-63　查看 MAC 地址

（4）OLT 配置

进入西城区接入机房，进行 OLT 配置。

步骤 1：上联端口配置管理 VLAN 100，用于与西城区汇聚机房的 AC 通信，如图 6-64 所示。

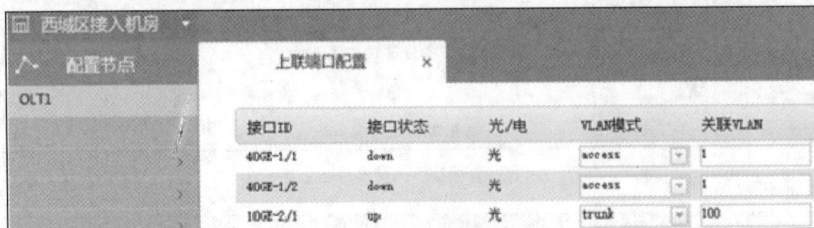

图 6-64　上联端口配置

步骤 2：ONU 类型模板配置、GPON ONU 认证、配置 T-CONT 带宽模板、配置 GEM Port 带宽模板分别如图 6-65 至图 6-68 所示。

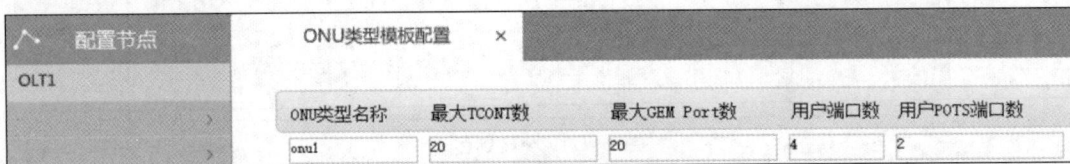

图 6-65　ONU 类型模板配置

图 6-66　GPON ONU 认证

图 6-67　配置 T-CONT 带宽模板

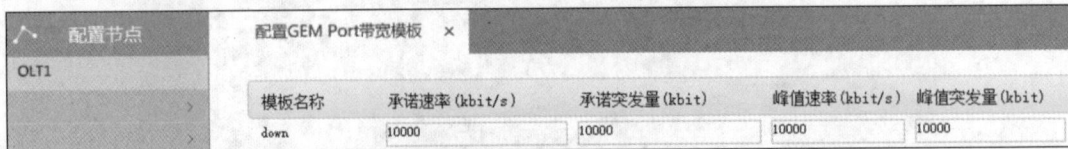

图 6-68　配置 GEM Port 带宽模板

步骤 3：进入 GPON 宽带业务配置，分别配置 T-CONT、GEM Port、业务接口、业务通道、ONU 用户端口。注意此处的 VLAN ID 需要配置为管理 VLAN，详细配置如图 6-69 所示。

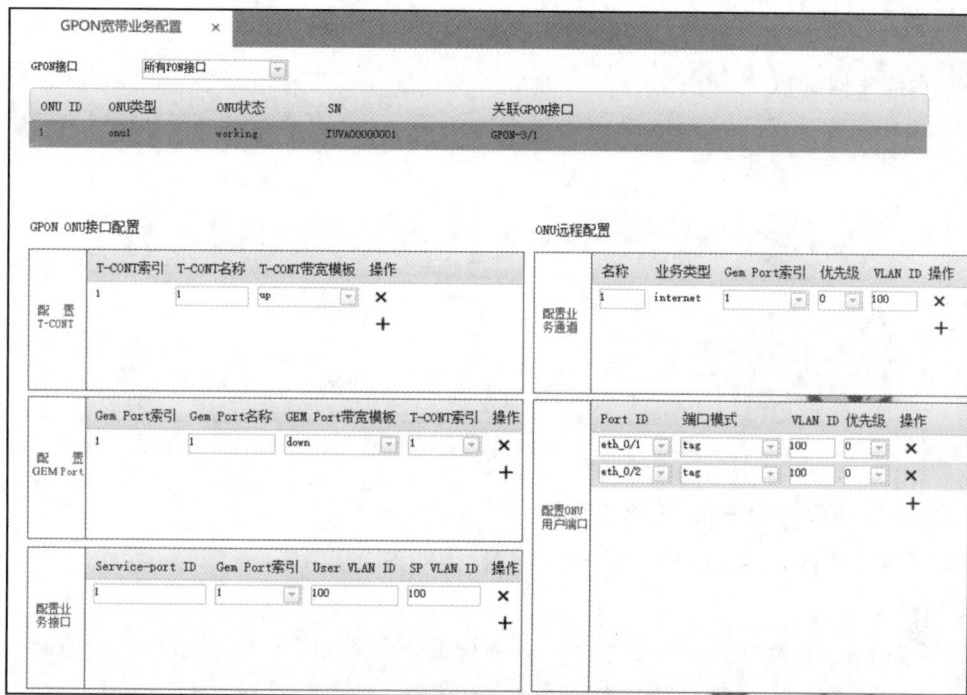

图 6-69　GPON 带宽业务配置

（5）组播全局配置

启用 IP 组播路由和 PIM-SM 协议，RP 设置为该路由器 RT1 的 loopback IP 地址 22.1.1.1，IGMP 协议使用默认值"未启用"，如图 6-70 所示。

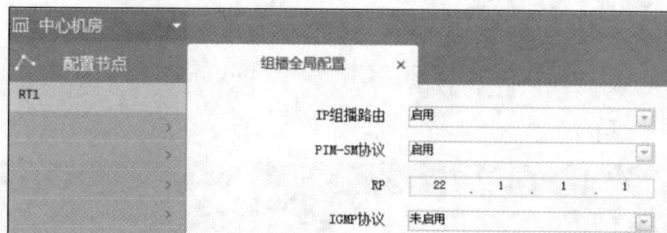

图 6-70　组播全局配置

在小型并且简单的网络中，组播信息量少，全网络仅依靠一个 RP 进行信息转发即可，此时可以在 PIM 域中各路由器上静态指定 RP 位置。RP 接口的选择和配置很关键，当选择一个接口时，从该接口查找 RP 公告来源，建议使用 loopback 等接口，而不要使用物理接口。如果选择物理接口，需要该接口始终保持连接。但实际情况并非始终如此，一旦物理接口断开，路由器将不作为 RP 发出通告。使用始终保持连接且从不会断开的 loopback 接口，可以确保 RP 继续通过所有可用的接口通告自己作为 RP。即使其一个或多个物理接口发生故障，也是如此。配置时有如下注意点。

- 如果使用静态 RP，PIM 域内所有路由器必须采用相同的配置。
- 如果配置的静态 RP 地址是本机某个状态为 up 的接口地址，本机就作为静态 RP。

- 作为静态 RP 的接口不必使用 PIM 协议。

（6）组播接口配置

将 RT1 所有物理接口的 PIM-SM 状态设置为启用，IGMP 状态使用默认值"未启用"，如图 6-71 所示。

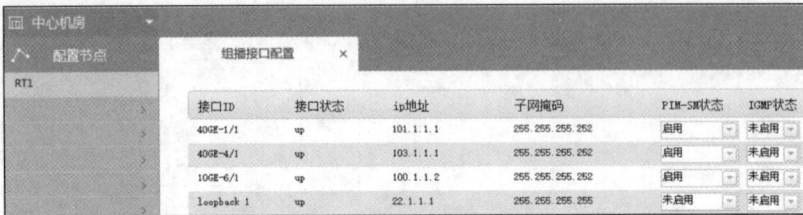

图 6-71　组播接口配置

4. 东城区 AC 外置 BRAS 数据配置

东城区 AC 外置 BRAS 数据配置包括 OTN、BRAS 3 和 AC 4 配置等。

（1）OTN 配置

切换到东城区汇聚机房，选择 OTN，频率配置如图 6-72 所示。

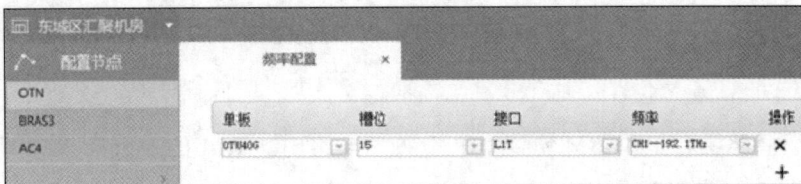

图 6-72　频率配置

（2）BRAS 3 配置

步骤 1：选择 BRAS 3，分别完成物理接口配置和 loopback 接口配置，如图 6-73 和图 6-74 所示。

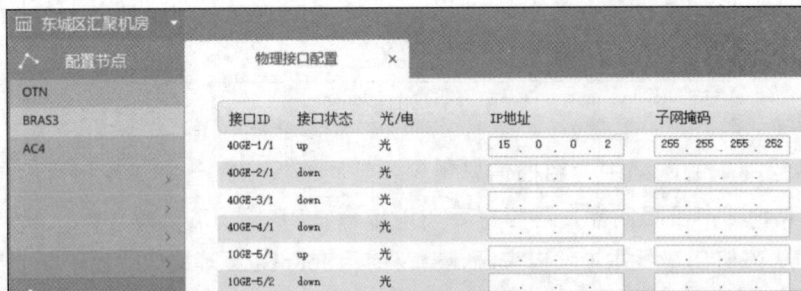

图 6-73　物理接口配置

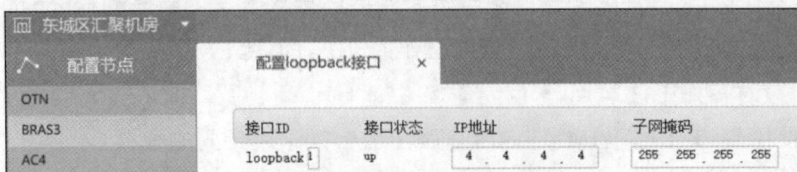

图 6-74　loopback 接口配置

步骤 2：服务器配置与西城区汇聚机房 AC 的配置相同，分别如图 6-75、图 6-76、图 6-77 所示。

图 6-75　认证服务器

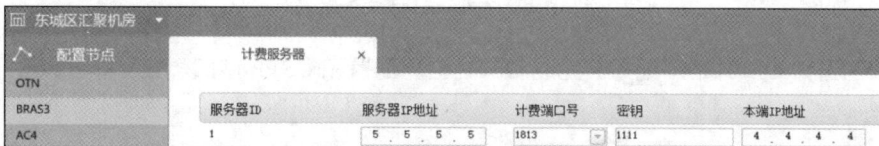

图 6-76　计费服务器

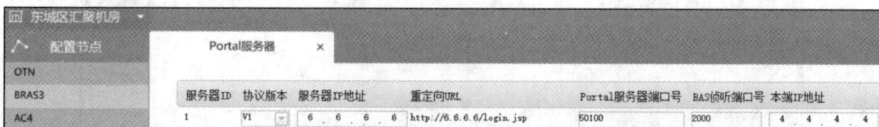

图 6-77　Portal 服务器

步骤 3：切换到域配置，BRAS 3 的域配置中的域别名要与 AAA Server 中的域名一致，如图 6-78 所示。

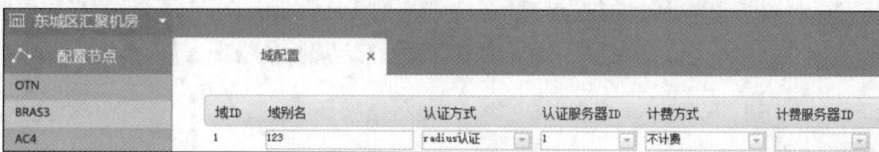

图 6-78　域配置

步骤 4：宽带虚接口的配置，配置供终端使用的宽带虚接口 1，如图 6-79 所示。

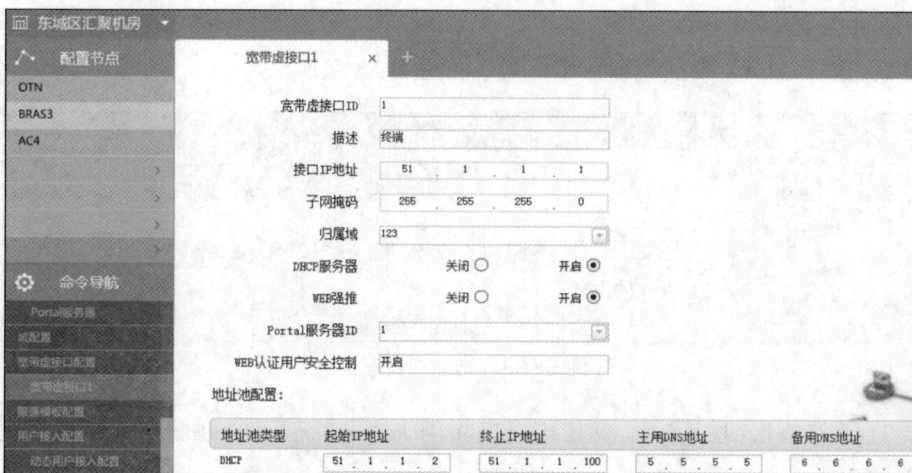

图 6-79　带宽虚接口 1

步骤 5：动态用户接入配置，宽带子接口 ID 使用表 6-8 中规划的 10GE-5/1.1，关联 VLAN 200 为业务 VLAN，如图 6-80 所示。

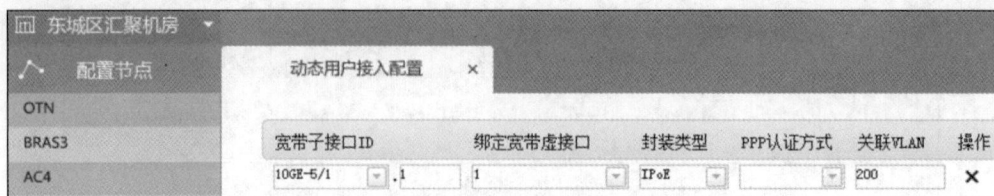

图 6-80　动态用户接入配置

步骤 6：进入 OSPF 路由配置，完成 OSPF 全局配置和 OSPF 接口配置，如图 6-81 和图 6-82 所示。

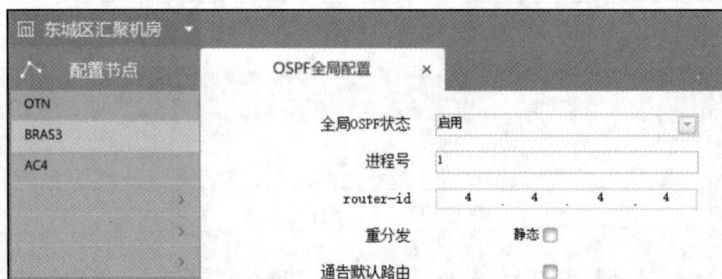

图 6-81　OSPF 全局配置

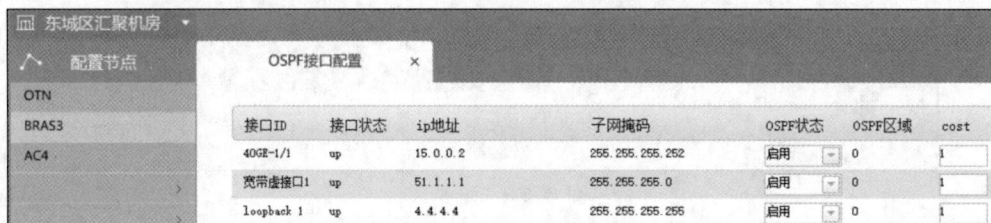

图 6-82　OSPF 接口配置

（3）AC4 配置

步骤 1：选择 AC4，完成物理接口配置，如图 6-83 所示。

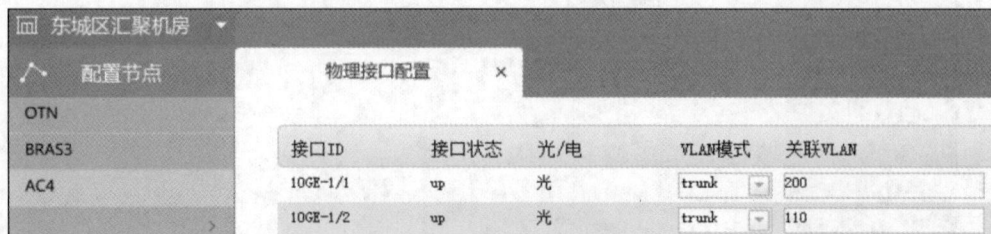

图 6-83　物理接口配置

步骤 2：宽带虚接口的配置。宽带虚接口 1 用于为 AP 分配 IP 地址，配置接口 IP 地址及地址池等，如图 6-84 所示。

图 6-84　带宽虚接口 1

步骤 3：AP 服务配置如图 6-85 所示。

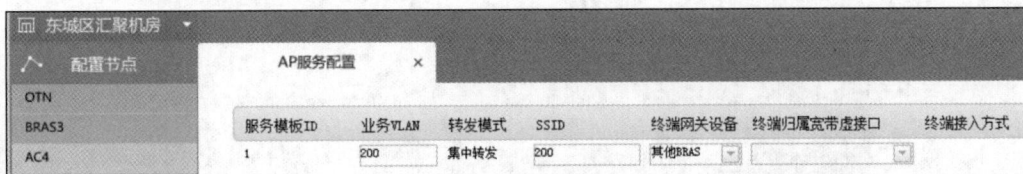

图 6-85　AP 服务配置

步骤 4：AP 射频配置如图 6-86 至图 6-88 所示。

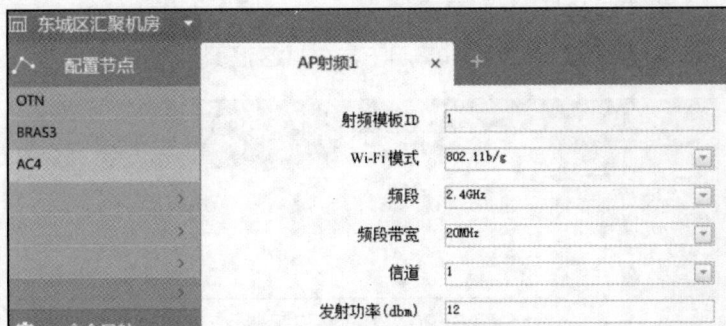

图 6-86　AP 射频 1 配置

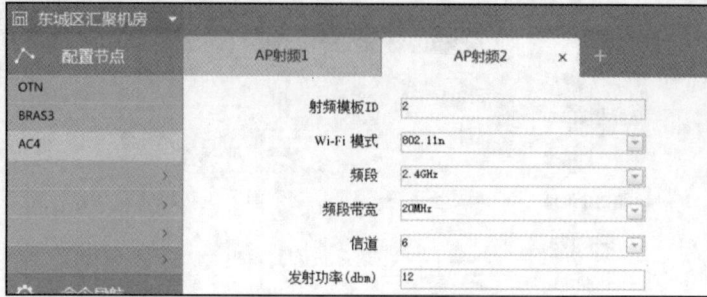

图 6-87　AP 射频 2 配置

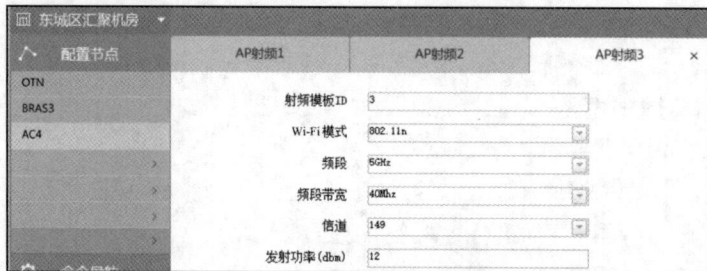

图 6-88　AP 射频 3 配置

步骤 5：AP 组 1 配置如图 6-89 所示，其中的"MAC 地址"为 AP 的 MAC 地址，查看方法与 A 街区的 AP 查看方法相同。

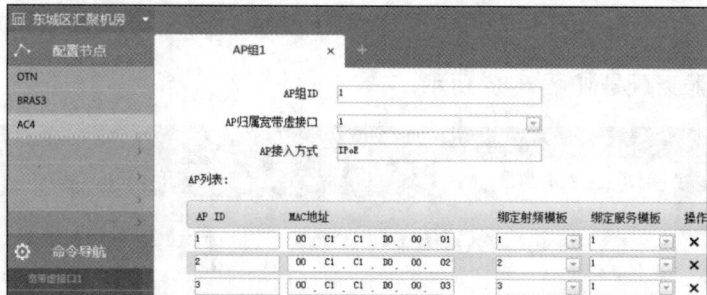

图 6-89　AP 组 1 配置

（4）OLT 配置

进入东城区接入机房，进行 OLT 配置。

步骤 1：上联端口配置管理 VLAN 110，用于与东城区汇聚机房的 AC 通信，如图 6-90 所示。

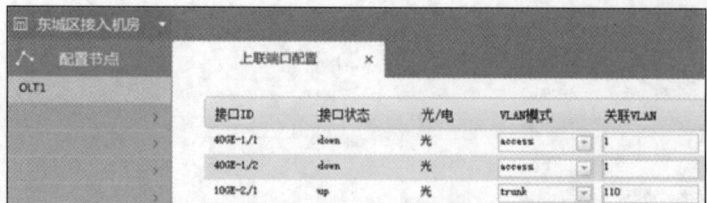

图 6-90　上联端口配置

步骤 2：ONU 类型模板配置、GPON ONU 认证、配置 T-CONT 带宽模板、配置 GEM Port

带宽模板分别如图 6-91 至图 6-94 所示。

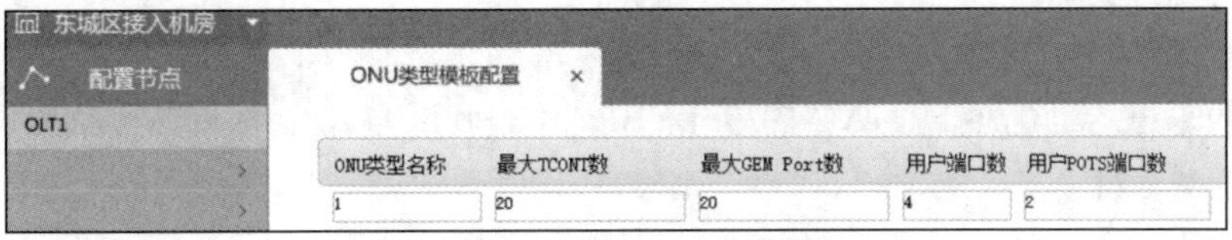

图 6-91　ONU 类型模板配置

图 6-92　GPON ONU 认证

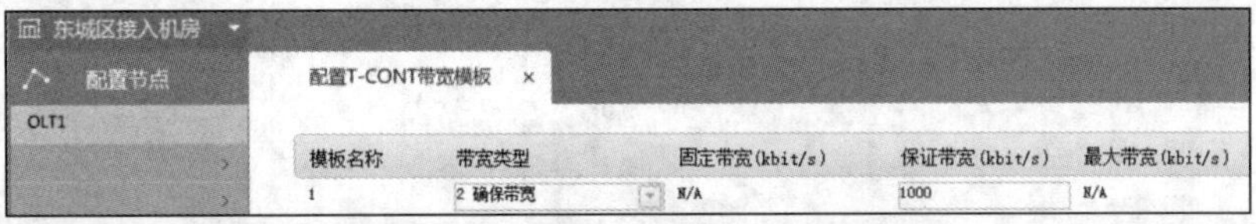

图 6-93　配置 T-CONT 带宽模板

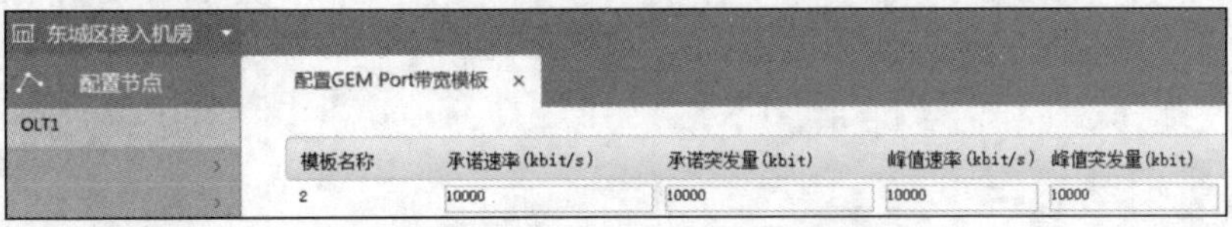

图 6-94　配置 GEM Port 带宽模板

步骤 3：单击 GPON 宽带业务配置，分别配置 T-CONT、GEM Port、业务接口、业务通道、ONU 用户端口。注意此处的 VLAN ID 需要配置为管理 VLAN，详细配置如图 6-95 所示。

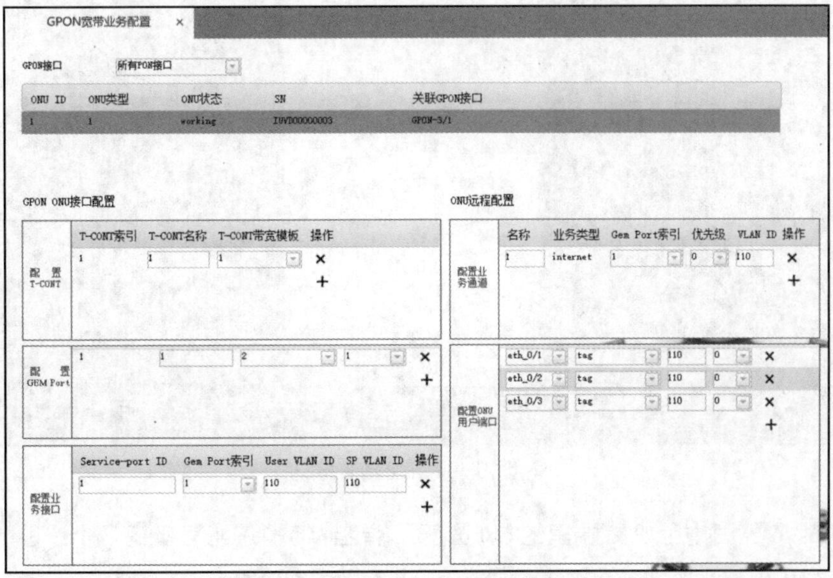

图 6-95　GPON 带宽业务配置

6.5.4　结果验证

下面我们来进行业务调试，AC 内/外置 BRAS 的调试方式相同，这里就只调用 AC 内置 BRAS 的配置来调试。

在仿真实训软件中进入"业务调测"→"业务验证"，选择"A 街区"，在测试终端下，找到手机测试端▣，把测试点拖动到任意一个 AP 位置（见图 6-96），然后单击手机终端里的"配置信息"，出现图 6-97 所示界面时，就表示手机终端已经获取到了配置信息。

图 6-96　测试点位置

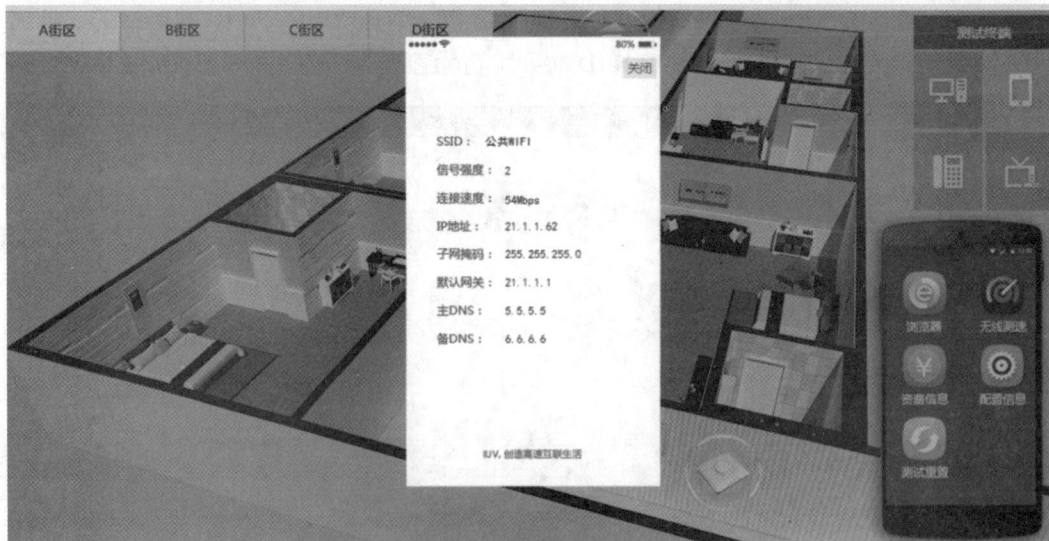

图 6-97　配置信息

单击图 6-96 界面中手机终端里的"浏览器"，弹出"请输入账号密码"对话框（见图 6-98），输入宽带账号和密码后，单击"提交"按钮，进入图 6-99 所示的成功界面。

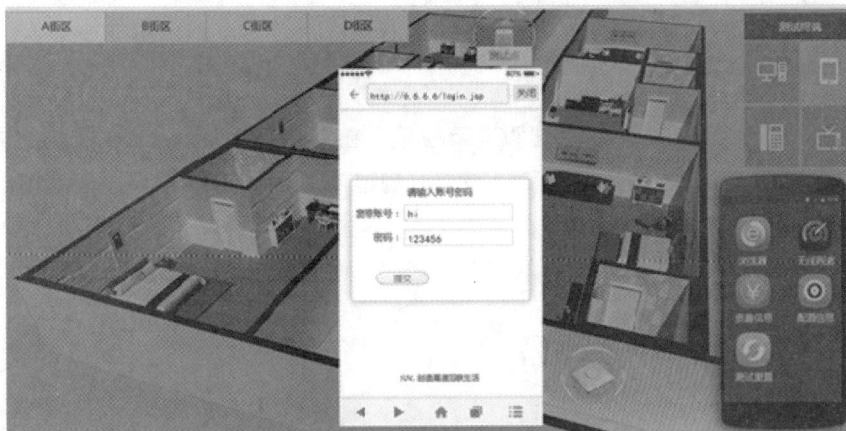

图 6-98　"请输入账号密码"对话框

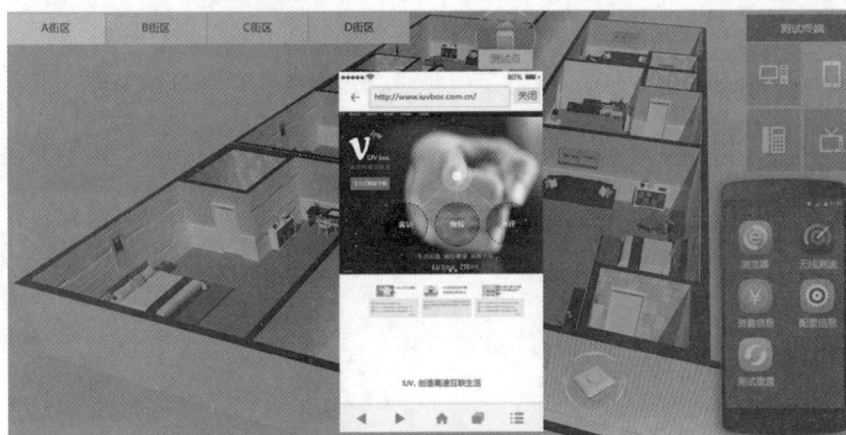

图 6-99　成功界面

我们再来测试速率。单击手机终端中的"无线测速"，出现测速界面，如图 6-100 所示。

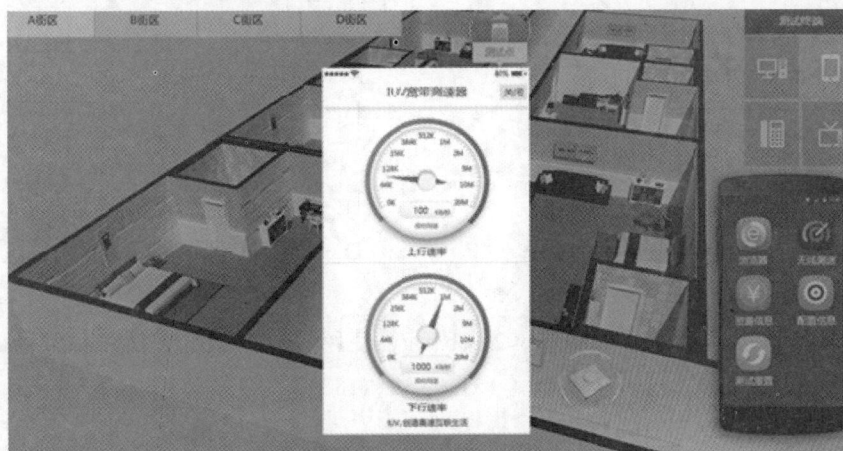

图 6-100　测速界面

完成以上所有步骤，表示 WLAN 业务的开通已经成功完成。

【项目小结】

本项目主要介绍了 WLAN 的基础原理及应用，主要内容包括 WLAN 技术演进与发展、WLAN 无线频谱资源、WLAN 组网及应用等。通过本项目内容的学习，读者能够更加了解 WLAN，熟练应用 WLAN。

【知识巩固】

一、单项选择题

1. 下列哪一项属于 WLAN 标准协议？（　　　）

A. IEEE 802.6　　　　　　　　　　　　B. IEEE 802.7

C. IEEE 802.8　　　　　　　　　　　　D. IEEE 802.11

2. IEEE 802.11b 和 IEEE 802.11a 的工作频段、最高传输速率分别为（　　　）。

A. 2.4GHz、11Mbit/s；2.4GHz、54Mbit/s

B. 5GHz、54Mbit/s；5GHz、11Mbit/s

C. 5GHz、54Mbit/s；2.4GHz、11Mbit/s

D. 2.4GHz、11Mbit/s；5GHz、54Mbit/s

3. WLAN 传输介质是（　　　）。

A. 无线电波　　　　　　　　　　　　　B. 红外线

C. 载波电流　　　　　　　　　　　　　D. 卫星通信

4. IEEE 802.11g 规格使用哪个 RF 频谱？（　　　）

A. 5.2GHz　　　　　　　　　　　　　　B. 5.4GHz

C. 2.4GHz　　　　　　　　　　　　　　D. 800MHz

5. WLAN 主要应用场景不包括下面的哪一种？（　　　）

A. 公网应用场景　　　　　　　　　　　B. 政企应用场景

C. 家庭应用场景　　　　　　　　　　　D. 高速公路应用场景

6. 每个好的无线网络均始于（　　　）。

A. 低噪声底板　　　　　　　　　　　　B. 顶尖无线交换机

C. RF 扩频分析器　　　　　　　　　　D. 稳定的有线网络基础

7. IEEE 802.11n 概念正确的是（　　　）。

A. IEEE 802.11n 向下兼容 IEEE 802.11b/a/g，使用 2.4GHz 和 5GHz 的 ISM 公用频段

B. 5GHz 频段信道号为 149、150、151、152、153

C. 最高速率可以达到 108Mbit/s

D. IEEE 802.11n 协议标准还没有被批准

8. 下面说法不正确的是（　　　）。

A. AC 通常情况下接在 AP 下

B. 胖 AP 适合建设高可靠性电信级的无线服务网络

C. AC 下挂瘦 AP 是目前比较常用的接入方式

D. WLAN 组网结构已经由 AC+瘦 AP 逐渐向胖 AP 架构演变

9. WLAN 维护中，定时周期性重启 AP 的目的是什么？（　　　）

A. 防止用户长时间在线　　　　　　　B. 预防 AP 间干扰

C. 预防 AP 吊死　　　　　　　　　　D. 预防 AP 老化

10. 下列哪一项不属于 WLAN 的组网设备？（　　　）

A. BRAS　　　　　　　　　　　　　B. AC

C. AP　　　　　　　　　　　　　　D. EPG

二、多项选择题

1. WLAN 工作在什么频段内？（　　　）

A. 2.2GHz　　　　　　　　　　　　B. 2.4GHz

C. 2.4MHz　　　　　　　　　　　　D. 5GHz

E. 5MHz

2. WLAN 业务常见的数据转发组网方式为（　　　）。

A. 数据 BRAS 本地转发　　　　　　　B. 数据 AP 本地转发

C. 数据 AC 集中转发　　　　　　　　D. 数据 AP 集中转发

三、判断题

1. AP 的 VLAN 分为管理 VLAN 和业务 VLAN，两类 VLAN 需要分开。两个 BRAS 下面 AP 的管理 VLAN 可以保持一致，也可以不同。（　　　）

2. AP 类型根据功能区分为胖 AP 和瘦 AP 两种，胖 AP 需要配合 AC 使用，胖 AP 配置信息需要单独配置。（　　　）

3. 5GHz 频段的 5 个信道全部独立，其优点为频段高、传播损耗小、覆盖范围大。（　　　）

4. IEEE 802.11n 采用了 MIMO-OFDM 技术。（　　　）

5. AC+瘦 AP 架构相对于胖 AP 更灵活，具有更高的可管理性和可维护性。（　　　）

四、填空题

1. 我国的 2.4GHz 标准使用的信道与欧洲的一样多，为_____个信道，相互不干扰的信道有_____组。

2. AP 部署有两种组网方案，分别是_____组网和_____组网。

【拓展知识】

表 6-8　项目 6 关键术语

缩略语	英文全称	中文全称
AC	Access Control	接入控制
AP	Access Point	接入点

续表

缩略语	英文全称	中文全称
ARP	Address Resolution Protocol	地址解析协议
BSS	Basic Service Set	基本服务集
BSSID	Basic Service Set Identifier	基本服务集的标识，实际上是 AP 的 MAC 地址
CAPWAP	Control And Provisioning of Wireless Access Points Protocol	无线接入点控制和配置协议
CCK	Complementary Code Keying	补偿编码键控
DoS	Denial of Service	拒绝服务
DSSS	Direct Sequence Spread Spectrum	直接序列扩频
ESS	Extended Service Set	扩展服务集
ETSI	European Telecommunications Standards Institute	欧洲电信标准化协会
FCC	Federal Communications Commission	美国联邦通信委员会
FHSS	Frequency Hopping Spread	跳频扩频
HiperLAN	High Performance Radio LAN	高性能无线局域网
IAPP	Inter Access Point Protocol	接入点互操作协议
IC	Industry Canada	加拿大工业部
ISM	Industrial Scientific Medical Band	工业、科学和医疗频带
OFDM	Orthogonal Frequency Division Multiplexing	正交频分复用
QPSK	Quadrature Phase Shift Keying	正交相移键控
RSN	Robust Security Network	强健安全网络
SSID	Service Set Identifier	服务集标识符
STA	Station	工作站、终端
WPA	Wi-Fi Protected Access	Wi-Fi 保护接入